復刊

エルゴード理論入門

十時東生 著

共立出版株式会社

序

エルゴード理論は二つの起源を有する．第一に古典力学ないし古典統計力学における力学系の研究である．力学系は1階の常微分方程式系によって与えられ，その解は相空間の1対1変換の実径数群をひき起こす（例 1.9 参照）．解曲線の研究，つまりこの変換群の研究は，数学の種々の分野においていろいろの手段を用いてなされている．その中で Poincaré の再帰定理に基礎をおいて，相空間の測度を主要な道具とする研究がエルゴード理論と呼ばれているものであろう．それは特に古典統計力学における Boltzmann のエルゴード仮説と密接なかかわりを持つ．すなわち物理量の時間平均を空間平均で置き換えることができるということの，数学的な正当化の試みである．Birkhoff や Neumann のエルゴード定理によって時間平均の存在が保証され，エルゴード性ということで時間平均と空間平均が一致することが特徴づけられた．しかしながら，エルゴード的な力学系の具体例はほとんど知られていない．最近 Sinai が撞球問題においてエルゴード性の証明に成功した（巻末の文献参照）が，このエルゴード性を調べるという問題は，現在においてもエルゴード理論の基本的な問題として残っている．

エルゴード理論の第二の起源は，上記のこととも関連はするが，時間的に変化する偶然現象の研究にある．それは情報の時間的な変化といってもよいであろうが，そのような現象は確率論における確率過程として記述される．特に偶然性を支配する確率法則（つまり情報の変化を支配する法則）が時間の経過によって変わらないような確率過程は定常過程と呼ばれている．そして定常過程の理論の本質的な部分はエルゴード理論にかかわっている．ここでは，変換は時間の経過を示す変換（時間のずらし）である．

いずれにせよ，エルゴード理論というのは，測度（確率）を不変に保つ変換についての数学の理論であるといってよいであろう．実はこのようにいい切るには，いささかちゅうちょする点もあるが，本書はこのような立場からエルゴード理論における基礎的なことを解説した入門書である．本書の中心的な話題は，エルゴード理論における同型問題（それは変換の構造の研究といってもよい）である．そしてそれとの関連でエントロピーの理論を詳しく解説する．これらの話題で全体の筋を通したつもりであるが，そのほかに入門書として落としたくない話題（たとえば第4章）も盛り込んである．そのために総体的にながめると不統一の感を免れないものになった．またエルゴード理論の中の（たとえ上記のように狭く限ったとしても）興味深い多くの話題が落ちている．これは著者の力量の問題もあり，またこの小冊子が入門書として書かれたという性格による点もある．本書でふれていない話題については，巻末にあげた諸文献を参考にしていただきたい．特に Arnold-Avez の本は，多くの話題と数多くの興味深い例題が述べられていて，読者のエルゴード理論への興味を喚起する書物である．

本書の第1章は準備の章で，本書で必要な解析学からの予備知識などを準備する．第2章でエルゴード定理とエルゴード性について述べるが，この章を除いて第4章以後では，確率空間を抽象 Lebesgue 空間に限って記述する．そのために第3章で抽象 Lebesgue 空間の理論を準備する．第4章以後においては，抽象 Lebesgue 空間という仮定が本質的な部分と，そうではなくて理論を簡明にする便宜上その仮定をおく部分とがある．第4章から第6章までと第8章は一般論であり，第7章と第9章以後は例題の研究による一般論の展開である．

各章において，定理（theorem）以外の命題（proposition），補助定理（lemma），系（corollary），性質（property）などを一つ一つ区別する煩雑さを避けるために，1・1° や 1・2° などと章を通した番号をつけて統一した．

本書を書くにあたって，D. S. Ornstein 教授には未出版の論文（preprint）の内容を本書に紹介することを快諾していただいた．また準備の段階をこめて，確率論セミナーの多くの方々のお世話になった．特に村田 博 氏には原稿を通読していただいて，有益な助言を得た．また校正の労もお願いした．ここに感謝したい．

1971 年 6 月

十　時　東　生

目　　次

第 1 章　保測変換と同型問題

第 2 章　エルゴード定理

第 3 章　抽象 Lebesgue 空間

第 4 章　エルゴード分解と S-表現

第 5 章　純点スペクトルを持つ流れ

第 6 章 エントロピー

第 7 章 不変量の不完全性

第 8 章 Kolmogorov 変換

第 9 章 Bernoulli 変換

第 10 章 Markov 変換

第 11 章　二次元トーラスの群同型

第1章　保測変換と同型問題

この章は二つの内容からなる．まず保測変換や流れなどの基本的な定義を与え，その例をあげる．例の中のいくつかは後章において詳述される．もう一つの内容は，確率論や Hilbert 空間の作用素論からの道具を証明抜きで準備することである．用語や記号の準備もする．最後の節において，保測変換の同型問題の歴史を説明する．これは5章以後への序論となる．

1・1　確　率　空　間

Ω をある集合とし，Ω の部分集合のある族 $\mathcal{K}$ が条件

(i)　$\Omega\in\mathcal{K}$

(ii)　$A\in\mathcal{K}$ ならば $A^c=\Omega\setminus A\in\mathcal{K}$

(iii)　$A, B\in\mathcal{K}$ ならば $A\cup B\in\mathcal{K}$

をみたすとき，$\mathcal{K}$ を**集合体** (field, algebra) という．Ω の部分集合のある族 $\mathcal{F}$ が，上の (i, ii) をみたし，さらに (iii) よりも強く，

(iii)′　$A_n\in\mathcal{F}$, $n\geq 1$　ならば $\bigcup_n A_n\in\mathcal{F}$

をみたせば，$\mathcal{F}$ は **σ-集合体** (σ-field, σ-algebra) と呼ばれる．Ω とその上の σ-集合体 $\mathcal{F}$ が与えられ，さらに $\mathcal{F}$ 上の確率測度 P

(i)　各 $A\in\mathcal{F}$ に対し，$P(A)\geq 0$

(ii)　$\{A_n;\ n\geq 1\}\subset\mathcal{F}$ が交わりを持たなければ，

$$P(\bigcup_{n\geq 1} A_n)=\sum_{n\geq 1}P(A_n)$$

(iii)　$P(\Omega)=1$

が与えられたとき，組 $(\Omega, \mathcal{F}, P)$ を**確率空間** (probability space) と呼ぶ．簡略して，確率空間 Ω というような言い方をすることもある．Ω 上の可積分関数 f に対し，その積分を

$$E\{f\}=\int_\Omega f(\omega)dP$$

で表わすことがある.

確率空間 $(\Omega, \mathcal{F}, P)$ において，測度0の集合の部分集合とその補集合を全部 $\mathcal{F}$ につけ加えたものを $\bar{\mathcal{F}}$ で表わし $\mathcal{F}$ の完備化と呼ぶ（$\bar{\mathcal{F}}$ も σ-集合体をなす）. $\bar{\mathcal{F}}=\mathcal{F}$ のとき，$\mathcal{F}$（あるいは確率空間）は**完備**であるといわれる. $\mathcal{F}$ の可算部分族 $\mathcal{B}$ があって*)，$\mathcal{F}$ が $\mathcal{B}$ を含む最小の σ-集合体あるいはその完備化であるとき，$\mathcal{F}$（あるいは確率空間）は**可分** (separable) であるという. ある一点集合 $\{\omega\}$ が可測で正の測度を持つとき，確率空間 Ω は**点測度** (point mass) を持つという. $P(\Omega)=1$ だから，正測度を持つ点はたかだか可算無限個しか存在しない.

可測関数の列 $\{f_n\}$ について，つぎの三通りの収束を考える. 測度1の可測集合 Ω_0 があって，

$$\lim_{n\to\infty} f_n(\omega)=f(\omega), \qquad \omega\in\Omega_0$$

が成りたつとき，$\{f_n\}$ は f に**ほとんどいたるところ** (almost everywhere) 収束するといって，**a. e.** 収束と略記する. 収束だけでなく，一般に測度1の集合に属する ω に対して成りたつことを a. e. を書きそえて示す. 任意の $\varepsilon>0$ に対して

$$\lim_{n\to\infty} P(\{\omega; |f_n(\omega)-f(\omega)|>\varepsilon\})=0$$

が成りたつとき，$\{f_n\}$ は f に**確率収束**するという. $\{f_n\}\subset L^1$ のとき $f\in L^1$ に対し，

$$\lim_{n\to\infty}\int_\Omega |f_n(\omega)-f(\omega)|\,dP=0$$

であれば，$\{f_n\}$ は f に L^1 **収束**するという. $\{f_n\}$ が f に a. e. 収束または L^1 収束すれば，$\{f_n\}$ は f に確率収束する. 逆に $\{f_n\}$ が f に確率収束すれば，部分列 $\{n'\}$ があって $\{f_{n'}\}$ は f に a. e. 収束する.

完備な確率空間 $(\Omega, \mathcal{F}, P)$ において，

$$\rho(A, B)=P(A\triangle B), \qquad A, B\in\mathcal{F}$$

とおき**)，$\rho(A, B)=0$ なる A と B を同一視した $\mathcal{F}$ を $\mathcal{F}_\rho$ とすれば，$(\mathcal{F}_\rho, \rho)$

---

*) 本書を通じて，「有限または可算無限」のことを「たかだか可算無限」とか単に「可算」とかいう.

**) $A\triangle B=(A\cup B)\setminus(A\cap B)$.

は完備な距離空間である．さらに $\mathcal{F}$ が可分であれば，$(\mathcal{F}_\rho, \rho)$ も可分である．

問 1 上のことを証明せよ．

確率空間 $(\Omega, \mathcal{F}, P)$ において，外測度が正

$$P_e(A) = \inf\{P(B);\ A \subset B \in \mathcal{F}\} > 0$$

の集合 A に対し，

$$\mathcal{F}_A = \mathcal{F} \cap A = \{B \cap A;\ B \in \mathcal{F}\}$$

$$P_A(B \cap A) = \frac{P_e(B \cap A)}{P_e(A)}, \qquad B \in \mathcal{F}$$

とおけば，$(A, \mathcal{F}_A, P_A)$ は確率空間になる．これを**部分空間**と呼ぶ．

つぎに条件つき平均を説明する．$\mathcal{G}$ を σ-部分集合体とする．$f \in L^1$ に対し

$$P_f(A) = \int_A f(\omega) dP, \qquad A \in \mathcal{G}$$

とおけば，P_f は $\mathcal{G}$ 上の可算加法的な集合関数であって，P に関して絶対連続である．したがって $\mathcal{G}$-可測な Radon-Nikodym の密度 g が存在する：

$$P_f(A) = \int_A g(\omega) dP, \qquad A \in \mathcal{G}.$$

g を $E\{f \mid \mathcal{G}; \omega\}$ あるいは単に $E\{f \mid \mathcal{G}\}$ と書いて，f の $\mathcal{G}$ に関する**条件つき平均** (conditional mean) と呼ぶ．f が特に可測集合 A の定義関数

$$1_A(\omega) = \begin{cases} 1, & \omega \in A \\ 0, & \omega \notin A \end{cases}$$

のときは，$E\{1_A \mid \mathcal{G}; \omega\}$ を $P(A \mid \mathcal{G}; \omega)$ と書いて，A の $\mathcal{G}$ に関する**条件つき確率** (conditional probability) と呼ぶ．

σ-部分集合体の列に対する条件つき平均や条件つき確率の収束について，つぎのことは良く知られている．

Doob の定理[*)] σ-部分集合体の列 $\{\mathcal{G}_n; n \geq 1\}$ が単調増大で $\bigvee_1^\infty \mathcal{G}_n = \mathcal{G}$ であるか，単調減少で $\bigcap_1^\infty \mathcal{G}_n = \mathcal{G}$ であれば，任意の可積分関数 f に対し，$E\{f \mid \mathcal{G}_n\}$ は $E\{f \mid \mathcal{G}\}$ に a.e. かつ L^1 収束する．特に $f = 1_A$, $A \in \mathcal{F}$ ととれば，$P(A \mid \mathcal{G}_n)$ は $P(A \mid \mathcal{G})$ に a.e. かつ L^1 収束する．

つぎに Kolmogorov の拡張定理と呼ばれる確率過程論における基本定理を，

*) 文献 [8], [11], [25] を参照.

あとで用いる特別な場合について述べておく．$(E, \mathcal{F}_E)$ を可算集合 E とその部分集合全体のなす σ-集合体 $\mathcal{F}_E$，あるいは $E=\boldsymbol{R}^1$ と $\boldsymbol{R}^1$ の Borel 集合全体のなす σ-集合体 $\mathcal{F}_E$ の組とし，すべての整数 k に対し $E_k=E$, $\mathcal{F}_k=\mathcal{F}_E$ とおく．$m<n$ なる整数の各組に対し積

$$(\Omega_{m,n}, \mathcal{F}_{m,n})=\prod_{m}^{n}(E_k, \mathcal{F}_k)$$

を定める．また無限積

$$(\Omega, \mathcal{F})=\prod_{-\infty}^{\infty}(E_k, \mathcal{F}_k)$$

を定める．

Kolmogorov の拡張定理*) すべての $m<n$ に対し $(\Omega_{m,n}, \mathcal{F}_{m,n})$ 上の確率測度 $P_{m,n}$ が与えられて，条件

(K) すべての $m<n$ と $A\in\mathcal{F}_{m,n}$ に対し

$$P_{m,n+1}(A\times E)=P_{m,n}(A)$$
$$P_{m-1,n}(E\times A)=P_{m,n}(A)$$

が成りたつならば，$(\Omega, \mathcal{F})$ 上の確率測度 P で，任意の $m<n$ と $A\in\mathcal{F}_{m,n}$ に対し

$$P(\cdots\times E\times A\times E\times\cdots)=P_{m,n}(A) \tag{1.1}$$

をみたすものが唯一つ存在する．

注意 式 (1.1) の左辺の集合 $\cdots\times E\times A\times E\cdots$ の形のものを一般に**筒集合** (cylinder set) という．筒集合の全体 $\mathcal{K}$ は集合体をなし，$\mathcal{F}$ は $\mathcal{K}$ を含む最小の σ-集合体である．定理の証明には，筒集合に対して P を式 (1.1) で定める．P が $\mathcal{K}$ 上矛盾なく定まることを保証するのが条件 (K) である．そして $\mathcal{K}$ 上での P の連続性を示せばよい．

1・2 保測変換と流れ

まず保測変換を定義しよう．

定義 1・1 確率空間 $(\Omega, \mathcal{F}, P)$ 上の点変換 T が条件

(i) T は Ω から Ω の上への 1 対 1 変換である，

(ii) T も T^{-1} も可測である $(T\mathcal{F}=T^{-1}\mathcal{F}=\mathcal{F})$，

(iii) すべての $A\in\mathcal{F}$ に対し $P(T^{-1}A)=P(A)$ である，

*) 文献 [16], [18], [25] を参照.

をみたすとき，T を**保測変換** (measure-preserving transformation) という.

注意 一般には，Ω から Ω の中への可測な変換 T で条件 (iii) をみたすものを保測変換と呼び，(i-iii) をみたすものを可逆な保測変換と呼んでいるが，本書では可逆なものに限るので，それを単に保測変換と呼ぶことにする.

保測変換の実径数群を流れという．正確にはつぎのように定義する.

定義 1・2 確率空間 $(\Omega, \mathcal{F}, P)$ 上の変換の族 $\{T_t; t\in \boldsymbol{R}^1\}$ が条件

(i) 各 T_t は $(\Omega, \mathcal{F}, P)$ 上の保測変換である,

(ii) すべての t, $s\in \boldsymbol{R}^1$ に対し $T_t T_s = T_{t+s}$,

(iii) 写像 $(t, \omega)\in \boldsymbol{R}^1\times\Omega \to T_t\omega\in\Omega$ が可測である,

をみたすとき，$\{T_t; t\in \boldsymbol{R}^1\}$ を**流れ** (flow) という.

定義から T_0 は恒等変換であることが出る.

注意 径数 $t\in R^1$ を時間と呼ぶことが多い．保測変換 T に対し，$T_n = T^n$ とおけば離散時間の流れが得られるが，保測変換 T の考察は実は流れ $\{T_n\}$ の考察にほかならないことに注意せよ.

保測変換や流れの例をあげよう.

例 1.1 $\Omega=[0, 1)$ とし，P を Ω 上の Lebesgue 測度とする．$\alpha\in\Omega$ を固定し

$$T\omega=\omega+\alpha, \qquad \mathrm{mod}\ 1$$

と定めれば，T は保測変換である.

例 1.2 前節の Kolmogorov の拡張定理において，$\{P_{m,n}\}$ がさらに条件

(S) すべての $m<n$ に対し,

$$P_{m+1,n+1}=P_{m,n}$$

をみたすと仮定しよう．そうして拡張定理によって得られる確率空間 $(\Omega, \mathcal{F}, P)$ を考える．Ω の点 ω の第 n 座標を ω_n で表わし，Ω 上の変換 T を

$$(T\omega)_n=\omega_{n-1}, \qquad -\infty<n<\infty \tag{1.2}$$

で定めれば，T は定義 1・1 の (i, ii) をみたす．さらに条件 (S) から (iii) が導かれるので，T は $(\Omega, \mathcal{F}, P)$ 上の保測変換である．さて $\omega\in\Omega$ に対し座標関数 $X_n(\omega)=\omega_n$, $n\in \boldsymbol{Z}^1$ を定義すれば*)，$\{X_n\}$ は**定常過程** (stationary process) である：任意の $m<n$, k と $A\in\mathcal{F}_{m,n}$ に対し

$$P((X_m(\omega), \cdots, X_n(\omega))\in A)=P((X_{m+k}(\omega), \cdots, X_{n+k}(\omega))\in A). \tag{1.3}$$

*) $\boldsymbol{Z}^1$ は整数の全体を表わす.

ここで条件 (S) と式 (1.3) は同値であることに注意せよ．このようにして，上に得られた保測変換 T は定常過程 $\{X_n\}$ の**ずらし** (shift) と呼ばれる．E を T の状態空間と呼ぶ．$\{P_{m,n}\}$ を特殊化することによって，特別なずらしが得られる．

問 2 式 (1.2) で定まる T に対し，定義1·1の条件 (iii) が成りたつことを，条件 (S) を用いて示せ．

例 1.3 前の例において，$\{P_{m,n}\}$ を直積測度にとる．すなわち P_E を $(E, \mathcal{F}_E)$ 上の確率測度とし，

$$P_{m,n}(A_m \times \cdots \times A_n) = \prod_{k=m}^{n} P_E(A_k), \quad A_k \in \mathcal{F}_E, \quad m \leq k \leq n$$

とおく．$\{P_{m,n}\}$ は明らかに条件 (K) と (S) をみたす．したがって式 (1.2) で定まる T は $(\Omega, \mathcal{F}, P)$ 上の保測変換である．この場合 T は **Bernoulli 変換** (Bernoulli transformation) とか **Bernoulli 型のずらし** (Bernoulli shift) とか呼ばれる．特にEが可算集合のときには，P_E は E の各点の測度 p_i, $i \geq 1$, を与えることによって定まるが，それから決まる Bernoulli 変換を $B(p_i; i \geq 1)$ で表わす．一般に Bernoulli 変換においては，座標関数 $\{X_n\}$ は Bernoulli 列つまり同一分布に従う独立確率変数列になっている．

例 1.4 例1.2のもう一つの特別な場合として，Markov 変換をあげよう．いまつぎの条件をみたす関数 $P(e, A)$, $e \in E$, $A \in \mathcal{F}_E$, が与えられたとする：

（i） 各 $e \in E$ に対し，$P(e, \cdot)$ は $\mathcal{F}_E$ 上の確率測度である，

（ii） 各 $A \in \mathcal{F}_E$ に対し，$P(\cdot, A)$ は $\mathcal{F}_E$-可測である．

このような $\{P(e, A)\}$ を**推移確率** (transition probability) と呼ぶ．さらにつぎの関係をみたす $\mathcal{F}_E$ 上の確率測度 Q が存在することを仮定する：

$$\int_E P(e, A) dQ(e) = Q(A), \qquad A \in \mathcal{F}_E.$$

このような Q は $P(e, A)$ の**定常確率** (stationary probability) と呼ばれる．このとき，$m < n$, $A_k \in \mathcal{F}_E$, $m \leq k \leq n$ に対し

$$P_{m,n}(A_m \times \cdots \times A_n) = \int_{A_m} Q(de_m) \int_{A_{m+1}} P(e_m, de_{m+1}) \cdots \int_{A_{n-1}} P(e_{n-2}, de_{n-1}) P(e_{n-1}, A_n)$$

とおいて，$\mathcal{F}_{m,n}$ 上の確率測度 $P_{m,n}$ を定めれば，明らかに条件 (K) と (S) が

みたされる．したがって，式(1.2)で定まるずらし T は $(\Omega, \mathcal{F}, P)$ 上の保測変換である．これを **Markov 変換** (Markov transformation) とか **Markov 型のずらし** (Markov shift) と呼ぶ．この場合，座標関数 $\{X_n\}$ は定常 Markov 連鎖 (stationary Markov chain) をなす．

例 1.5 $\Omega=[0,1)\times[0,1)$ とし，P を二次元の Lebesgue 測度とする．$(x, y)\in\Omega$ に対し

$$T(x,y)=\begin{cases}\left(2x,\ \dfrac{y}{2}\right), & 0\le x<\dfrac{1}{2}\\ \left(2x-1,\ \dfrac{y+1}{2}\right), & \dfrac{1}{2}\le x<1\end{cases}$$

と定めれば，T は明らかに保測変換である．これは図1のような変換であることから，**パイこね変換** (baker's transformation) などと呼ばれている．

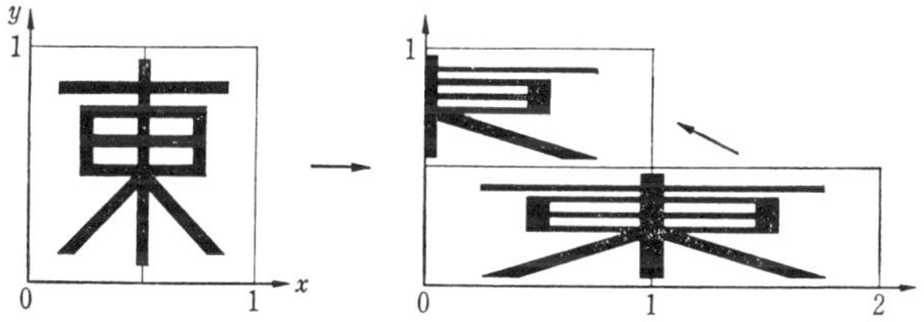

図 1

例 1.6 Ω を二次元トーラス $\boldsymbol{R}^2/\boldsymbol{Z}^2$ とし，P を Ω 上の Lebesgue 測度とする．整数を要素とする行列

$$\tilde{T}=\begin{pmatrix}a & b\\ c & d\end{pmatrix}, \qquad |\det \tilde{T}|=|ad-bc|=1$$

は Ω の群としての自己同型を与えるが，$(x,y)\in\Omega$ に対して

$$T(x,y)=(x,y)^t\tilde{T}=(ax+by, cx+dy), \qquad \mathrm{mod}\ 1$$

と定めれば，T は保測変換である．これを**二次元トーラスの群同型**と呼ぶ．

例 1.7 $\Omega=\boldsymbol{R}^2/\boldsymbol{Z}^2$ とし，P を Lebesgue 測度とする．$(a,b)\in\Omega$ を固定して，$(x,y)\in\Omega$ に対し

$$T_t(x,y)=(x+at, y+bt), \qquad \mathrm{mod}\ 1, \qquad t\in\boldsymbol{R}^1$$

と定めれば，$\{T_t\}$ は流れである．

例 1.8 $\Omega=\boldsymbol{R}^2/\boldsymbol{Z}^2$ 上に微分方程式系

$$\frac{dx}{dt}=F(x,y), \qquad \frac{dy}{dt}=G(x,y)$$

が与えられているとしよう．関数 F と G は C^1 級であり，いたるところ $F^2(x,y)+G^2(x,y)>0$ であると仮定する．このとき任意の $(x_0,y_0)\in\Omega$ に対し $t=0$ で点 (x_0,y_0) を通る解 $(x(t,x_0,y_0),\ y(t,x_0,y_0))$ が $t\in\boldsymbol{R}^1$ で一意に存在し，しかも初期値 (x_0,y_0) について C^1 級である．ゆえに

$$T_t(x_0,y_0)=(x(t,x_0,y_0),\ y(t,x_0,y_0)), \qquad t\in\boldsymbol{R}^1$$

と定めれば，T_t は Ω 上の両連続な1対1変換で，定義1·2の (ii) と (iii) をみたす．いま Ω 上でいたるところ正の C^1 級の関数 $p(x,y)$ で

$$\frac{\partial(Fp)}{\partial x}+\frac{\partial(Gp)}{\partial y}=0$$

をみたすものがあると仮定しよう．このとき $\mathcal{F}$ を Ω の Borel 部分集合全体のなす σ-集合体とし，

$$P(A)=\frac{1}{M}\iint_A p(x,y)\,dx\,dy, \qquad A\in\mathcal{F}$$

によって確率測度 P を定める．ここに M は正規化定数

$$M=\iint_\Omega p(x,y)\,dx\,dy$$

である．$\{T_t\}$ は $(\Omega,\mathcal{F},P)$ 上の流れであることがわかる（[8] 211 頁参照）．前例はこの特別な場合である．

例 1.9*) 古典力学における力学系は Hamilton の方程式系

$$\frac{dq_i}{dt}=\frac{\partial H}{\partial p_i}, \qquad \frac{dp_i}{dt}=-\frac{\partial H}{\partial q_i}, \qquad 1\leq i\leq n \tag{1.4}$$

によって与えられる．ここに H は Hamilton の関数

$$H(p_1,\cdots,p_n,q_1,\cdots,q_n)$$

で，H が t を含まない定常（自律系）の場合を考える．関数 H が十分なめらかであれば，式 (1.4) の初期値問題の一意解が存在し，初期値と時間について連続である．解が時間 $-\infty<t<\infty$ において存在すると仮定しよう．前の例と同様に $\boldsymbol{R}^{2n}$ 上の1対1で両連続な変換の群 $\{T_t;\ t\in\boldsymbol{R}^1\}$ が定まる．そして式 (1.4) の右辺で定まるベクトル場の発散 (divergence) は

*) 詳しくは，たとえば文献 [32] を参照されたい．

$$\sum_{i=1}^{n}\left\{\frac{\partial}{\partial q_i}\left(\frac{\partial H}{\partial p_i}\right)+\frac{\partial}{\partial p_i}\left(-\frac{\partial H}{\partial q_i}\right)\right\}=0$$

だから，Liouville の定理によって $\{T_t\}$ は Lebesgue 測度

$$dp_1\cdots dp_n dq_1\cdots dq_n$$

を保つ．こうして流れ $\{T_t\}$ が定まる（ただしこの場合は，相空間 $\boldsymbol{R}^{2n}$ の全測度は無限である）．

さてエネルギー H はこの系の第1積分

$$\frac{dH}{dt}=\sum_{i=1}^{n}\left\{\frac{\partial H}{\partial q_i}\cdot\frac{\partial H}{\partial p_i}+\frac{\partial H}{\partial p_i}\left(-\frac{\partial H}{\partial q_i}\right)\right\}=0$$

である．したがって $H=h$（定数）で定まる曲面 M_h は $\{T_t\}$ によって不変である（つまり曲面 M_h 上の点から出る式(1.4)の解曲線は M_h 上にとどまる）．ゆえに $\{T_t\}$ を曲面 M_h に制限して考えることができる．M_h が十分なめらかであれば，

$$m(A)=\int_A\frac{d\sigma}{\|\mathrm{grad}\,H\|}$$

で定まる M_h 上の測度は $\{T_t\}$（の制限）によって保たれることが示される．ここに $\|\cdot\|$ は長さを，$d\sigma$ は M_h 上の体積要素を表わす．こうして (M_h, m) 上の流れ $\{T_t\}$ が導かれる．曲面 M_h がコンパクトであれば，m は有限測度であり，定義1・2の意味での流れが得られる．

もっと一般に，$\{T_t\}$ がコンパクトな距離空間上の1対1変換の実径数群であり，かつ $T_t\omega$ が2変数 (t, ω) について連続であれば，$\{T_t\}$ の不変（確率）測度（つまり $\{T_t\}$ を流れにする測度）が存在することが Kryloff-Bogoliouboff [21] によって示されている．

1・3 同　　型

保測変換や流れの構造を研究するには，どのような変換や流れが同じものとみなされるかということを調べねばならない．たとえば，パイこね変換と Bernoulli 変換 $B(1/2, 1/2)$ を考えてみよう．見かけ上は全く違うこの二つの変換が，実は同じものとみなされることがつぎのようにしてわかる．

いま T をパイこね変換とし，その空間を $(\Omega, \mathcal{F}, P)$ としよう．また Bernoulli 変換 $B(1/2, 1/2)$ の空間を $(\tilde{\Omega}, \tilde{\mathcal{F}}, \tilde{P})$，そのずらしを $\tilde{T}$ とする．ただし

$$\tilde{\Omega}=\prod_{-\infty}^{\infty} E_k, \qquad E_k=\{0,1\}$$

である．各点 $(x, y)\in\Omega$ は 2 進展開

$$x=\sum_{n=1}^{\infty} x_n 2^{-n}, \qquad y=\sum_{n=1}^{\infty} y_n 2^{-n} \tag{1.5}$$

を持つ．たとえば $1/2=.100\cdots=.011\cdots$ のように二通りに展開されるときには，前者すなわち 1 が有限個で終わる方をとると約束しておく．展開式 (1.5) を持つ点に $\tilde{\Omega}$ の点 $\varphi(x, y)=(\cdots, x_2, x_1, y_1, y_2, \cdots)$ を対応させよう．そして，$\tilde{\Omega}_0=\varphi(\Omega)$ とおけば，φ は Ω から $\tilde{\Omega}_0$ の上への 1 対 1 写像である．$\tilde{\Omega}\setminus\tilde{\Omega}_0$ の点 $\omega=(\omega_n;\ n\in\boldsymbol{Z}^1)$ においては，ω_n，$n\geq 1$，あるいはω_n，$n<0$，が有限個を除いて 1 であることに注意すれば，$\tilde{P}(\tilde{\Omega}\setminus\tilde{\Omega}_0)=0$ であることがわかる．さらに

$$\varphi^{-1}(\tilde{\mathcal{F}})=\mathcal{F}, \qquad P(\varphi^{-1}A)=\tilde{P}(A), \qquad A\in\tilde{\mathcal{F}}$$

が成りたつことが容易にわかる．また二つの変換 T と $\tilde{T}$ は対応する点に同じように働く：

$$T(.x_1x_2\cdots,\ .y_1y_2\cdots)=(.x_2x_3\cdots,\ .x_1y_1\cdots)$$
$$\tilde{T}(\cdots, x_2, x_1, y_1, y_2, \cdots)=(\cdots, x_3, x_2, x_1, y_1, \cdots).$$

すなわち $\varphi^{-1}\tilde{T}\varphi=T$ である．このようにして，T と $\tilde{T}$ は測度論的な立場からは区別されないことがわかった．

一般につぎの定義を与える．

定義 1·3　二つの確率空間 $(\Omega, \mathcal{F}, P)$ と $(\tilde{\Omega}, \tilde{\mathcal{F}}, \tilde{P})$ において，集合 $\Omega_0\subset\Omega$，$\tilde{\Omega}_0\subset\tilde{\Omega}$ と写像 φ が存在して条件

（i）　$P(\Omega_0)=\tilde{P}(\tilde{\Omega}_0)=1$

（ii）　φ は Ω_0 から $\tilde{\Omega}_0$ の上への 1 対 1 の写像

（iii）　$\varphi^{-1}(\tilde{\mathcal{F}}\cap\tilde{\Omega}_0)=\mathcal{F}\cap\Omega_0$

（iv）　$P(\varphi^{-1}A)=\tilde{P}(A)$，$A\in\tilde{\mathcal{F}}\cap\tilde{\Omega}_0$

をみたすとき，確率空間 $(\Omega, \mathcal{F}, P)$ と $(\tilde{\Omega}, \tilde{\mathcal{F}}, \tilde{P})$ は**同型** (isomorphic) であるといい，φ を**同型** (isomorphism) と呼ぶ．さらに T と $\tilde{T}$ をそれぞれ $(\Omega, \mathcal{F}, P)$ と $(\tilde{\Omega}, \tilde{\mathcal{F}}, \tilde{P})$ 上の保測変換として，上の条件 (i-iv) に加えて

（v）　$T\Omega_0=\Omega_0$，$\tilde{T}\tilde{\Omega}_0=\tilde{\Omega}_0$

(vi) $\varphi T\omega=\tilde{T}\varphi\omega,\ \omega\in\Omega_0$

が成りたてば，T と $\tilde{T}$ は $(\Omega_0, \tilde{\Omega}_0, \varphi)$ のもとで**同型**であるという．

注意 保測変換の定義を振り返ってみると，それは $\Omega=\tilde{\Omega}$ として同型であることがわかる．この意味で保測変換を（確率空間の）自己同型 (automorphism) と呼ぶこともある．なお保測変換は同型の定義のように測度 0 を除いて定義されているとしてもよいが，確率空間を制限することによって定義 1・1 にもどるので，本質的には同じである．

問 3 同型対応は同値関係であることを示せ．

上の定義において，条件 (ii) と (iii) を

(ii)′ φ は Ω_0 から $\tilde{\Omega}_0$ の上への写像

(iii)′ $\varphi^{-1}(\tilde{\mathcal{F}}\cap\tilde{\Omega}_0)\subset\mathcal{F}\cap\Omega_0$

にゆるめるとき，$\tilde{\Omega}$ は Ω に，$\tilde{T}$ は T に**準同型** (homomorphic) であるといい，φ を**準同型** (homomorphism) と呼ぶ．$\tilde{\Omega}$ と $\tilde{T}$ をそれぞれ Ω と T の**準同型像** (homomorphic image) と呼ぶこともある．

流れについても同じように同型や準同型が定義される．(v) と (vi) を

(v)′ $T_t\Omega_0=\Omega_0,\ \tilde{T}_t\tilde{\Omega}_0=\tilde{\Omega}_0,\ t\in\boldsymbol{R}^1$

(vi)′ $\varphi T_t\omega=\tilde{T}_t\varphi\omega,\ t\in\boldsymbol{R}^1,\ \omega\in\Omega_0$

に換えればよい．

1・4 ユニタリ作用素

$(\Omega, \mathcal{F}, P)$ を完備で可分な確率空間とし，その上の流れ $\{T_t; t\in\boldsymbol{R}^1\}$ を考える．Ω 上の複素数値をとる可測関数で絶対値の 2 乗が可積分なものの全体は，内積

$$(f, g)=E\{f\bar{g}\}=\int_\Omega f(\omega)\overline{g(\omega)}dP$$

によって Hilbert 空間をなす．それを $L^2(\Omega, \mathcal{F}, P)$ や簡略化して $L^2(\Omega)$，$L^2(\mathcal{F})$，$L^2(P)$，L^2 などで表わす．$\mathcal{F}$ が可分だから L^2 も可分である．

流れ $\{T_t\}$ に対し，L^2 上のユニタリ作用素の実径数群 $\{U_t; t\in\boldsymbol{R}^1\}$ が

$$(U_tf)(\omega)=f(T_t{}^{-1}\omega),\qquad f\in L^2$$

によって定まる．T_t が保測変換だから U_t はユニタリ

$$(U_tf, U_tg)=(f, g)$$

である．$\{T_t\}$ が群だから $\{U_t\}$ も群

$$U_t U_s = U_{t+s}$$

である．$\{U_t\}$ を流れ $\{T_t\}$ から導かれる**ユニタリ作用素群**と呼ぶ．$\{U_t\}$ は流れ $\{T_t\}$ の構造をある程度反映するであろうと予想される．

定義 1·4 一般に Hilbert 空間 H 上のユニタリ作用素群 $\{U_t; t\in\boldsymbol{R}^1\}$ と Hilbert 空間 $\widetilde{H}$ 上のユニタリ作用素群 $\{\widetilde{U}_t; t\in\boldsymbol{R}^1\}$ に対し，H から $\widetilde{H}$ の上への等距離変換 (isometry) V があって

$$VU_t=\widetilde{U}_tV, \qquad t\in\boldsymbol{R}^1$$

をみたすとき，$\{U_t\}$ と $\{\widetilde{U}_t\}$ は**ユニタリ同値** (unitary equivalent) であるという．流れ $\{T_t\}$ と $\{\widetilde{T}_t\}$ からそれぞれ導かれるユニタリ作用素群がユニタリ同値のとき，$\{T_t\}$ と $\{\widetilde{T}_t\}$ は**スペクトル同型** (spectrally isomorphic) であるとか同じ**スペクトル構造** (spectral structure) を持つとかいわれる．同型な二つの流れは明らかにスペクトル同型である．

さて流れ $\{T_t\}$ から導かれるユニタリ作用素群 $\{U_t\}$ について調べよう．

1·1° $\{U_t\}$ は強連続である．

証明 まずつぎのことを準備する．$-\infty<a'<a<b<b'<\infty$ とすれば，任意の $f\in L^2([a',b'],dt)$ に対し

$$\lim_{\varepsilon\to 0}\int_a^b |f(t+\varepsilon)-f(t)|^2 dt=0 \tag{1.6}$$

が成りたつ．実際 f が連続であれば式 (1.6) が成りたち，任意の $f\in L^2$ は連続関数で L^2-近似できるから，この f に対しても式 (1.6) が成りたつ．

命題の証明には関係

$$\|U_{t+\varepsilon}f-U_tf\|=\|U_\varepsilon f-f\| \tag{1.7}$$

が本質的である（ここに $\|f\|$ は f の L^2 でのノルム $\|f\|=(f,f)^{1/2}$ を表わす）．まず f を有界関数とすれば，

$$\begin{aligned}\|U_\varepsilon f-f\|^2&=\frac{1}{b-a}\int_a^b\|U_{t+\varepsilon}f-U_tf\|^2dt\\&=\frac{1}{b-a}\int_\Omega\int_a^b|f(T_{t+\varepsilon}^{-1}\omega)-f(T_t^{-1}\omega)|^2dtdP\end{aligned}$$

において，$f(T_t^{-1}\omega)$ は a.e. ω に対し t-可測だから，式 (1.6) によって，

$$\lim_{\varepsilon\to 0}\int_a^b |f(T_{t+\varepsilon}^{-1}\omega)-f(T_t^{-1}\omega)|^2 dt=0, \qquad \text{a.e. } \omega$$

が成りたつ．この式の左辺の積分の値は ε について有界だから

$$\lim_{\varepsilon\to 0}\|U_\varepsilon f-f\|=0 \tag{1.8}$$

を得る．任意の $f\in L^2(\Omega)$ に対しては，任意の $\delta>0$ に対して $\|f-f'\|<\delta$ なる有界な f' があるので，

$$\begin{aligned}\|U_\varepsilon f-f\| &\le \|U_\varepsilon f-U_\varepsilon f'\|+\|U_\varepsilon f'-f'\|+\|f'-f\|\\ &<2\delta+\|U_\varepsilon f'-f'\|\end{aligned}$$

により

$$\overline{\lim_{\varepsilon\to 0}}\|U_\varepsilon f-f\|\le 2\delta$$

である．δ は任意だから，やはり式 (1.8) が成りたち，式 (1.7) とあわせて 1° を得る． *qed*

Stone の定理*) 可分な Hilbert 空間 H の強連続なユニタリ作用素群 $\{U_t; t\in \boldsymbol{R}^1\}$ は

$$U_t=\int_{-\infty}^{\infty} e^{2\pi it\lambda}dE(\lambda), \qquad t\in \boldsymbol{R}^1 \tag{1.9}$$

と一意にスペクトル分解される．ここに $\{E(\lambda); \lambda\in \boldsymbol{R}^1\}$ は $L^2(\Omega)$ の単位の分解である：

（i） 各 $E(\lambda)$ は射影作用素である，

（ii） $E(\lambda)E(\mu)=E(\mu)$, $\mu<\lambda$,

（iii） $E(\lambda)$ は右強連続である，

（iv） $E(-\infty)=0$, $E(\infty)=1$.

さらにつぎの反転公式が成りたつ．

$$E^*(\lambda)=\frac{1}{2}\{E(\lambda)+E(\lambda-)\}$$

とおけば，強収束で

$$E^*(\mu)-E^*(\lambda)=\lim_{R\to\infty}\int_{-R}^{R}\frac{e^{-2\pi i\mu t}-e^{-2\pi i\lambda t}}{-2\pi it}U_t dt$$

が成りたつ．

*) 文献 [40], [41] など参照．

さて式 (1.9) の分解において，$H_\lambda=(E(\lambda)-E(\lambda-))H$ とおくとき，$H_\lambda \neq \{0\}$ であれば λ を $\{U_t\}$ の**固有値** (eigenvalue)，H_λ を**固有空間**，H_λ に属する元を**固有元**とか**固有関数** (eigenfunction) とか呼ぶ．λ が固有値であるためには，

$$U_t f=e^{2\pi it\lambda}f, \qquad t\in \boldsymbol{R}^1$$

をみたす0でない $f\in H$ が存在することが必要かつ十分である．このとき f は固有関数である．H_λ が一次元のとき，固有値 λ は**単純** (simple) であるという．H が固有関数で張られるとき（つまり H が固有空間の直和であるとき），$\{U_t\}$ は**純点スペクトル** (pure point spectrum) を持つといわれる．逆に $\{U_t\}$ が固有値を持たないとき，$\{U_t\}$ は**連続スペクトル** (continuous spectrum) を持つという．

ユニタリ作用素群 $\{U_t\}$ が流れ $\{T_t\}$ から導かれたものである場合には，$\{U_t\}$ に関する諸量や諸性質を流れ $\{T_t\}$ のものという言い方をする．たとえば $\{U_t\}$ の固有値を $\{T_t\}$ の固有値という．またこの場合，$\lambda=0$ はつねに定数を固有関数として固有値であるから，定数からなる一次元空間 $C(\Omega)$ を除いて，$H=L^2(\Omega)\ominus C(\Omega)$ で $\{U_t\}$ を考えるのが普通である．$\{U_t\}$ が H において連続スペクトルを持つとき，$\{T_t\}$ は連続スペクトルを持つという．

つぎの定理はユニタリ作用素群のスペクトル構造を特徴づけるものである．

Hellinger-Hahn の定理*) 可分な Hilbert 空間 H のユニタリ作用素群 $\{U_t\}$ が強連続で式 (1.9) の分解を持つとする．このとき，つぎのような可算個の元 $\{h_n\}\subset H$ が存在する：

$$d\mu_n(\lambda)=\|dE(\lambda)h_n\|^2$$

$$H_n=\left\{f;\ f=\int_{-\infty}^{\infty}g(\lambda)dE(\lambda)h_n, \qquad g\in L^2(\boldsymbol{R}^1, \mu_n)\right\}$$

とおけば，各 H_n は $\{U_t\}$-不変な部分空間で

$$H=\sum_{n\geq 1}\oplus H_n$$

をみたし，測度の列 $\{\mu_n\}$ は

$$\mu_1\succ\mu_2\succ\mu_3\succ\cdots$$

*) 文献 [12]，[40] 参照．

をみたす．ここに $\mu_1 \succ \mu_2$ は μ_2 が μ_1 に関して絶対連続なことを意味する．この分解はつぎの意味で一意である．上の条件をみたす他の列 $\{h_n'\}$ をとっても，各 n に対し μ_n と μ_n' は互いに絶対連続

$$\mu_n \sim \mu_n', \qquad n \geq 1$$

である．

この定理の系としてつぎのことが容易にわかる．

1・2° Hellinger-Hahn の定理において，各 n に対し，$\{U_t\}$ の H_n への制限は $L^2(\boldsymbol{R}^1, \mu_n)$ 上のユニタリ作用素群

$$(V_t g)(\lambda) = e^{2\pi i t\lambda} g(\lambda), \quad t \in \boldsymbol{R}^1, \quad g \in L^2(\boldsymbol{R}^1, \mu_n)$$

にユニタリ同値である．

Hellinger-Hahn の定理で与えられる $\boldsymbol{R}^1$ 上の測度の列 $\{\mu_n\}$ は，ユニタリ作用素群 $\{U_t\}$ のスペクトル構造を特徴づけるもので，$\{U_t\}$ のスペクトル系と呼ばれる．$\{U_t\}$ のスペクトル系を $\{\mu_n\}$，$\{\tilde{U}_t\}$ のスペクトル系を $\{\tilde{\mu}_n\}$ とするとき，$\{U_t\}$ と $\{\tilde{U}_t\}$ がユニタリ同値であるための必要十分条件は，各 n に対し μ_n と $\tilde{\mu}_n$ が互いに絶対連続であることだということが，2° より容易にわかる．μ_1 を**最大スペクトル型** (maximal spectral type)，$m(\lambda) = \max\{n; \lambda \in \mathrm{car}(\mu_n)\}$ を**重複度** (multiplicity) と呼ぶこともある．

もしすべての μ_n が $\boldsymbol{R}^1$ 上の Lebesgue 測度と互いに絶対連続であれば（つまり $d\mu_1(\lambda) \sim d\lambda$ かつ $m(\lambda) =$ 定数 であれば），$\{U_t\}$ は**一様 Lebesgue スペクトル** (homogeneous Lebesgue spectrum) を持つといわれる．重複度が無限大の一様 Lebesgue スペクトルを単に**無限重 Lebesgue スペクトル** (countably multiple Lebesgue spectrum) とか **σ-Lebesgue スペクトル**とか呼ぶ．Fourier 変換は $L^2(\boldsymbol{R}^1, d\lambda)$ からそれ自身の上への等距離変換であることに注意すれば，2° からつぎのことが従うことがわかる．

1・3° ユニタリ作用素群 $\{U_t\}$ が重複度 κ の一様 Lebesgue スペクトルを持つための必要かつ十分な条件は，つぎのことが成りたつことである：H が

$$H = \sum_{n=1}^{\kappa} \oplus H_n, \quad U_t H_n = H_n, \quad t \in \boldsymbol{R}^1, \quad 1 \leq n \leq \kappa$$

と不変部分空間に分解され，各 n に対し，$\{U_t\}$ の H_n への制限は $L^2(\boldsymbol{R}^1, ds)$ 上のユニタリ作用素群

$$(W_t g)(s)=g(s-t),\quad t\in\boldsymbol{R}^1,\quad g\in L^2(\boldsymbol{R}^1, ds)$$

にユニタリ同値である.

流れ $\{T_t\}$ から導かれるユニタリ作用素群 $\{U_t\}$ は，前に注意したように $H=L^2(\Omega)\ominus C(\Omega)$ で考えることにして，$\{U_t\}$ が H で一様 Lebesgue スペクトルを持つとき，$\{T_t\}$ は一様 Lebesgue スペクトルを持つという.

以上は流れやユニタリ作用素群に対するスペクトル理論を述べたが，単独の保測変換やユニタリ作用素に対しても，式 (1.9) の積分の範囲を区間 $[-1/2, 1/2]$ に換えることによって，上と平行に理論が展開される．特に 3° と平行につぎのことが成りたつ.

1·4° 可分な Hilbert 空間 H 上のユニタリ作用素 U が重複度 κ の一様 Lebesgue スペクトルを持つための必要かつ十分な条件は，つぎのような H の正規直交基底 $\{h_{n,k};\ 1\leq n\leq\kappa,\ k\in\boldsymbol{Z}^1\}$ が存在することである：

$$Uh_{n,k}=h_{n,k+1},\quad 1\leq n\leq\kappa,\quad k\in\boldsymbol{Z}^1.$$

1·5 同型の問題

流れから導かれるユニタリ作用素群のスペクトル構造は，もとの流れの構造をどの程度反映するだろうか？ これについて，Neumann [24] は 1932 年に，純点スペクトルを持つエルゴード的な流れにおいては，スペクトル同型から同型が従うことを示した（定理 5·1 参照)．つまり純点スペクトルを持つ場合には，流れの構造がユニタリ作用素群に完全に反映するわけである．それでは純点スペクトルでない場合はどうか？ やはりユニタリ作用素群のスペクトル構造で流れの構造が完全に定まるのか，そうでないとすれば，流れの構造をきめる有効な不変量は何か，などの問題が起こる．ここに**不変量** (invariant) というのは，同型な流れが共通に持っているもの（量や値や性質など）のことである．2章で述べるエルゴード性や混合性は不変量ではあるが，それらはスペクトル構造よりも弱い不変量である.

さて単独の保測変換の場合に話を限ろう．上のような一般的な同型の問題のほかに，特に Bernoulli 変換はすべて無限重 Lebesgue スペクトルという同じスペクトル構造を持つ (9·1°参照) が，それらは互いに同型かという問題もある．これらの問題は長年の間，多くの数学者の興味をひいていた．安西 [7] は

1951年に，スペクトル同型であるが同型ではない保測変換の例を作って，一般にはユニタリ作用素のスペクトル構造が保測変換の構造を完全に決めるものではないことを示した（7章参照）．そして1958年になって，Kolmogorov [19] が新しい不変量としてエントロピーを導入して，Bernoulli 変換の中に互いに同型でないものが無限に存在することを示した．彼のエントロピーの定義には不十分な所があったので，Sinai [34] が改良した定義が今日用いられている．

そこでつぎには，エントロピーが等しい Bernoulli 変換は同型か，あるいはエントロピーが同型を決めるような保測変換のクラスは何かということが問題になる．Meshalkin [23] は1959年に Bernoulli 変換の特殊なクラスに対して，エントロピーが等しければ同型であることを示した．この結果は後に Blum-Hanson [9] によって少し拡張された．逆の方向の結果として，1962年に Adler [1] は上記の安西の例を使って，スペクトル同型でかつエントロピーも等しいが同型ではない例が存在することを示した．同年に Sinai [36] は，二つの Bernoulli 変換が有限な同じエントロピーを持てば，互いに他の商変換と同型であるという意味で，それらは弱同型であることを示した（定理9・3）．そして最近ついに，エントロピーが等しい Bernoulli 変換は同型であることが，Ornstein [42], [43] によって証明された（9章参照）．彼は Friedman とともに [47]，弱 Bernoulli 変換という混合的な Markov 変換を含むクラスに対しても同様の結果を出している（10章参照）．さらに Kolmogorov 変換はすべて無限重 Lebesgue スペクトルを持つ（定理8・3）が，Kolmogorov 変換の中にはエントロピーは等しいが同型でないものが存在することも Ornstein [46] によって示されている．

第2章　エルゴード定理

この章ではエルゴード理論の古典的な結果の中で最も著しいエルゴード定理を証明する．この定理は力学系において，物理量の時間平均の存在を示すものである．時間平均が空間平均に等しいというエルゴード仮説は，エルゴード性として定式化される．エルゴード定理の証明には最大不等式と呼ばれる不等式が本質的な役割を演じる．最大不等式の証明は Garsia [15] による簡明な方法を採用する．この章の議論は一つの保測変換の場合と流れの場合にほとんど平行にできるので，いずれか一方についてのみ論ずることが多い．

2·1　エルゴード定理

$(\Omega, \mathcal{F}, P)$ を完備な確率空間とし，T をその上の保測変換とする．T^n の漸近的な性質について，まずつぎのことが成りたつ．

定理 2·1 (Poincaré の再帰定理)　$P(A)>0$ であれば a.e. $\omega\in A$ に対し，半軌道 $\{T^n\omega;\ n\geq 0\}$ は無限回 A に帰って来る．負の方についても同様である．

証明　もし $P(B)>0$ なる $B\subset A$ があって，任意の $\omega\in B$ に対しすべての $n>0$ で $T^n\omega\notin A$ であれば，すべての $n>0$ に対し $T^nB\cap B=\emptyset$ となる．したがって，$\{T^nB\}$ は互いに交わらない可算無限列となり $P(B)>0$ に矛盾する．ゆえに測度0の $N\subset A$ を除いて，$\omega\in A\setminus N$ に対し $n>0$ があって $T^n\omega\in A$ となる．$N_+=\bigcup_0^\infty T^nN$ とおけば，$P(N_+)=0$ であり，任意の $\omega\in A\setminus N_+$ に対し $T^n\omega\in A\setminus N_+$ となる $n>0$ がある．ゆえに任意の $\omega\in A\setminus N_+$ に対し $T^n\omega$, $n>0$, は無限回 $A\setminus N_+$ に帰って来る．負の方も同様である．　*qed*

Ω 上の可測関数 f が，a.e. $\omega\in\Omega$ に対し

$$f(T\omega)=f(\omega) \tag{2.1}$$

をみたすとき，**不変**（詳しくは T-不変）であるといわれる．式 (2.1) がすべての $\omega\in\Omega$ に対して成りたてば，**狭義不変**であるといわれる．可測集合 A は，その定義関数 1_A が（狭義）不変のとき（狭義）不変といわれる．A が不変で

あることは

$$P(TA \triangle A)=0$$

と同じである．流れ $\{T_t\}$ についても，式(2.1)で T を T_t におき換えて同様に定める．

さて最も基本的なエルゴード定理を述べよう．これは時間平均の存在を保証するとともに，定理2・1における帰り方の頻度を示すものでもある．

定理 2・2 (Birkhoff の個別エルゴード定理) T を確率空間 $(\Omega, \mathcal{F}, P)$ 上の保測変換とする．Ω 上の任意の可積分関数 f に対し極限

$$\lim_{n\to\infty} \frac{1}{n} \sum_{k=0}^{n-1} f(T^k\omega) = \hat{f}(\omega) \quad \text{a.e.} \tag{2.2}$$

が存在し，$\hat{f}$ は不変な可積分関数である．さらに任意の不変な可測集合 A に対して

$$\int_A \hat{f}\,dP = \int_A f\,dP \tag{2.3}$$

が成りたつ．

証明のために最大不等式と呼ばれる関係を準備する．

2・1° $a \in \boldsymbol{R}^1$ に対し

$$B_a = \left\{\omega;\ \sup_{n\geq 1} \frac{1}{n} \sum_{k=0}^{n-1} f(T^k\omega) > a\right\}$$

とおけば，任意の不変な可測集合 A に対し

$$\int_{B_a \cap A} f\,dP \geq aP(B_a \cap A) \tag{2.4}$$

が成りたつ．

証明 まず $a=0$ の場合に証明する．

$$S_n(\omega) = \sum_{k=0}^{n-1} f(T^k\omega), \quad n>0, \quad S_0(\omega)=0$$

とおけば，$B_0 = \{\omega;\ \sup S_n(\omega) > 0\}$ である．

$$S_n^+(\omega) = \max_{0\leq k\leq n} S_k(\omega), \qquad B_n = \{\omega;\ S_n^+(\omega) > 0\}$$

とおけば，$\omega \in B_n$ に対し

$$f(\omega) + S_n^+(T\omega) = \max_{0\leq k\leq n} S_{k+1}(\omega) \geq S_n^+(\omega)$$

であることが容易にわかる．したがって

$$\int_{B_n\cap A} f\,dP \geq \int_{B_n\cap A} \{S_n^+(\omega)-S_n^+(T\omega)\}\,dP$$

$$\geq \int_A S_n^+(\omega)\,dP - \int_A S_n^+(T\omega)\,dP = 0.$$

$\{B_n\}$ は単調増大で $\bigcup_n B_n = B_0$ だから，式 (2.4) が $a=0$ に対して示された．a が一般のときは，$g(\omega)=f(\omega)-a$ とおけば，上に示した場合に帰着される．

qed

定理 2·2 の証明　上極限と下極限を

$$\bar{f}(\omega) = \varlimsup_{n\to\infty} \frac{1}{n}\sum_{k=0}^{n-1} f(T^k\omega), \qquad \underline{f}(\omega) = \varliminf_{n\to\infty} \frac{1}{n}\sum_{k=0}^{n-1} f(T^k\omega)$$

とおく．有理数 r と s に対し $E_{r,s} = \{\omega;\, \underline{f}(\omega) < s,\ r < \bar{f}(\omega)\}$ とおき，B_a は 1° と同じとすれば，$E_{r,s}$ は不変であって $E_{r,s}\cap B_r = E_{r,s}$ だから，1° により

$$\int_{E_{r,s}} f\,dP \geq rP(E_{r,s}) \tag{2.5}$$

を得る．f, r, s の代わりに $-f$, $-s$, $-r$ を考えることにより，上と同様に 1° から

$$\int_{E_{r,s}} f\,dP \leq sP(E_{r,s}) \tag{2.6}$$

を得る．もし $s<r$ ならば式 (2.5) と (2.6) より $P(E_{r,s})=0$ である．ゆえに

$$P(\underline{f}(\omega) < \bar{f}(\omega)) = P(\bigcup_{s<r} E_{r,s}) \leq \sum_{s<r} P(E_{r,s}) = 0$$

つまり式 (2.2) の極限が存在する．極限関数 $\hat{f}$ は明らかに不変である．

つぎに $\hat{f}$ の積分可能性と式 (2.3) を示そう．$E_{r,s}$ を $\{\omega;\, r\leq \hat{f}(\omega) < s\}$ の形の集合に代えても，式 (2.5) が成りたつことに注意せよ．したがって，$D_k^n = \{\omega;\, k/n \leq \hat{f}(\omega) < (k+1)/n\}$ に対し

$$\int_{D_k^n} \hat{f}\,dP \leq \frac{k+1}{n} P(D_k^n) \leq \frac{1}{n} P(D_k^n) + \int_{D_k^n} f\,dP$$

k について加え合わせて，$n\to\infty$ とすれば

$$\int_\Omega \hat{f}\,dP \leq \int_\Omega f\,dP$$

を得る．式 (2.6) を用いて同様な議論により

$$\int_\Omega \hat{f}\,dP \geq \int_\Omega f\,dP$$

を得る．ゆえに $\hat{f}$ は可積分で，式 (2.3) が $A=\Omega$ に対して成りたつ．一般の不変な A に対して式 (2.3) を示すには，関数 $g(\omega)=f(\omega)1_A(\omega)$ に以上のことを適用すればよい．実際，A が不変だから $\hat{g}(\omega)=\hat{f}(\omega)1_A(\omega)$ a.e. であり

$$\int_A \hat{f}\,dP=\int_\Omega \hat{g}\,dP=\int_\Omega g\,dP=\int_A f\,dP.$$

qed

定理 2・3 $\{T_t\}$ を $(\Omega,\mathcal{F},P)$ 上の流れとしよう．Ω 上の任意の可積分関数 f に対し極限

$$\lim_{t\to\infty}\frac{1}{t}\int_0^t f(T_s\omega)\,ds=\hat{f}(\omega)\quad \text{a.e.} \tag{2.7}$$

が存在し，$\hat{f}$ は不変な可積分関数であり，任意の不変な可測集合 A に対し

$$\int_A \hat{f}\,dP=\int_A f\,dP$$

をみたす．

問 1 式 (2.7) の左辺の積分が意味を持つことを示せ．

証明 つぎの関数

$$F(\omega)=\int_0^1 f(T_s\omega)\,ds,\qquad G(\omega)=\int_0^1 |f(T_s\omega)|\,ds$$

はともに可積分であり，

$$\frac{1}{t}\int_0^t f(T_s\omega)\,ds=\frac{1}{t}\sum_{k=0}^{[t]-1}F(T_k\omega)+\frac{1}{t}\int_{[t]}^t f(T_s\omega)\,ds.$$

右辺の第 1 項は前定理により可積分な関数 $\hat{f}$ に a.e. 収束する．第 2 項は

$$\left|\frac{1}{t}\int_{[t]}^t f(T_s\omega)\,ds\right|\le\frac{1}{t}\int_{[t]}^{[t]+1}|f(T_s\omega)|\,ds=\frac{1}{t}G(T_{[t]}\omega)$$

だから，a.e. 0 に収束する．したがって式 (2.7) が成りたつ．$\hat{f}$ は明らかに不変である．また A が不変であれば，

$$\int_A \hat{f}\,dP=\int_A F\,dP=\int_0^1\int_A f(T_s\omega)\,dP\,ds=\int_A f\,dP$$

が成りたつ． *qed*

定理 2・4 (Neumann の平均エルゴード定理) 定理 2・2 における式 (2.2) の収束および定理 2・3 における式 (2.7) の収束は L^1 収束でもある．

証明 いずれも同じように示されるので，式 (2.7) の L^1 収束を示そう．f

が有界であれば，有界収束定理によって式(2.7)は L^1 収束でもある．一般の $f\in L^1$ は有界関数で近似すればよい：任意の $\varepsilon>0$ に対し，L^1 ノルムで $\|f-g\|<\varepsilon$ なる有界関数 g があり

$$\begin{aligned}
&\left\|\frac{1}{t}\int_0^t f(T_s\omega)ds-\frac{1}{u}\int_0^u f(T_s\omega)ds\right\| \\
&\quad\le\left\|\frac{1}{t}\int_0^t f(T_s\omega)ds-\frac{1}{t}\int_0^t g(T_s\omega)ds\right\| \\
&\quad+\left\|\frac{1}{t}\int_0^t g(T_s\omega)ds-\frac{1}{u}\int_0^u g(T_s\omega)ds\right\| \\
&\quad+\left\|\frac{1}{u}\int_0^u g(T_s\omega)ds-\frac{1}{u}\int_0^u f(T_s\omega)ds\right\| \\
&\quad\le\left\|\frac{1}{t}\int_0^t g(T_s\omega)ds-\frac{1}{u}\int_0^u g(T_s\omega)ds\right\|+2\varepsilon.
\end{aligned}$$

$t,\ u\to\infty$ のとき 第1項 $\to 0$ だから，$\int_0^t f(T_s\omega)ds/t$ は基本列である．ゆえにそれは $\hat{f}$ に L^1 収束する． *qed*

上記の諸定理とは逆に，$t\to 0$ のときの状態を示すのがつぎの定理である．

定理 2･5 (Wiener のエルゴード定理) $\{T_t\}$ を $(\Omega,\mathcal{F},P)$ 上の流れとすれば，任意の可積分関数 f に対して，

$$\lim_{t\to 0}\frac{1}{t}\int_0^t f(T_s\omega)ds=f(\omega)\quad \text{a.e.}$$

が成りたつ．

証明 Lebesgue 積分論で良く知られているように，$g\in L^1([a,b],\ dt)$ のとき a.e. $u\in(a,b)$ に対し

$$\lim_{t\to 0}\frac{1}{t}\int_0^t g(u+s)ds=\lim_{t\to 0}\frac{1}{t}\int_u^{u+t} g(s)ds=g(u) \tag{2.8}$$

が成りたつ．$g(s,\omega)=f(T_s\omega)$ は a.e. ω に対し s の可測関数であり，有界区間で可積分である．したがって，式(2.8)により a.e. ω に対し

$$\lim_{t\to 0}\frac{1}{t}\int_0^t g(s+u,\omega)ds=g(u,\omega),\quad \text{a.e. } u. \tag{2.9}$$

両辺の関数は (u,ω) について可測だから，Fubini の定理により式(2.9)は a.e. (u,ω) で成りたつ．したがって u と測度0の集合 $N\subset\Omega$ があって

$$\lim_{t\to 0}\frac{1}{t}\int_0^t f(T_sT_u\omega)ds=f(T_u\omega),\qquad \omega\notin N.$$

ゆえに $\omega\notin T_{-u}N$ に対して求める関係が成りたち，かつ $P(T_{-u}N)=0$ である．

qed

2・2 エルゴード性と混合性

$(\Omega,\mathcal{F},P)$ を完備な確率空間とし，$\{T_t\}$ をその上の流れとする．時間平均が空間平均に一致するような流れがつぎのように特徴づけられる．

定理 2・6 つぎの三命題は互いに同値である．

(1) $\{T_t\}$-不変な可測集合の測度は 0 か 1 である．

(2) $\{T_t\}$-不変な可測関数は a.e. 定数である．

(3) 任意の可積分な関数 f に対し

$$\lim_{t\to\infty}\frac{1}{t}\int_0^t f(T_s\omega)ds=\int_\Omega fdP\quad\text{a.e.}\tag{2.10}$$

これらが成りたつとき，$\{T_t\}$ は**エルゴード的** (ergodic) であるといわれる．単独の保測変換についても同様である．

問 2 上の定理を示せ．

保測変換 T の場合に，不変集合 A に対し $A^*=\bigcup_{-\infty}^{\infty}T^nA$ とおけば，A^* は狭義不変で $P(A^*)=P(A)$ である．したがって，上の定理の (1) と (2) で不変を狭義不変におき換えてもよい．流れについても同様であることが，つぎのようにわかる．

2・2° 任意の $\{T_t\}$-不変な可測関数に対し，それと a.e. 一致するような狭義不変な可測関数が存在する．

証明 f を不変な可測関数としよう．$f(T_t\omega)$ は 2 変数 (t,ω) について可測である．$A=\{(t,\omega);f(T_t\omega)\neq f(\omega)\}$ とおけば，その t 切断 $A_t=\{\omega;f(T_t\omega)\neq f(\omega)\}$ は仮定によりすべての t に対し $P(A_t)=0$ である．したがって Fubini の定理により

$$\iint 1_A(t,\omega)dtdP=0.$$

ふたたび Fubini の定理により，測度 0 の集合 $N\subset\Omega$ があって $\omega\in N^c$ に対し

$$f(T_t\omega)=f(\omega)\quad\text{a.e. }t.$$

したがって，$T_a\omega\in N^c$，$T_b\omega\in N^c$ であれば，a.e. t に対し $f(T_tT_a\omega)=f(T_a\omega)$，a.e. s に対し $f(T_sT_b\omega)=f(T_b\omega)$ が成りたつ．このような t と s で $t+a=s+b$ となるものを選べば（存在は明らかであろう），$T_tT_a\omega=T_sT_b\omega$ だから $f(T_a\omega)=f(T_b\omega)$ が得られる．すなわち軌道 $\{T_t\omega;\, t\in \boldsymbol{R}^1\}$ 上で N^c の範囲では f は定数であることがわかった．

$$f^*(\omega)=f(\omega), \qquad \omega\in N^c$$

とおき，$\omega\in N$ に対しては，もし $T_t\omega\in N^c$ となる t があれば $f^*(\omega)=f(T_t\omega)$，そのような t がなければ $f^*(\omega)=0$ とおく．f^* が求める関数である．　*qed*

式 (2.10) において f が有界のとき，有界な g を両辺に掛けて積分すれば，有界収束定理によりつぎのことが得られる．

2·3°　流れ $\{T_t\}$ がエルゴード的であれば，任意の有界な可測関数 f と g に対し

$$\lim_{t\to\infty}\frac{1}{t}\int_0^t\int_\Omega f(T_s\omega)g(\omega)\,dPds=\int_\Omega fdP\int_\Omega gdP$$

が成りたつ．特に f と g として可測集合の定義関数をとることによって

$$\lim_{t\to\infty}\frac{1}{t}\int_0^t P(T_sA\cap B)\,ds=P(A)P(B) \qquad (2.11)$$

が成りたつ．逆に式 (2.11) がすべての $A,\ B\in\mathcal{F}$ に対して成りたつならば，$\{T_t\}$ はエルゴード的である．単独の保測変換についても同様である．

問 3　上の主張の逆の部分を示せ．

エルゴード性はユニタリ作用素群のスペクトルによってつぎのように特徴づけられる．

2·4°　つぎの三命題は同値である．

(1)　$\{T_t\}$ はエルゴード的である．

(2)　固有値 $\lambda=0$ が単純である．

(3)　すべての固有値が単純である．

単独の保測変換についても同様である．

証明　(2) から (3) が出ることを示せば，他は明らかである．$\{T_t\}$ から導かれる $L^2(\Omega)$ のユニタリ作用素群を $\{U_t\}$ とする．f が固有値 λ に属する固有関数であれば，$U_tf=f\exp(2\pi i\lambda t)$ より

$$U_t|f|=|U_tf|=|f|.$$

したがって $|f|$ は固有値0に属する固有関数であり，(2) により $|f|=$定数 a. e. である．すなわち $f(\omega)\neq 0$ a. e. である．いま f_1 と f_2 をともに固有値 λ に属する固有関数とすれば，

$$U_t\left(\frac{f_2}{f_1}\right)=\frac{U_tf_2}{U_tf_1}=\frac{f_2}{f_1}$$

が成りたち，f_2/f_1 は0に属する固有関数だからふたたび (2) により $f_2/f_1=$定数 a. e. である．これは固有値 λ が単純であることを示している． qed

エルゴード性は式 (2.11) によって特徴づけられたが，式 (2.11) よりも強く，すべての $A,\ B\in\mathcal{F}$ に対し

$$\lim_{t\to\infty}\frac{1}{t}\int_0^t|P(T_sA\cap B)-P(A)P(B)|ds=0$$

が成りたつとき $\{T_t\}$ は**弱混合的** (weakly mixing) であるといい，さらに強くすべての $A,\ B\in\mathcal{F}$ に対し

$$\lim_{t\to\infty}P(T_tA\cap B)=P(A)P(B)$$

が成りたつとき，$\{T_t\}$ は**混合的** (mixing) であるという．単独の保測変換についても同様である．$\{T_t\}$ から導かれる L^2 のユニタリ作用素群を $\{U_t\}$ とすれば，容易にわかるように，$\{T_t\}$ が弱混合および混合になるための条件はそれぞれつぎのようになる：すべての $f,\ g\in L^2$ に対し

$$\lim_{t\to\infty}\frac{1}{t}\int_0^t|(U_sf,g)-(f,1)\overline{(g,1)}|ds=0 \tag{2.12}$$

$$\lim_{t\to\infty}(U_tf,g)=(f,1)\overline{(g,1)}. \tag{2.13}$$

2・5° $\{T_t\}$ が弱混合的であるためには，固有値 $\lambda=0$ が単純でありかつ唯一つの固有値である (すなわち $\{T_t\}$ が連続スペクトルを持つ) ことが必要十分である．

証明 必要性： $\lambda=0$ が単純であることは4°による．もし固有値 $\lambda\neq 0$ があるとすれば，λ に属する固有関数 f_λ に対し，任意の t で

$$(f_\lambda,1)=(U_tf_\lambda,1)=e^{2\pi i\lambda t}(f_\lambda,1)$$

だから $(f_\lambda,1)=0$ である．式 (2.12) に $f=g=f_\lambda$ を代入すれば，$\|f_\lambda\|=0$ が出る．

十分性: 任意の $f, g\in L^2$ に対し式(2.12)を示す. $\{U_t\}$ に対するStoneの定理による単位の分解を $\{E(\lambda);\lambda\in\boldsymbol{R}^1\}$ とし, $E_0=E(0)-E(0-)$ とおく. 関数

$$F(\lambda)=\begin{cases}((E(\lambda)-E_0)f, g), & \lambda\geq 0\\ (E(\lambda)f, g), & \lambda<0\end{cases}$$

は連続かつ有界変分であり,

$$\varphi(t)=\int_{-\infty}^{\infty}e^{2\pi i\lambda t}dF(\lambda)=(U_tf, g)-(f, 1)\overline{(g, 1)}$$

である. したがって

$$\lim_{t\to\infty}\frac{1}{t}\int_0^t|\varphi(s)|^2ds=0$$

を示せば十分である. さて

$$\chi_t(\lambda, \mu)=\frac{1}{t}\int_0^t e^{2\pi i(\lambda-\mu)s}ds=\begin{cases}1, & \lambda=\mu\\ \dfrac{e^{2\pi i(\lambda-\mu)t}-1}{2\pi i(\lambda-\mu)t}, & \lambda\neq\mu\end{cases}$$

とおけば, $|\chi_t(\lambda, \mu)|\leq 1$ でありかつ

$$\lim_{t\to\infty}\chi_t(\lambda, \mu)=\delta(\lambda, \mu)=\begin{cases}1, & \lambda=\mu\\ 0, & \lambda\neq\mu.\end{cases}$$

したがって, すべての μ に対し, $t\to\infty$ のとき

$$\psi_t(\mu)=\int\chi_t(\lambda, \mu)\,dF(\lambda)\to\int\delta(\lambda, \mu)\,dF(\lambda)=0.$$

ψ_t は一様有界 $|\psi_t(\mu)|\leq\int d|F(\lambda)|$ だから

$$\lim_{t\to\infty}\frac{1}{t}\int_0^t|\varphi(s)|^2ds=\lim_{t\to\infty}\int\psi_t(\mu)\,d\overline{F(\mu)}=0$$

を得る. *qed*

2·6° 流れ $\{T_t\}$ が弱混合的であるためには, すべての $t\neq 0$ に対し保測変換 T_t がエルゴード的であることが必要十分である.

証明 必要性: $t\neq 0$, $f\in L^2(\Omega)\ominus C(\Omega)$ があって, $U_tf=f$ であれば, すべての s に対し $U_{s+t}f=U_sf$ となって式(2.12)が成りたたない.

十分性: 固有値 $\lambda\neq 0$ が存在すれば, f を λ に属する固有関数として, すべての t に対し $U_tf=f\exp(2\pi i\lambda t)$ が成りたつ. このとき $U_{1/\lambda}f=f$ となっ

て $T_{1/\lambda}$ はエルゴード的でない. qed

$\{T_t^1\}$ を $(\Omega_1, \mathcal{F}_1, P_1)$ 上の流れ, $\{T_t^2\}$ を $(\Omega_2, \mathcal{F}_2, P_2)$ 上の流れとするとき, 直積測度空間 $(\Omega, \mathcal{F}, P)=(\Omega_1\times\Omega_2,\ \mathcal{F}_1\times\mathcal{F}_2,\ P_1\times P_2)$ 上の流れ $\{T_t\}$ が

$$T_t(\omega_1, \omega_2)=(T_t^1\omega_1,\ T_t^2\omega_2), \quad \omega_1\in\Omega_1, \quad \omega_2\in\Omega_2$$

によって定まる. $\{T_t\}$ を $\{T_t^1\}$ と $\{T_t^2\}$ の**直積** (product) と呼び, $\{T_t\}=\{T_t^1\}\times\{T_t^2\}$ で表わす.

2·7° 流れ $\{T_t\}$ が弱混合的であることと, その直積 $\{T_t\}\times\{T_t\}$ がエルゴード的であることは同値である.

証明 $(\Omega, \mathcal{F}, P)$ の直積空間を $(\tilde{\Omega}, \tilde{\mathcal{F}}, \tilde{P})$, $\{T_t\}\times\{T_t\}$ を $\{\tilde{T}_t\}$ で表わす. $\{\tilde{T}_t\}$ がエルゴード的であると仮定しよう. f を $\{T_t\}$ の固有値 λ に属する固有関数とすれば, 関数 $g(\omega_1, \omega_2)=f(\omega_1)\overline{f(\omega_2)}$ に対して $\tilde{U}_t g=g$ ($\{\tilde{U}_t\}$ は $\{\tilde{T}_t\}$ より導かれるユニタリ作用素群である) が成りたつので $g=$定数 a.e. である. したがって $f=$定数 a.e. かつ $\lambda=0$ である. すなわち $\{T_t\}$ は弱混合的である.

つぎに $\{T_t\}$ が弱混合的であることを仮定する. 任意の $A_1, A_2, B_1, B_2\in\mathcal{F}$ に対し

$$\left|\frac{1}{t}\int_0^t \tilde{P}(\tilde{T}_s(A_1\times A_2)\cap(B_1\times B_2))ds-\tilde{P}(A_1\times A_2)\tilde{P}(B_1\times B_2)\right|$$

$$=\left|\frac{1}{t}\int_0^t P(T_sA_1\cap B_1)P(T_sA_2\cap B_2)ds-P(A_1)P(A_2)P(B_1)P(B_2)\right|$$

$$\leq\frac{1}{t}\int_0^t |P(T_sA_1\cap B_1)-P(A_1)P(B_1)|ds$$

$$+\frac{1}{t}\int_0^t |P(T_sA_2\cap B_2)-P(A_2)P(B_2)|ds$$

が成りたつ. 最後の2項は仮定により $t\to\infty$ のとき0に収束するので, 式 (2.11) が矩形集合 $A=A_1\times A_2$, $B=B_1\times B_2$ に対して示された. これから $A, B\in\tilde{\mathcal{F}}$ に対して式 (2.11) を導くのは容易であろう. qed

問 4 上の証明の最後の所で容易であろうといわれた部分を示せ.

流れ $\{T_t\}$ から導かれる L^2 のユニタリ作用素群 $\{U_t\}$ を $H=L^2(\Omega)\ominus C(\Omega)$ に制限したものに対し, 最大スペクトル型と呼ばれる $\boldsymbol{R}^1$ 上の測度 μ が定まることを1·4節で見た. μ の Fourier 変換を

$$\varphi(t)=\int_{-\infty}^{\infty}e^{2\pi it\lambda}d\mu(\lambda)$$

としよう．このときつぎのことが成りたつ．

2·8° 流れ $\{T_t\}$ が混合的であるためには

$$\lim_{t\to\infty}\varphi(t)=0 \tag{2.14}$$

が成りたつことが必要かつ十分である．

証明 必要性： $\{T_t\}$ が混合的であれば，

$$\lim_{t\to\infty}(U_tf,f)=0, \qquad f\in H$$

が成りたつ．測度 μ が $h\in H$ によって $d\mu(\lambda)=\|dE(\lambda)h\|^2=(dE(\lambda)h,h)$ と表わされていれば，

$$\int_{-\infty}^{\infty}e^{2\pi it\lambda}d\mu(\lambda)=\int_{-\infty}^{\infty}e^{2\pi it\lambda}(dE(\lambda)h,h)=(U_th,h)\to 0, \quad t\to\infty$$

である．

十分性： 任意の $f\in H$ に対し

$$(U_tf,f)=\int_{-\infty}^{\infty}e^{2\pi it\lambda}(dE(\lambda)f,f)$$

であり，測度 $d\mu_f(\lambda)=(dE(\lambda)f,f)$ は明らかに最大スペクトル型 μ に関して絶対連続である．したがってその Radon-Nikodym の密度を $g(\lambda)$ とすれば

$$(U_tf,f)=\int_{-\infty}^{\infty}e^{2\pi it\lambda}g(\lambda)d\mu(\lambda)$$

である．これが 0 に収束することを示すには，任意の $h\in L^1(\mu)$ に対し

$$\lim_{t\to\infty}\int_{-\infty}^{\infty}e^{2\pi it\lambda}h(\lambda)d\mu(\lambda)=0 \tag{2.15}$$

が成りたつことをいえばよい．関数 h が $h(\lambda)=\sum_{k=1}^{n}c_ke^{2\pi it_k\lambda}$ の形であれば，条件式 (2.14) によって式 (2.15) が成りたつ．良く知られているように，この形の関数 h の族は $L^1(\mu)$ で稠密だから，任意の $h\in L^1(\mu)$ に対しても式 (2.15) が成りたつ． *qed*

上のことの系としてつぎのことが直ちにわかる．

2·9° 流れ $\{T_t\}$ が一様 Lebesgue スペクトルを持てば，$\{T_t\}$ は混合的である．

最後に，1·2 節で与えられた例 1.1 と例 1.7 について調べてみよう．例 1.1 の保測変換 T は純点スペクトルを持つ．実際

$$f_n(\omega)=e^{2\pi in\omega},\qquad n\in \boldsymbol{Z}^1$$

は固有関数

$$f_n(T^{-1}\omega)=e^{-2\pi in\alpha}f_n(\omega)$$

であり，$\{f_n\}$ は $L^2(\Omega)$ を張る．したがって T は混合的ではない．α が有理数であれば，T は周期的だからエルゴード的でもない．α が無理数であれば T はエルゴード的である．なぜなら $f\in L^2$ を

$$f=\sum_n a_n f_n$$

と展開すれば，

$$Uf=\sum_n a_n e^{-2\pi in\alpha}f_n$$

である．もし f が不変であれば $n\neq 0$ に対し $a_n=0$ となって f は a.e. 定数である．

例 1.7 の流れ $\{T_t\}$ に対しては，関数

$$f_{n,m}(x,y)=e^{2\pi i(nx+my)}$$

をとって上と同様の議論をすることにより，$\{T_t\}$ は純点スペクトルを持ち，a/b が有理数であれば周期的であってエルゴード的でなく，a/b が無理数であればエルゴード的であることがわかる．Bernoulli 変換，Markov 変換，二次元トーラスの群同型については，それぞれの章を参照されたい．

第3章　抽象 Lebesgue 空間

この章では測度論からの準備を行なう．抽象 Lebesgue 空間とは，点測度を持たない場合，普通の Lebesgue 測度を持つ区間 $[0,1]$ に同型な測度空間である．しかしその範囲は十分に広く，具体例はほとんど含まれる．この様な空間に限ることによって，たとえば次章で論じるエルゴード分解や表現定理など，精密な議論が可能になる．条件つき確率の精密化として，条件つき測度が分割の要素の上の確率測度として定まるのは抽象 Lebesgue 空間の利点の一つである*⁾．抽象 Lebesgue 空間の理論は空間の位相とはかかわりなく展開されるものであるが，測度とは本来位相と関係するものであり，ここでは Radon 測度との関連において話をすすめる．測度論に興味のうすい読者は，証明などの詳細はとばして読んでもらえばよいであろう．

3・1　Radon 測度と抽象 Lebesgue 空間

Ω を Hausdorff の位相 τ を持つ位相空間とし (Ω, τ) で表わす．Ω の開集合をすべて含む最小の σ-集合体を位相的 σ-集合体と呼び $\mathcal{F}(\tau)$ で表わす．$(\Omega, \mathcal{F}(\tau))$ 上の確率測度 P が **Radon 測度**とは，すべての $A \in \mathcal{F}(\tau)$ に対し

$$P(A) = \sup\{P(K);\quad A \supset K,\quad K \text{ はコンパクト}\} \tag{3.1}$$

が成りたつことをいう．$\mathcal{F}(\tau)$ の P による完備化を $\overline{\mathcal{F}(\tau)}$ で表わす．P が Radon 測度であれば，$A \in \overline{\mathcal{F}(\tau)}$ に対しても式 (3.1) が成りたつ．

3・1°　(Ω_1, τ_1) と (Ω_2, τ_2) をそれぞれ Hausdorff 空間，P_1 を Ω_1 上の Radon 測度，P_2 を $(\Omega_2, \mathcal{F}(\tau_2))$ 上の確率測度とする．もしつぎの二条件をみたす写像 $f: \Omega_1 \to \Omega_2$ があれば，P_2 も Radon 測度である：

（i）　f は $(\Omega_1, \mathcal{F}(\tau_1), P_1)$ から $(\Omega_2, \mathcal{F}(\tau_2), P_2)$ への準同型である，

（ii）　任意の $\varepsilon > 0$ に対し，Ω_1 の閉集合 F があって，$P_1(F^c) < \varepsilon$ かつ f は F の上で連続である．

証明　任意の $A \in \mathcal{F}(\tau_2)$ と任意の $\varepsilon > 0$ を固定しよう．P_1 は Radon 測度だから，Ω_1 のコンパクト $K \subset f^{-1}(A)$ があって $P_1(f^{-1}(A) \setminus K) < \varepsilon$ であ

*⁾　抽象 Lebesgue 空間の詳しい理論については文献 [28] を参照されたい．

る．一方条件（ii）の F に対して $K\setminus(F\cap K)\subset F^C$ だから $P_1(K\setminus(F\cap K))<\varepsilon$ である．f は F 上で連続だから $f(F\cap K)$ はコンパクトである．

$$f^{-1}(A\setminus f(F\cap K))\subset f^{-1}(A)\setminus(F\cap K)$$

だから

$$\begin{aligned}&P_2(A\setminus f(F\cap K))\\&\quad\leqq P_1(f^{-1}(A)\setminus(F\cap K))\\&\quad=P_1(f^{-1}(A)\setminus K)+P_1(K\setminus(F\cap K))<2\varepsilon\end{aligned}$$

が成りたち，P_2 は Radon 測度である． *qed*

この系としてつぎのことがわかる．

3・2° Ω_1 と Ω_2 はともに Hausdorff 空間で，P は Ω_1 上の Radon 測度とする．もし f が Ω_1 から Ω_2 への連続写像であれば，fP は Radon 測度である．ここに fP は

$$fP(A)=P(f^{-1}(A)),\qquad A\in\mathcal{F}(\tau_2)$$

によって定まる Ω_2 上の確率測度である．

3・3° (Ω_1,τ_1) と (Ω_2,τ_2) をともに Hausdorff 空間とし，P は (Ω_1,τ_1) 上の Radon 測度とする．もし f が Ω_1 から Ω_2 への 1 対 1 連続な写像であれば，f は $(\Omega_1,\mathcal{F}(\tau_1),P)$ から $(\Omega_2,\mathcal{F}(\tau_2),fP)$ への同型である．

問 1 上の 3° を証明せよ．

外測度が正の集合 A に対し，部分空間 $(A,\mathcal{F}_A,P_A)$ が定まる (1・1 節参照) が，それについてつぎのことが成りたつ．

3・4° P を Hausdorff 空間 (Ω,τ) 上の Radon 測度とする．外測度が正の部分集合 A に対し，P_A が（部分位相空間）A 上の Radon 測度であるためには，$A\in\overline{\mathcal{F}(\tau)}$ が必要かつ十分である．

証明 A の部分集合 K に対して，K が A でコンパクトであることと，K が Ω でコンパクトであることは同値である．このことに注意すれば定義より 4° の主張を得る． *qed*

3・5° (Ω,τ) は第 2 可算公理をみたし，完備に距離づけ可能とする．このとき $\mathcal{F}(\tau)$ 上の確率測度 P は Radon 測度である．

証明 Ω を完備で可分な距離空間にする距離 ρ を固定する．まず式 (3.1) において K を閉集合とする関係が成りたつことを示そう．そのために，

$$P(A)=\sup\{P(F);\quad A\supset F,\quad F\text{ は閉集合}\}$$
$$=\inf\{P(G);\quad A\subset G,\quad G\text{ は開集合}\}$$

をみたす $A\in\mathcal{F}(\tau)$ の全体を $\mathcal{F}_0$ とおく．$A\in\mathcal{F}_0$ なら $A^c\in\mathcal{F}_0$; $A, B\in\mathcal{F}_0$ なら $A\cup B\in\mathcal{F}_0$ である．単調増大な $A_n\in\mathcal{F}_0$, $n\geq 1$, に対し，$A=\bigcup_n A_n\in\mathcal{F}_0$ を示そう．実際任意の $\varepsilon>0$ に対し各 n において

$$G_n\supset A_n,\qquad P(G_n\setminus A_n)<\varepsilon\,2^{-n}$$

をみたす開集合 G_n が存在する．開集合 $G=\bigcup_n G_n\supset A$ に対し

$$P(G\setminus A)\leq\sum_n P(G_n\setminus A_n)<\varepsilon \tag{3.2}$$

である．つぎに N があって，$A^N=\bigcup_{n\leq N} A_n$ に対し

$$P(A\setminus A^N)<\varepsilon/2$$

が成りたつ．$A^N\in\mathcal{F}_0$ だから，閉集合 $F\subset A^N$ で $P(A^N\setminus F)<\varepsilon/2$ をみたすものがある．したがって

$$P(A\setminus F)=P(A\setminus A^N)+P(A^N\setminus F)<\varepsilon$$

が成りたち，式 (3.2) とあわせて，$A\in\mathcal{F}_0$ である．こうして，$\mathcal{F}_0$ が σ-集合体であることがわかった．空間 Ω においては，閉集合は G_δ 集合だから，$\mathcal{F}_0$ はすべての閉集合を含む．ゆえに $\mathcal{F}_0=\mathcal{F}(\tau)$ である，つまりすべての $A\in\mathcal{F}(\tau)$ に対し

$$P(A)=\sup\{P(F);\quad F\subset A,\quad F\text{ は閉集合}\} \tag{3.3}$$

が成りたつ．

つぎに Ω に対して式 (3.1) を示す．Ω で稠密な点列 $\{\omega_n;\ n\geq 1\}$ と，0 に単調に収束する正数列 $\{\varepsilon_k;\ k\geq 1\}$ をとり，$U_n^k=\{\omega;\ \rho(\omega,\omega_n)\leq\varepsilon_k\}$ とおく．すべての k に対し，$\Omega=\bigcup_n U_n^k$ だから，任意の $\delta>0$ に対し

$$P\left(\bigcup_{n=1}^{n_k} U_n^k\right)\geq 1-\delta\,2^{-k}$$

なる n_k がある．$\Omega_\delta=\bigcap_k\bigcup_{n=1}^{n_k} U_n^k$ はコンパクトであって $P(\Omega_\delta)\geq 1-\delta$ だから，Ω に対して式 (3.1) が成りたつことがわかった．任意の $A\in\mathcal{F}(\tau)$ と任意の $\varepsilon>0$ に対し

$$P(K)>1-\varepsilon/2,\qquad P(A\setminus F)<\varepsilon/2$$

をみたすコンパクト K と閉集合 $F\subset A$ をとり，$F'=K\cap F$ とおけば，F' はコンパクトで $F'\subset A$ かつ

$$P(A\setminus F')\leq P(A\setminus F)+P(K^c)<\varepsilon$$

が成りたつ． *qed*

さて抽象 Lebesgue 空間を定義する準備として，真に可分な確率空間を定義しよう．集合 Ω の部分集合の可算系 $\mathcal{B}=\{B_n; n\geq 1\}$ を考えよう．各 n に対し $C_n=B_n$ または B_n^c とおき，すべての $\{C_n\}$ の組に対し $\bigcap_n C_n$ が1点または空集合のとき（つまり $\mathcal{B}$ が Ω の点を分離するとき），$\mathcal{B}$ を Ω の**分離系** (separating system) という．特にすべての組 $\{C_n\}$ に対し $\bigcap_n C_n$ が空でない（したがって1点）ときに，分離系 $\mathcal{B}$ は**完全** (complete) であるという．

定義 3・1 確率空間 $(\Omega, \mathcal{F}, P)$ において，分離系 $\mathcal{B}$ があって，$\mathcal{B}$ を含む最小の σ-集合体 $\sigma(\mathcal{B})$ の完備化が $\mathcal{F}$ であるとき，$(\Omega, \mathcal{F}, P)$ は**真に可分** (properly separable) であるといい，$\mathcal{B}$ をその**基底** (base) と呼ぶ．特に分離系 $\mathcal{B}$ が完全であれば，$\mathcal{B}$ を**完全な基底**という．

集合 Ω が完全な分離系 $\mathcal{B}$ を持ち，$\mathcal{B}$ を含む最小の集合体 $\mathcal{K}(\mathcal{B})$ の上に有限加法的な確率 P が与えられれば，P は $\mathcal{K}(\mathcal{B})$ 上で自動的に（$\mathcal{B}$ の完全性により）可算加法性を持ち，したがって可測な集合の全体 $\mathcal{L}(\mathcal{B})$ 上の（可算加法的な）確率測度 P に一意に拡張されることを注意しておこう．このとき $(\Omega, \mathcal{L}(\mathcal{B}), P)$ はもちろん完全な基底 $\mathcal{B}$ を持つ真に可分な確率空間である．逆に真に可分な $(\Omega, \mathcal{F}, P)$ とその基底 $\mathcal{B}$ が与えられれば，$\mathcal{F}=\mathcal{L}(\mathcal{B})$ である．

3・6° $(\Omega, \mathcal{F}, P)$ を真に可分な確率空間とし，$\mathcal{B}=\{B_n; n\geq 1\}$ をその基底としよう．これに対し，つぎの性質を持つ真に可分な確率空間 $(\tilde{\Omega}, \tilde{\mathcal{F}}, \tilde{P})$ が同型を除いて一意に存在する：

(i) $(\tilde{\Omega}, \tilde{\mathcal{F}}, \tilde{P})$ は完全な基底 $\tilde{\mathcal{B}}$ を持つ

(ii) $\tilde{\Omega}$ の部分集合 Ω' があって，

 (a) Ω' の $\tilde{P}$ による外測度は1である，

 (b) 同型 $f:(\Omega, \mathcal{F}, P)\to(\Omega', \tilde{\mathcal{F}}_{\Omega'}, \tilde{P}_{\Omega'})$ がある，

 (c) $f(\mathcal{B})=\tilde{\mathcal{B}}\cap\Omega'$ である．

このとき $(\tilde{\Omega}, \tilde{\mathcal{F}}, \tilde{P})$ を $(\Omega, \mathcal{F}, P)$ の **$\mathcal{B}$-完全拡大**と呼ぶ．以下において，Ω と Ω' を同一視して Ω を $\tilde{\Omega}$ にうめこんで考えることが多い．

証明　$\widetilde{\Omega}=\prod_{n=1}^{\infty}X_n$, $X_n=\{0,1\}$, $n\geq 1$, とおき, $\widetilde{\omega}\in\widetilde{\Omega}$ の第 n 座標を $\widetilde{\omega}_n$ で表わす. $\widetilde{B}_n=\{\widetilde{\omega};\ \widetilde{\omega}_n=1\}$ とおけば, その全体 $\widetilde{\mathscr{B}}=\{\widetilde{B}_n;\ n\geq 1\}$ は $\widetilde{\Omega}$ の完全な分離系をなす. $\widetilde{\mathscr{B}}$ を含む最小の集合体 $\mathscr{K}(\widetilde{\mathscr{B}})$ の要素は一般に

$$\bigcap_{i=1}^{r}\widetilde{B}_{n_i}\cap\bigcap_{i=r+1}^{r+s}\widetilde{B}_{n_i}^{c} \tag{3.4}$$

の形の集合の互いに交わりを持たない有限和である. 式 (3.4) の形の集合の測度を

$$\widetilde{P}\left(\bigcap_{i=1}^{r}\widetilde{B}_{n_i}\cap\bigcap_{i=r+1}^{r+s}\widetilde{B}_{n_i}^{c}\right)=P\left(\bigcap_{i=1}^{r}B_{n_i}\cap\bigcap_{i=r+1}^{r+s}B_{n_i}^{c}\right) \tag{3.5}$$

で定めて, $\mathscr{K}(\widetilde{\mathscr{B}})$ に $\widetilde{P}$ を定めれば, それは明らかに有限加法性を持つ. したがって前に注意したように, $\widetilde{P}$ は $\widetilde{\mathscr{F}}=\mathscr{L}(\widetilde{\mathscr{B}})$ 上の確率測度に拡張される. $f(\omega)=(1_{B_n}(\omega);\ n\geq 1)$ とおけば, f は Ω から $\widetilde{\Omega}$ の中への1対1写像である. $\Omega'=f(\Omega)$ とおけば, これが (ii) の (a－c) をみたすことは明らかであろう. 任意の $\mathscr{B}$-完全拡大 $(\widetilde{\Omega},\widetilde{\mathscr{F}},\widetilde{P})$ に対して, 式 (3.5) が成りたたねばならず, $\widetilde{\mathscr{F}}$ 上の $\widetilde{P}$ は式 (3.5) の左辺の値から一意に定まることに注意すれば, $\mathscr{B}$-完全拡大の一意性がわかる. *qed*

3·7°　$(\Omega,\mathscr{F},P)$ は基底 $\mathscr{B}=\{B_n;\ n\geq 1\}$ を持つ真に可分な確率空間とする. Ω に $\{B_n, B_n^c;\ n\geq 1\}$ を開集合の準基とする位相 $\tau(\mathscr{B})$ を入れる. 明らかに $\mathscr{F}(\tau(\mathscr{B}))=\sigma(\mathscr{B})$ かつ $\mathscr{F}=\overline{\mathscr{F}(\tau(\mathscr{B}))}$ である. このとき, Ω が $(\Omega,\mathscr{F},P)$ の $\mathscr{B}$-完全拡大において可測であるためには, P が $(\Omega,\tau(\mathscr{B}))$ 上の Radon 測度であることが必要かつ十分である.

証明　$(\Omega,\mathscr{F},P)$ の $\mathscr{B}$-完全拡大 $(\widetilde{\Omega},\widetilde{\mathscr{F}},\widetilde{P})$ を 6° の証明のように作る. $\{0,1\}$ に離散位相を, そして $\widetilde{\Omega}$ にその直積位相 $\widetilde{\tau}$ を入れる. 明らかに $\widetilde{\tau}=\tau(\widetilde{\mathscr{B}})$ である. $(\widetilde{\Omega},\widetilde{\tau})$ は第2可算公理をみたし完備に距離づけ可能だから, 5° により $\widetilde{P}$ はRadon 測度である. Ω' と f を 6° のものとする. Ω' 上に $\widetilde{\tau}$ から導かれる相対位相 τ' は $\tau'=\tau(\widetilde{\mathscr{B}}\cap\Omega')=\tau(f(\mathscr{B}))$ をみたすから, f は位相空間 $(\Omega,\tau(\mathscr{B}))\to(\Omega',\tau')$ の位相同型であり, かつ確率空間 $(\Omega,\mathscr{F}(\tau(\mathscr{B})),P)\to(\Omega',\mathscr{F}(\tau'),\widetilde{P}_{\Omega'})$ の同型である. したがって 2° により, P が Radon 測度であることと $\widetilde{P}_{\Omega'}$ が Radon 測度であることは同値であり, またこれらは 4° により $\Omega'\in\widetilde{\mathscr{F}}=\overline{\mathscr{F}(\widetilde{\tau})}$ と同値である. *qed*

3・8° 真に可分な確率空間$(\Omega, \mathcal{F}, P)$に対し，その完全拡大におけるΩの可測性は基底のとり方に関係しない．

証明 $(\Omega, \mathcal{F}, P)$の二つの基底$\mathcal{B}_1$と$\mathcal{B}_2$をとって，$\mathcal{B}_1$-完全拡大と$\mathcal{B}_2$-完全拡大におけるΩの可測性が同値であることを示せばよいが，$\mathcal{B}_1 \subset \mathcal{B}_2$と仮定して一般性を失わない．両基底によってΩ上に生成される位相をそれぞれ$\tau_1 = \tau(\mathcal{B}_1)$，$\tau_2 = \tau(\mathcal{B}_2)$とし，$P_1 = P \mid \mathcal{F}(\tau_1)$，$P_2 = P \mid \mathcal{F}(\tau_2)$とおく．7°により，$P_1$がRadon測度であることと$P_2$がRadon測度であることが同値であることを示せばよい．$\mathcal{B}_1 \subset \mathcal{B}_2$だから，$P_2$がRadon測度であれば$P_1$もそうである．逆を示そう．$P_1$がRadon測度であると仮定する．恒等写像$I: (\Omega, \tau_1) \to (\Omega, \tau_2)$を考えよう．$\mathcal{B}_2 \setminus \mathcal{B}_1 = \{S_k;\ k \geq 1\}$とおけば，$P_1$はRadon測度だから，任意の$\varepsilon > 0$と各$k$に対し$\tau_1$-開集合$G_k$と$\tau_1$-閉集合$F_k$があって，

$$F_k \subset S_k \subset G_k, \quad P_1(G_k \setminus F_k) < \varepsilon\, 2^{-k}, \quad k \geq 1.$$

$F = (\bigcup_k (G_k \setminus F_k))^c$は$\tau_1$-閉集合で$P_1(F^c) < \varepsilon$である．$J = I \mid F$とおけば，$J^{-1}(S_k) = G_k \cap F$，$J^{-1}(S_k^c) = F_k^c \cap F$はともに$F$において$\tau_1$-開集合だから，$I$は$F$上で連続である．$\mathcal{F}(\tau_1)$の$P_1$-完備化も$\mathcal{F}(\tau_2)$の$P_2$-完備化もともに$\mathcal{F}$だから，1°により$P_2$はRadon測度である． *qed*

われわれはいまや抽象Lebesgue空間を定義できる立場にある．

定義 3・2 確率空間$(\Omega, \mathcal{F}, P)$が真に可分で，かつその完全拡大においてΩが可測であるとき，$(\Omega, \mathcal{F}, P)$を**抽象Lebesgue空間**または単に**Lebesgue空間**と呼ぶ．

真に可分な確率空間$(\Omega, \mathcal{F}, P)$がLebesgue空間であるためには，その一つの（したがってすべての）基底$\mathcal{B}$に対しPが$(\Omega, \tau(\mathcal{B}))$上のRadon測度であることが必要かつ十分である．

3・2 基本的な性質と例

Lebesgue空間の基本的な性質を述べよう．

3・9° Lebesgue空間$(\Omega, \mathcal{F}, P)$において，外測度が正のΩ'に対し，部分空間$(\Omega', \mathcal{F}_{\Omega'}, P_{\Omega'})$がLebesgue空間であるためには$\Omega' \in \mathcal{F}$が必要かつ十分である．

問 2 上のことを証明せよ．

3·10° $(\Omega_1, \mathcal{F}_1, P_1)$ を Lebesgue 空間とし，$(\Omega_2, \mathcal{F}_2, P_2)$ を真に可分な確率空間とする．もし Ω_1 から Ω_2 への準同型 f があれば，$(\Omega_2, \mathcal{F}_2, P_2)$ は Lebesgue 空間である．特に f がさらに 1 対 1 であれば，f は同型である．

問 3 上のことを証明せよ．

3·11° Lebesgue 空間 $(\Omega, \mathcal{F}, P)$ において，$\mathcal{B}$ が $\mathcal{B}\subset\mathcal{F}$ なる Ω の分離系であれば，$\mathcal{B}$ は $(\Omega, \mathcal{F}, P)$ の基底である．

証明 恒等写像 $I:(\Omega, \mathcal{F}, P)\to(\Omega, \overline{\sigma(\mathcal{B})}, P)$ は明らかに準同型である．したがって 10° により I は同型であって $\overline{\sigma(\mathcal{B})}=\mathcal{F}$ である． *qed*

定理 3·1 点測度を持たない Lebesgue 空間は普通の Lebesgue 測度を持つ区間 $[0, 1]$ に同型である．

証明 完全拡大について証明すれば十分だから，考える Lebesgue 空間 $(\Omega, \mathcal{F}, P)$ は完全な基底 $\mathcal{B}=\{B_n; n\geq 1\}$ を持つと仮定してよい．$\mathcal{B}$ を用いて，B_1, B_1^c; $B_1\cap B_2$, $B_1\cap B_2^c$, $B_1^c\cap B_2$, $B_1^c\cap B_2^c$; $B_1\cap B_2\cap B_3, \cdots$ などを定め，n 段階に現われる集合（$B_1, \cdots, B_n$ あるいはその補集合の交わり）を一般に E_n で表わす．$E_n\subset E_{n-1}$ に対し $P(E_{n-1})>0$ かつ $P(E_n)=0$ なる E_n はたかだか可算個だから，その和集合を Ω_1 とすれば $P(\Omega_1)=0$ である．$\Omega_0=\Omega\setminus\Omega_1$ に属する点 ω は $\omega=\bigcap_n E_n$ の形を持ちかつすべての n に対し $P(E_n)>0$ である．

さて区間 $I=[0, 1]$ を図 2 のように部分区間に分割し，それぞれを E_n に自然に対応づける．

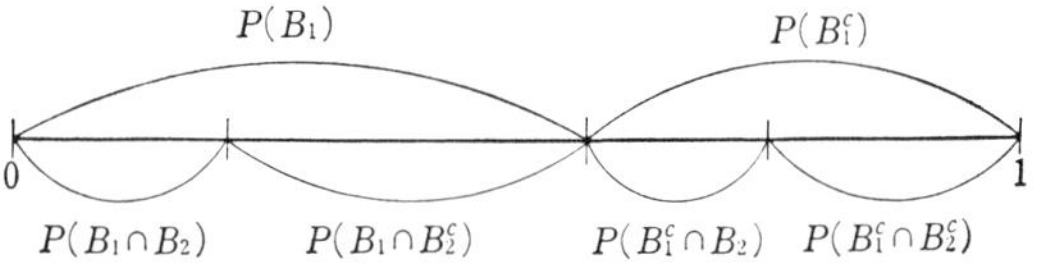

図 2

上の分割の分点 x は 2 点 x^- と x^+ にかぞえて，対応

$$\begin{aligned}\varphi:\ & B_1\to[0, P(B_1)^-],\quad B_1^c\to[P(B_1)^+, 1]\\ & B_1\cap B_2\to[0, P(B_1\cap B_2)^-]\\ & B_1\cap B_2^c\to[P(B_1\cap B_2)^+,\ P(B_1)^-]\\ & B_1^c\cap B_2\to[P(B_1)^+,\ (P(B_1)+P(B_1^c\cap B_2))^-]\\ & B_1^c\cap B_2^c\to[(P(B_1)+P(B_1^c\cap B_2))^+,\ 1]\end{aligned}$$

……………

を定める．一般に $\varphi(E_n)=[x_n^+, y_n^-]$ と表わそう．I に上のように可算個の点を付け加えた集合を $\tilde{I}$ とすれば，$\tilde{I}$ は I の完全拡大である．φ は Ω_0 を $\tilde{I}$ の上へ1対1にうつす．実際 $\Omega_0 \ni \omega=\bigcap_n E_n$ に対し，$P(E_n)>0$ だから $\varphi(E_n)=J_n=[x_n^+, y_n^-]$ であり，$P(E_n)\to 0$ だから一点 $x=\bigcap_n J_n \in \tilde{I}$ が定まり $\varphi(\omega)=x$ である．$\varphi(\omega)=\varphi(\omega')\in\bigcap_n J_n$ であれば，すべての n に対し $\varphi^{-1}(J_n)\ni\omega, \omega'$ だから $\omega=\omega'$ でなければならない．また $\tilde{I}\ni x=\bigcap_n J_n$, $J_n=[x_n^+, y_n^-]$ に対しすべての n で $P(\varphi^{-1}(J_n))=|y_n-x_n|>0$ だから，$\bigcap_n \varphi^{-1}(J_n)=\omega\in\Omega_0$ が定まり，$\varphi(\omega)=x$ である．

上の対応 φ では I の分点には Ω_0 の2点が対応する．であるからたとえば $\Omega_2=\{\varphi^{-1}(x^-);\ x$ は I の分点全体を動く$\}$ とおいて，$\Omega_3=\Omega_0\setminus\Omega_2$ とすれば，$P(\Omega_3)=1$ かつ φ は Ω_3 から I の上への1対1写像である．I の上記の部分区間への分割で得られる部分区間の全体を $\mathcal{B}_I$ とおけば，$\mathcal{B}_I$ は I の基底であり，φ は集合体 $\mathcal{K}(\mathcal{B}\cap\Omega_3)$ 上の P を集合体 $\mathcal{K}(\mathcal{B}_I)$ 上の Lebesgue 測度に対応させる．Ω_3 上の測度 P と I 上の Lebesgue 測度は，それぞれ $\mathcal{K}(\mathcal{B}\cap\Omega_3)$ 上の P の値と $\mathcal{K}(\mathcal{B}_I)$ 上の Lebesgue 測度の値から一意に定まるので，φ は求める同型であることがわかる． *qed*

さて Lebesgue 空間の例をあげよう．

例 1 $\Omega=\{\omega_n;\ n\geq 1\}$, $P(\omega_n)>0$, $\sum_n P(\omega_n)=1$, なる (Ω, P) は Lebesgue 空間である．

例 2 (Ω, τ) を第2可算公理をみたし，完備に距離づけ可能な位相空間とする．P を $\mathcal{F}(\tau)$ 上の確率測度とし，$\mathcal{F}(\tau)$ の P による完備化を $\mathcal{F}$ で表わせば，$(\Omega, \mathcal{F}, P)$ は Lebesgue 空間である．特別な場合として，$\Omega=\boldsymbol{R}^n (1\leq n\leq\infty)$ や E を有限または可算無限集合として $\Omega=E^n (1\leq n\leq\infty)$ の場合を含む．

証明 まず特別な場合として，(Ω, τ) が上記のほかにさらに位相の基底として閉かつ開の集合の可算系 $\mathcal{B}$ を持つ場合を考えよう．前節5°により P は Radon 測度である．他方明らかに $(\Omega, \mathcal{F}, P)$ は $\mathcal{B}$ を基底として真に可分な確率空間である．$\tau=\tau(\mathcal{B})$ だから前節7°により $(\Omega, \mathcal{F}, P)$ は Lebesgue 空間である．

つぎに (Ω, τ) を例2のものとしよう．これに対して，上記の性質を持つ位相

空間 (Ω^*, τ^*) と (Ω^*, τ^*) から (Ω, τ) の上への1対1かつ連続な写像 f で，f^{-1} が Borel 可測 $(f(\mathcal{F}(\tau^*)) \subset \mathcal{F}(\tau))$ なものがある．$A \in \mathcal{F}(\tau^*)$ に対し $P^*(A) = P(f(A))$ で測度を定めれば，上述のことより $(\Omega^*, \overline{\mathcal{F}(\tau^*)}, P^*)$ は Lebesgue 空間である．他方 f は $(\Omega^*, \overline{\mathcal{F}(\tau^*)}, P^*)$ から $(\Omega, \mathcal{F}, P)$ への同型であることが容易にわかり，$(\Omega, \mathcal{F}, P)$ は Lebesgue 空間である． *qed*

例 3 (Ω, τ) を Hausdorff の位相空間とする．もし第2可算公理をみたし完備に距離づけ可能な位相空間 (Ω', τ') と，(Ω', τ') から (Ω, τ) の上への1対1かつ連続な写像 f で f^{-1} が Borel 可測なものがあれば，(Ω, τ) を**標準的空間** (standard space) と呼ぶ．(Ω, τ) を標準的空間とし P を $\mathcal{F}(\tau)$ 上の確率測度とすれば，P は Radon 測度である．さらに $\mathcal{F}$ を $\mathcal{F}(\tau)$ の P による完備化とすれば，$(\Omega, \mathcal{F}, P)$ は Lebesgue 空間であることが，前の例の証明と同様にしてわかる．標準的空間の例として，Schwartz の超関数の空間 $\mathcal{D}'$ を弱位相を入れて考えたもの，$\mathcal{S}'$ を弱および強位相で考えたものは標準的空間であり，これらの空間で開集合を含む最小の σ-集合体は筒集合を含む最小の σ-集合体と一致することが，Cartier [10] によって示されている．

例 4 位相空間 (Ω, τ) は第2可算公理をみたす Hausdorff 空間とする．P を $\mathcal{F}(\tau)$ 上の確率測度とすれば，$(\Omega, \overline{\mathcal{F}(\tau)}, P)$ が Lebesgue 空間であるための必要かつ十分な条件は，P が Radon 測度であることである．

問 4 上のことを証明せよ．

3·3 可測分割，商空間，条件つき測度

この節を通して $(\Omega, \mathcal{F}, P)$ は Lebesgue 空間とする．Ω の分割とは，互いに交わらない Ω の部分集合の集まりで Ω をおおうものをいう．Ω の分割 ζ の元の任意個数の和集合で表わされる集合を **ζ-集合**と呼ぶ．$\mathcal{S} = \{S_\gamma; \gamma \in \Gamma\}$ を Ω の部分集合の任意の族とし，$R_\gamma = S_\gamma$ または S_γ^c とおけば，空でない交わり $\bigcap_{\gamma \in \Gamma} R_\gamma$ の全体 ζ は Ω の分割を定める．このとき $\mathcal{S}$ を分割 ζ の**基底** (base) と呼ぶ．可算個の可測集合からなる基底を持つ分割を**可測分割** (measurable partition) という．Ω から可分な空間，たとえば $\boldsymbol{R}^1$，への可測関数は，その値の原像によって Ω の可測分割を定める．

二つの可測分割 ξ と ζ において，測度0の集合を除いて ξ が ζ の細分のと

き，単に ξ は ζ の**細分**である，あるいは ζ は ξ より**あらい**といい，$\xi \geq \zeta$ で表わす：すなわち，$\xi \geq \zeta$ とは，測度1の集合 Ω' があって任意の $A \in \xi$ に対し $A \cap \Omega' \subset C \cap \Omega'$ をみたす $C \in \zeta$ が存在することを意味する．$\xi \geq \zeta$ かつ $\xi \leq \zeta$ のとき ξ と ζ を同一視する．また $\xi \geq \zeta$ かつ $\xi \neq \zeta$ のとき $\xi > \zeta$ と書く．

可測分割の任意の族 $\{\zeta_\lambda; \lambda \in \Lambda\}$ に対し，つぎの性質を持つ可測分割 ζ が存在する：

（i） すべての $\lambda \in \Lambda$ に対し $\zeta_\lambda \leq \zeta$

（ii） 可測分割 ζ' がすべての $\lambda \in \Lambda$ に対し $\zeta_\lambda \leq \zeta'$ をみたせば，$\zeta \leq \zeta'$ である．

この可測分割 ζ を $\{\zeta_\lambda\}$ の**上限**と呼び $\zeta = \bigvee_{\lambda \in \Lambda} \zeta_\lambda$ で表わす．同様に，つぎの性質を持つ**下限** $\bigwedge_{\lambda \in \Lambda} \zeta_\lambda$ が可測分割として存在する：

（i） すべての $\lambda \in \Lambda$ に対し $\zeta_\lambda \geq \bigwedge_\lambda \zeta_\lambda$

（ii） 可測分割 ζ' がすべての $\lambda \in \Lambda$ に対し $\zeta_\lambda \geq \zeta'$ をみたせば，$\bigwedge_\lambda \zeta_\lambda \geq \zeta'$ である．

問 5 可測分割の族に対して，上限と下限の存在を示せ．

最も細かい可測分割は Ω の一点一点への分割であり，それを ε で表わす．最もあらい分割は唯一つの元 Ω を持つものだが，それを ν で表わし，自明な分割と呼ぶ．

可測分割 ζ に対し，可測な ζ-集合の全体は明らかに σ-集合体をなすが，その $\mathcal{F}$ における完備化を $\mathcal{F}(\zeta)$ で表わす．

3・12° つぎのことが成りたつ．

（i） $\zeta \leq \xi$ と $\mathcal{F}(\zeta) \subset \mathcal{F}(\xi)$ は同値である．

（ii） $\mathcal{F}$ で完備な σ-集合体 $\mathcal{F}_0 \subset \mathcal{F}$ に対し，$\mathcal{F}_0 = \mathcal{F}(\zeta)$ なる可測分割 ζ が存在する．

（iii） $\mathcal{F}(\varepsilon) = \mathcal{F}$，$\mathcal{F}(\nu)$ は測度が 0 か 1 の集合から成る．

（iv） $\mathcal{F}(\bigvee_\lambda \zeta_\lambda) = \bigvee_\lambda \mathcal{F}(\zeta_\lambda)$，$\mathcal{F}(\bigwedge_\lambda \zeta_\lambda) = \bigcap_\lambda \mathcal{F}(\zeta_\lambda)$.

問 6 上のことを示せ．

一般に Ω の分割 ζ の元を点と考える空間を Ω/ζ と書き，Ω から Ω/ζ への自然な写像を i_ζ とする：

$$\omega \in C \in \zeta \quad ならば \quad i_\zeta(\omega) = C.$$

Ω/ζ 上で

$$\mathcal{F}_\zeta = \{Z;\ i_\zeta^{-1}(Z)\in\mathcal{F}\}$$
$$P_\zeta(Z) = P(i_\zeta^{-1}(Z))$$

と定めれば，$(\Omega/\zeta, \mathcal{F}_\zeta, P_\zeta)$ は確率空間であり，$(\Omega, \mathcal{F}, P)$ の ζ による**商空間** (factor space) と呼ばれる．i_ζ は Ω から Ω/ζ の上への準同型であるから，以下において $i_\zeta^{-1}(Z)$ と Z を同一視しても混乱はないであろう．

定義 3・3 Ω の分割 ζ の各元 C に，C 上の測度 P_C が対応してつぎの条件をみたすとき，$\{P_C;\ C\in\zeta\}$ を ζ に関する**条件つき測度** (conditional measure) あるいは**測度の標準系** (canonical system of measures) と呼ぶ：

（i） a.e. $C\in\zeta$ に対し，(C, P_C) は Lebesgue 空間である，

（ii） 任意の $A\in\mathcal{F}$ に対し

（a） $A\cap C$ は a.e. $C\in\zeta$ に対し P_C-可測，

（b） $P_C(A\cap C)$ は C について $\mathcal{F}_\zeta$-可測，

（c） $P(A\cap Z)=\int_Z P_C(A\cap C)dP_\zeta(C), \quad Z\in\mathcal{F}_\zeta$.

条件つき測度を Ω 上の測度と考える方が便利なこともあるので，$P_C(C^c)=0$ として，Ω 上に拡張しておく．記号

$$E_C\{f\}=\int_\Omega f(\omega)dP_C(\omega)$$

を使う．$P_C(A)$ や $E_C\{f\}$ を C の関数として考えるときに，むしろ Ω 上の関数と考える方が便利なこともある．そのために記号

$$P(A\mid\zeta;\omega)=P_C(A), \quad E\{f\mid\zeta;\omega\}=E_C\{f\}, \quad \omega\in C$$

を導入しておく．これらは $\mathcal{F}(\zeta)$-可測な ω の関数である．$C\in\zeta$ において $P(C)>0$ ならば，P_C は1・1節で述べた部分空間の測度にほかならないことに注意せよ．

3・13° 分割 ζ に関する条件つき測度が存在すると仮定する．このとき

（i） $\mathcal{B}$ が Ω の基底であれば，a.e. $C\in\zeta$ に対し $\mathcal{B}\cap C$ は C の基底である．

（ii） 条件つき測度は一意である．すなわち $\{P_C\}$ と $\{P'_C\}$ をともに ζ に関する条件つき測度とすれば，a.e. $C\in\zeta$ に対し $P_C=P'_C$ である．

証明 (i) は前節 11° による．(ii) を示そう．$\mathcal{B}$ を Ω の基底とし，$A\in$

$\mathcal{K}(\mathcal{B})$ と $Z \in \mathcal{F}_\zeta$ に対し

$$\int_Z P_C(A)\,dP_\zeta = P(A \cap Z) = \int_Z P'_C(A)\,dP_\zeta.$$

したがって a.e. C に対し $P_C(A) = P'_C(A)$．ところが $\mathcal{K}(\mathcal{B})$ は可算系だから，a.e. C に対しすべての $A \in \mathcal{K}(\mathcal{B})$ において

$$P_C(A) = P'_C(A)$$

が成りたつ．P_C と P'_C はそれぞれ $\mathcal{K}(\mathcal{B})$ 上の値から一意に定まるので，a.e. C に対して $P_C = P'_C$ である． *qed*

定理 3·2 Lebesgue 空間 $(\Omega, \mathcal{F}, P)$ において，分割 ζ に関する条件つき測度が存在するためには，ζ が可測分割であることが必要かつ十分である．

証明 必要性： $\mathcal{B}$ を Ω の基底とし，可算個の関数

$$\varphi_A(\omega) = P(A \mid \zeta;\, \omega), \qquad A \in \mathcal{K}(\mathcal{B})$$

を定める．ここに $\mathcal{K}(\mathcal{B})$ は $\mathcal{B}$ を含む最小の集合体である．$\{\varphi_A;\, A \in \mathcal{K}(\mathcal{B})\}$ の原像によって定まる Ω の分割を ζ' とすれば，ζ' は可測分割であって $\zeta' \leq \zeta$ である．逆に $C' \in \zeta'$ に 2 元 C_1, $C_2 \in \zeta$ が含まれていれば，すべての $A \in \mathcal{K}(\mathcal{B})$ に対し $P_{C_1}(A) = P_{C_2}(A)$ が成りたつ．P_{C_1} と P_{C_2} は $\mathcal{K}(\mathcal{B})$ 上の値によって定まるから，(C_1, P_{C_1}) と (C_2, P_{C_2}) は同型である．$\omega_1 \in C_1$ と $\omega_2 \in C_2$ が対応する点だとすると，$A \in \mathcal{K}(\mathcal{B})$ に対し $\omega_1 \in A$ と $\omega_2 \in A$ は同等になり，これは $\mathcal{B}$ が分離系であることに反する．ゆえに $\zeta = \zeta'$ となって，ζ が可測であることがわかった．

十分性： $(\Omega, \mathcal{F}, P)$ の基底 $\mathcal{B}$ による完全拡大を $(\tilde{\Omega}, \tilde{\mathcal{F}}, \tilde{P}, \tilde{\mathcal{B}})$ とする．ζ に対し $\tilde{\Omega}$ の可測分割 $\tilde{\zeta} = \zeta \cup \{\tilde{\Omega} \setminus \Omega\}$ を定める．任意の $A \in \tilde{\mathcal{F}}$ を固定して，$\tilde{P}(A \cap Z)$ を $Z \in \tilde{\mathcal{F}}_{\tilde{\zeta}}$ の測度と考えれば，$\tilde{P}$ に関して絶対連続だから，$\tilde{\mathcal{F}}_{\tilde{\zeta}}$-可測な Radon-Nikodym の密度 $\varphi(A, C)$ が定まり

$$\tilde{P}(A \cap Z) = \int_Z \varphi(A, C)\,d\tilde{P}_{\tilde{\zeta}}(C), \qquad Z \in \tilde{\mathcal{F}}_{\tilde{\zeta}}$$

である．$\tilde{B} \in \tilde{\mathcal{B}}$ に対し

$$\int_{\tilde{\Omega}/\tilde{\zeta}} \{\varphi(\tilde{B}, C) + \varphi(\tilde{B}^c, C)\}\,d\tilde{P}_{\tilde{\zeta}}(C)$$
$$= \tilde{P}(\tilde{B}) + \tilde{P}(\tilde{B}^c) = 1$$

だから，a.e. $C\in\tilde{\zeta}$ に対し

$$\varphi(\tilde{B},C)+\varphi(\tilde{B}^c,C)=1$$

が成りたつ．$\varphi(\cdot,C)$ が $\mathcal{K}(\tilde{\mathcal{B}})$ 上で有限加法的な確率測度であることは，可算個の関係式で書くことができるから，上と同様にして結局，a.e. $C\in\tilde{\zeta}$ に対して $\varphi(\cdot,C)$ は $\mathcal{K}(\tilde{\mathcal{B}})$ 上で有限加法的な確率測度であることがわかる．$\tilde{\mathcal{B}}$ は完全な基底だから，3·1 節に述べたように，$\varphi(\cdot,C)$ は $\tilde{\Omega}$ 上の確率測度 P_C に拡張され，$(\tilde{\Omega},P_C)$ は Lebesgue 空間になる．

$\hat{\mathcal{F}}$ をつぎの三条件をみたす集合 A の全体とする：

(a′) A は a.e. $C\in\tilde{\zeta}$ に対し P_C-可測である，

(b′) $P_C(A)$ は C について $\tilde{\mathcal{F}}_{\tilde{\zeta}}$-可測である，

(c′) $\tilde{P}(A\cap Z)=\int_Z P_C(A)d\tilde{P}_{\tilde{\zeta}}(C),\qquad Z\in\tilde{\mathcal{F}}_{\tilde{\zeta}}.$

明らかに $\mathcal{K}(\tilde{\mathcal{B}})\subset\hat{\mathcal{F}}$ であり，$\hat{\mathcal{F}}$ は単調族をなすから，$\tilde{\mathcal{B}}$ を含む最小の σ-集合体 $\sigma(\tilde{\mathcal{B}})$ は $\hat{\mathcal{F}}$ に含まれる．任意の $A\in\tilde{\mathcal{F}}$ に対し，$B_1\subset A\subset B_2$, $\tilde{P}(B_2\setminus B_1)=0$ をみたす B_1, $B_2\in\sigma(\tilde{\mathcal{B}})$ があるので，

$$\int_{\tilde{\Omega}/\tilde{\zeta}} P_C(B_2\setminus B_1)d\tilde{P}_{\tilde{\zeta}}(C)=\tilde{P}(B_2\setminus B_1)=0.$$

したがって a.e. $C\in\tilde{\zeta}$ に対し $P_C(B_2\setminus B_1)=0$ となり，A は (a′) をみたす．また a.e. $C\in\tilde{\zeta}$ に対し，$P_C(A)=P_C(B_1)$ であって，A は (b′) と (c′) もみたす．

最後に $P_C(C)=1$ を示す．可測分割 ζ の基底を $\mathcal{S}$ とすれば，$\tilde{\mathcal{S}}=\mathcal{S}\cup\{\tilde{\Omega}\setminus\Omega\}$ は $\tilde{\zeta}$ の基底である．任意の $S\in\mathcal{K}(\tilde{\mathcal{S}})$ に対し

$$\tilde{P}(S\cap Z)=\int_Z 1_S(C)d\tilde{P}_{\tilde{\zeta}}(C),\qquad Z\in\tilde{\mathcal{F}}_{\tilde{\zeta}}$$

が成りたつ．$\mathcal{K}(\tilde{\mathcal{S}})$ は可算系だから，a.e. $C\in\tilde{\zeta}$ に対して

$$P_C(S)=1_S(C),\qquad S\in\mathcal{K}(\tilde{\mathcal{S}})$$

が成りたつ．他方すべての $C\in\tilde{\zeta}$ は，$C=\bigcap_n S_n$, $S_n\in\mathcal{K}(\tilde{\mathcal{S}})$, $S_n\subset S_{n-1}$, と表わされるから，a.e. C は P_C-可測であって，

$$P_C(C)=\lim_{n\to\infty}P_C(S_n)=1$$

である． *qed*∎

注意 上の定理の証明の中で，必要性の証明には，条件つき測度の条件のうち (ii) の (c) は用いていない．つまり，条件つき測度の条件 (i)，(ii) (a) と (b) をみたす測度の系 $\{P_C; C\in\zeta\}$ があれば，ζ は可測分割である．

条件つき測度の一意性によって，つぎのことが知られる．

3・14° ξ と ζ を可測分割とし，$\xi\leq\zeta$ を仮定する．$C\in\zeta$ と $A\in\xi$ において $C\subset A$ としよう．Ω の可測分割 ζ の元として，C は条件つき測度 P_C を持つ Lebesgue 空間である．他方，ζ は Lebesgue 空間 (A, P_A) に可測分割 $\zeta_A=\zeta\cap A$ を導き，C はその元として条件つき測度 $(P_A)_C$ を持つ Lebesgue 空間でもある．このとき条件つき測度の一意性によって，

$$(P_A)_C=P_C, \qquad \text{a. e. } C\in\zeta$$

であり

$$P_A(B)=\int_{A/\zeta_A} P_C(B)dP_{\zeta_A}(C), \qquad B\in\mathcal{F}$$

が成りたつ．この性質を**条件つき測度の推移性**と呼ぶことにする．

定理 3・3 Lebesgue 空間 $(\Omega, \mathcal{F}, P)$ の商空間 $(\Omega/\zeta, \mathcal{F}_\zeta, P_\zeta)$ が Lebesgue 空間であるためには，分割 ζ が可測であることが必要かつ十分である．

証明 必要性は明らかである．十分性を示そう．まず $\mathcal{S}$ を ζ の基底とし，$\mathcal{S}'=i_\zeta(\mathcal{S})$ とおけば，$\mathcal{S}'$ が Ω/ζ の基底になることがわかる．実際 $\mathcal{S}'$ が分離系であることは明らかである．$\mathcal{S}'$ を含む最小の σ-集合体 $\sigma(\mathcal{S}')$ の P_ζ による完備化 $\overline{\sigma(\mathcal{S}')}$ への P_ζ の制限を P_ζ' とし，P_ζ の代わりに P_ζ' を用いて，ζ に関する条件つき測度 $\{P_C; C\in\zeta\}$ を作る．任意の $A\in\mathcal{F}$ に対し $P_C(A)$ は C について P_ζ'-可測である．$A\in\mathcal{F}_\zeta$ であれば，$P_C(A)=1_A(C)$ だから A は P_ζ'-可測である．ゆえに $\overline{\sigma(\mathcal{S}')}=\mathcal{F}_\zeta$ すなわち $\mathcal{S}'$ が Ω/ζ の基底であることがわかった．

つぎに Ω/ζ が完全拡大において可測であることを示す．ζ の基底 $\mathcal{S}$ に可算個の可測集合を付け加えて，Ω の基底 $\mathcal{B}$ を作る．Ω の $\mathcal{B}$-完全拡大 $\tilde{\Omega}$ において，基底 $\tilde{\mathcal{B}}$ の $\mathcal{S}$ に対応する部分を $\tilde{\mathcal{S}}$ とする．$\tilde{\mathcal{S}}$ を基底とする $\tilde{\Omega}$ の可測分割 $\tilde{\zeta}$ による商空間 $\tilde{\Omega}/\tilde{\zeta}$ を考える．明らかに $i_{\tilde{\zeta}}(\tilde{\mathcal{S}})$ は $\tilde{\Omega}/\tilde{\zeta}$ の完全な基底である．一方 $\zeta=\tilde{\zeta}\cap\Omega$ であり，$C\in\zeta$ を $C=\tilde{C}\cap\Omega$ なる $\tilde{C}\in\tilde{\zeta}$ に対応させると，Ω/ζ は $\tilde{\Omega}/\tilde{\zeta}$ にうめこまれる．しかも $i_{\tilde{\zeta}}(\Omega)=\Omega/\zeta$ であって，Ω は $\tilde{\Omega}$ で可測だから Ω/ζ は $\tilde{\Omega}/\tilde{\zeta}$ で可測である． *qed*

第4章　エルゴード分解とS-表現

この章では，エルゴード理論において基本的な結果である流れのエルゴード分解(4·1節) と流れの S-表現 (4·3 節) について述べる．エルゴード分解とは，エルゴード的でない流れをエルゴード的な成分に分解することである．S-表現とは，流れを一つの保測変換と関数で表現するという定理で，Ambrose と角谷 [3]，[4] によって得られた．4·2 節では角谷 [17] によって定義された誘導変換について説明し，さらに時間が離散の場合の S-表現を述べて 4·3 節への直観的な見通しを与える．4·4 節では周期点を持たない保測変換に対する Rohlin [29] の定理を証明する．この章を通じて確率空間$(\Omega, \mathscr{F}, P)$ はつねに Lebesgue 空間とする．4·1 節と 4·3 節ではこの仮定が本質的である．

4·1　エルゴード分解

エルゴード分解を述べる前に，流れの分解についての一般論を準備しよう．$(\Omega, \mathscr{F}, P)$ を Lebesgue 空間とし，$\{T_t\}$ をその上のエルゴード的でない流れとしよう．ζ を狭義不変な集合への可測分割とする：すべての t とすべての $C \in \zeta$ に対し，$T_t C = C$ である．このとき $\{T_t\}$ の C への制限 $\{T_t^C\}$ はC上の1対1変換の群であるが，さらにつぎのことが成りたつ．

4·1°　a.e. $C \in \zeta$ に対し，$\{T_t^C\}$ は空間 (C, P_C) 上の流れである．これを $\{T_t\}$ の C 上の**成分** (component) と呼ぶ．

証明　$\mathscr{B}$ を空間 Ω の基底とすれば，3·13° により a.e. $C \in \zeta$ に対して $\mathscr{B} \cap C$ は空間 C の基底であり，それを含む最小の集合体は $\mathscr{K}(\mathscr{B} \cap C) = \mathscr{K}(\mathscr{B}) \cap C$ である．任意に t を固定する．任意の $A \in \mathscr{K}(\mathscr{B})$ と $Z \in \mathscr{F}_\zeta$ に対し

$$\int_Z P_C(A \cap C) dP_\zeta = P(A \cap Z) = P(T_t A \cap Z)$$

$$= \int_Z P_C(T_t A \cap C) dP_\zeta$$

が成りたつ．$\mathscr{K}(\mathscr{B})$ は可算系だから，a.e. $C \in \zeta$ に対し

$$P_C(T_t A \cap C) = P_C(A \cap C), \qquad A \in \mathscr{K}(\mathscr{B}) \tag{4.1}$$

である．$E=\{(C,t);\ P_C(T_tA)\neq P_C(A)$ なる $A\in\mathcal{K}(\mathcal{B})$ がある$\}$ とおけば，t-切断 $E_t=\{C;\ (C,t)\in E\}$ の測度は 0 だから，Fubini の定理によって

$$\iint 1_E dP_\zeta dt=0.$$

したがって $P_\zeta(\Omega_0)=1$ なる $\Omega_0\in\mathcal{F}_\zeta$ があって，$C\in\zeta\cap\Omega_0$ のとき a.e. t に対して式 (4.1) が成りたつ．P_C の値は $\mathcal{K}(\mathcal{B}\cap C)$ 上の値から一意に定まるので，上の C と t において，式 (4.1) がすべての $A\in\mathcal{F}$ に対して成りたつ．さて任意の s を固定すれば，$P_C(T_tT_{s-t}A)=P_C(T_{s-t}A)=P_C(A)$ が a.e. t で成りたつから，

$$\begin{aligned}P_C(T_sA)&=P_C(T_tT_{s-t}A)\\&=\int_0^1 P_C(T_tT_{s-t}A)dt=P_C(A)\end{aligned}$$

を得る．つまり $C\in\zeta\cap\Omega_0$ のとき，すべての t とすべての $A\in\mathcal{F}$ に対して式 (4.1) が成りたつ． *qed*

一般に可測分割 ζ が与えられたとき，Ω 上の関数 f の $C\in\zeta$ への制限を f_C や $[f]_C$ で表わす．f が可測であれば，a.e. C に対し f_C は P_C-可測である．$f,\ g\in L^2(\Omega)$ であれば，a.e. C に対し $f_C,\ g_C\in L^2(C)$ であって，$L^2(C)$ のノルムを $\|\cdot\|_C$ と書けば

$$\|f-g\|^2=\int_{\Omega/\zeta}\|f_C-g_C\|_C^2 dP_\zeta(C) \tag{4.2}$$

が成りたつ．さらにつぎのことがわかる．

4・2° $L^2(\Omega)$ の強収束で $f_n\to f$ であれば，部分列 $f_{n'}$ があって a.e. $C\in\zeta$ に対し C 上で $[f_{n'}]_C\to f_C$ a.e. (P_C) かつ $L^2(C)$ の強収束である．

証明 式 (4.2) により，$F_n(C)=\|[f_n]_C-f_C\|_C$ は 0 に $L^2(\Omega/\zeta)$ で強収束する．したがって $F_n(C)$ は 0 に確率収束する．ゆえに部分列があって $F_{n'}(C)\to 0$ a.e. である．もちろん $\|f_{n'}-f\|\to 0$ だから，さらに部分列が選べて $f_{n''}\to f$ a.e. (P) である．したがって a.e. C に対し，$[f_{n''}]_C\to f_C$ a.e. (P_C) かつ上のことより $\|[f_{n''}]_C-f_C\|_C\to 0$ である． *qed*

Lebesgue 空間 $(\Omega,\mathcal{F},P)$ 上の流れ $\{T_t\}$ に対応する $L^2(\Omega)$ のユニタリ作用素群を $\{U_t\}$，単位の分解を $\{E(\lambda)\}$ としよう．ζ を狭義不変な集合への可測分

割とすれば，$\{T_t\}$ の $C\in\zeta$ への制限 $\{T_t^C\}$ は a.e. C に対して (C, P_C) 上の流れであった．それに対応する $L^2(C)$ 上のユニタリ作用素群を $\{U_t^C\}$，単位の分解を $\{E_C(\lambda)\}$ で表わせば，つぎのことが成りたつ．

4·3° a.e. $C\in\zeta$ に対し，

$$[U_t f]_C = U_t^C f_C, \quad f\in L^2(\Omega), \quad t\in \boldsymbol{R}^1$$

$$[E(\lambda, \mu]f]_C = E_C(\lambda, \mu]f_C, \quad f\in L^2(\Omega), \quad \lambda,\ \mu\in \boldsymbol{R}^1$$

が成りたつ，ここに $E(\lambda, \mu] = E(\mu) - E(\lambda)$．

証明 最初の式は明らかである．第2の式を示そう．$E^*(\lambda) = \{E(\lambda)+E(\lambda-)\}/2$ とおけば，$f\in L^2(\Omega)$ に対し強収束で

$$E^*(\lambda, \mu]f = \lim_{R\to\infty}\int_{-R}^{R}\frac{e^{-2\pi i\mu t}-e^{-2\pi i\lambda t}}{-2\pi it}U_t f dt$$

が成りたつ．2° によって，部分列 $\{R_n\}$ があって a.e. $C\in\zeta$ に対し $L^2(C)$ の強収束で

$$\begin{aligned}[E^*(\lambda, \mu]f]_C &= \lim_{n\to\infty}\int_{-R_n}^{R_n}\frac{e^{-2\pi i\mu t}-e^{-2\pi i\lambda t}}{-2\pi it}[U_t f]_C dt \\ &= E_C^*(\lambda, \mu]f_C\end{aligned}$$

である．L を $L^2(\Omega)$ で稠密な可算系でかつ $\{f_C; f\in L\}$ が a.e. C に対し $L^2(C)$ で稠密となるものとする（存在は 3·13° による）．上のことより，a.e. C においてすべての $f\in L$ とすべての有理数 $\lambda<\mu$ に対し

$$[E^*(\lambda, \mu]f]_C = E_C^*(\lambda, \mu]f_C$$

である．任意の λ, μ を上から有理数列 λ_n, μ_n で近づけると，

$$E^*(\lambda_n, \mu_n]f \to E(\lambda, \mu]f, \qquad L^2(\Omega) \text{ の強収束}$$

$$E_C^*(\lambda_n, \mu_n]f_C \to E_C(\lambda, \mu]f_C, \qquad L^2(C) \text{ の強収束}$$

であるから第2の式を得る． *qed*

定理 4·1（エルゴード分解定理） Lebesgue 空間 $(\Omega, \mathcal{F}, P)$ 上の流れ $\{T_t\}$ に対し，狭義不変な集合への可測分割 ζ が一意的に存在して，a.e. $C\in\zeta$ に対し成分 $\{T_t^C\}$ はエルゴード的である．

証明 まず存在を示す．$\{T_t\}$-不変な可測集合の全体を $\mathcal{I}$ とすれば，$\mathcal{I}$ は距離 $\rho(A, B) = P(A\triangle B)$ に関して可分だから，稠密な可算系 $\mathcal{S}\subset\mathcal{I}$ がある．ここで $\mathcal{S}$ の元は狭義不変な集合としてよいことが，2·2° によってわかる．$\mathcal{S}$

を基底とする可測分割 ζ が求めるものであることを以下に示そう．まず $\{T_t\}$ に対応する L^2 の単位の分解を $\{E(\lambda);\lambda\in\boldsymbol{R}^1\}$ とし， $E^{(0)}=E(0)-E(0-)$ とおく．任意の $f\in L^2$ に対し $E^{(0)}f$ は不変関数だから

$$g=E^{(0)}f \qquad \text{a.e.}$$

なる $g\in L^2(\sigma(\mathcal{S}))$ が存在する，ここで $\sigma(\mathcal{S})$ は $\mathcal{S}$ を含む最小の σ-集合体である．3° により，a.e. $C\in\zeta$ に対し

$$E_C^{(0)}f_C=[E^{(0)}f]_C=g_C \qquad \text{a.e.}\ (P_C)$$

であって，g_C は C 上で定数である．L を $L^2(\Omega)$ で稠密な可算系でかつ $\{f_C;f\in L\}$ が a.e. C に対し $L^2(C)$ で稠密なものとする．上のことより，a.e. C において，すべての $f\in L$ に対し $E_C^{(0)}f_C$ は a.e. (P_C) 定数である．$\{f_C;f\in L\}$ は $L^2(C)$ で稠密だから，a.e. C において，すべての $f\in L^2(C)$ に対し $E_C^{(0)}f$ は a.e. (P_C) 定数である．これは $\{T_t^C\}$ のエルゴード性を示している．一意性はつぎのことによる． *qed*

4・4° 狭義不変な集合への可測分割の間で，定理に述べた分割 ζ は最も細かい．

証明 ζ' を狭義不変な集合への任意の可測分割とし，$\zeta'\leq\zeta$ を示そう．A を不変な可測集合とすれば，a.e. $C\in\zeta$ に対し $A\cap C$ は $\{T_t^C\}$-不変だから

$$P_C(A\cap C)=1 \quad \text{または} \quad 0$$

である．$\hat{A}=\bigcup\{C;P_C(A\cap C)=1\}\in\mathcal{F}_\zeta$ とおけば，明らかに $P(A\cap\hat{A})=P(\hat{A})$ かつ $P(A\cap\hat{A}^c)=0$，すなわち $P(A\triangle\hat{A})=0$ である．さて $\mathcal{S}'$ を ζ' の基底とすれば，各 $S\in\mathcal{S}'$ に対し $P(S\triangle\hat{S})=0$ なる $\hat{S}\in\mathcal{F}_\zeta$ がある．$\hat{\mathcal{S}}=\{\hat{S};S\in\mathcal{S}'\}$ とおき，$\hat{\mathcal{S}}$ を基底とする可測分割を $\hat{\zeta}$ とすれば，ζ' と $\hat{\zeta}$ は集合

$$\bigcup_{S\in\mathcal{S}'}(S\triangle\hat{S})$$

の上でだけ異なり，この集合の測度は 0 だから $\zeta'=\hat{\zeta}$ である．他方明らかに $\hat{\zeta}\leq\zeta$ だから，$\zeta'\leq\zeta$ が示された． *qed*

4・2 誘導変換と商変換

Lebesgue 空間 $(\Omega,\mathcal{F},P)$ 上の保測変換 T を考えよう．集合 $A\in\mathcal{F}$ を $0<P(A)<1$ なるものとする．定理 2・1 によれば，$P(A\setminus A_0)=0$ なる $A_0\subset A$ が

あって，任意の $\omega\in A_0$ に対し $T^n\omega\in A_0$ となる n が正と負にともに無限個ある．いま $\omega\in A_0$ に対し，ω の再帰時間を

$$\tau_A(\omega)=\min\{n>0;\ T^n\omega\in A_0\}$$

で定め，A_0 上の変換を

$$T_A\omega=T^{\tau_A(\omega)}\omega,\qquad \omega\in A_0$$

で定めれば，T_A は A_0 上の1対1変換である．さらに T_A は部分空間 $(A_0, \mathfrak{F}_{A_0}, P_{A_0})$ 上の保測変換であることがわかる．実際

$$A_n=\{\omega;\ \tau_A(\omega)=n\} \tag{4.3}$$

とおけば $A_0=\bigcup_{n=1}^{\infty}A_n$ であり，任意の $B\in\mathfrak{F}_{A_0}$ に対し

$$T_AB=\bigcup_{n=1}^{\infty}T^n(B\cap A_n)$$

であって，$T^n(B\cap A_n)$，$n\geq 1$，は互いに交わらないから

$$P_{A_0}(T_AB)=\frac{1}{P(A_0)}\sum_{n=1}^{\infty}P(T^n(B\cap A_n))$$
$$=P_{A_0}(B)$$

を得る．T_A を T の A 上への**誘導変換** (induced transformation) と呼ぶ．以後，簡単のために A_0 を単に A と書く．

4・5° T がエルゴード的であれば，T_A もエルゴード的であって，平均再帰時間は

$$\int_A\tau_A(\omega)dP_A=\frac{1}{P(A)}$$

である．

証明 集合 $B\in\mathfrak{F}_A$ を狭義に T_A-不変で $P_A(B)>0$ なるものとしよう．$E=\bigcup_{-\infty}^{\infty}T^nB$ は T-不変だから，仮定により

$$P(E)=1$$

である．任意の $\omega\in A\cap E$ に対し，$\omega=T^n\omega'$ なる $\omega'\in B$ と n がある．$\omega\in A$ だから $\omega=T_A{}^k\omega'$ の形をしているわけである．B は T_A-不変だから $\omega\in B$ である．したがって

$$P(A)=P(A\cap E)\leq P(B)$$

すなわち $P_A(B)=1$ を得て，T_A がエルゴード的であることが示された．つぎ

に上記のように式 (4.3) で A_n を定めれば

$$T^k A_n, \quad 0 \leq k < n, \quad n \geq 1 \tag{4.4}$$

は互いに交わらず,

$$\Omega_0 = \bigcup_{n=1}^{\infty} \bigcup_{k=0}^{n-1} T^k A_n$$

は T-不変だから $P(\Omega_0)=1$ である. ゆえに

$$\begin{aligned}\int_A \tau_A(\omega) dP_A &= \sum_{n=1}^{\infty} n P_A(A_n) \\ &= \frac{1}{P(A)} \sum_{n=1}^{\infty} \sum_{k=0}^{n-1} P(T^k A_n) \\ &= \frac{1}{P(A)}\end{aligned}$$

を得る. *qed*

上の証明において, 式 (4.4) の集合が互いに交わらないことに注目すれば, つぎのことがわかる.

4・6° 集合 $A \in \mathcal{F}$ は $P(\bigcup_0^{\infty} T^n A)=1$ をみたすものとする. 集合 $\Omega^* = \{(\omega, n) ; \omega \in A,\ 0 \leq n < \tau_A(\omega)\}$ 上に変換

$$S^*(\omega, n) = \begin{cases} (\omega,\ n+1), & 0 \leq n \leq \tau_A(\omega)-2 \\ (T_A \omega,\ 0), & n = \tau_A(\omega)-1 \end{cases}$$

と測度 $P^*(B, n) = P(B)$, $B \in \mathcal{F}_A$, を定めれば, $P^*(\Omega^*)=1$ であり, S^* は (Ω^*, P^*) 上の保測変換である. さらに S^* と T は同型である.

問 1 上のことを証明せよ.

一般に $(\Omega, \mathcal{F}, P)$ 上の保測変換 S と, 正の整数値をとり恒等的に 1 ではない可積分関数 $\theta(\omega)$ が与えられたとき, 6° と同様に, 集合 $\Omega^* = \{(\omega, n) ; \omega \in \Omega,\ 0 \leq n < \theta(\omega)\}$ 上に確率測度 $P^*(B, n) = P(B)/E\{\theta\}$, $B \in \mathcal{F}$, と変換

$$S^*(\omega, n) = \begin{cases} (\omega,\ n+1), & 0 \leq n \leq \theta(\omega)-2 \\ (S\omega,\ 0), & n = \theta(\omega)-1 \end{cases}$$

を定めれば, S^* は (Ω^*, P^*) 上の保測変換である. これを **S-変換**と呼ぼう. S をその基本変換, θ を天井関数という. 6° の S^* を T の **S-表現**という. 容易にわかるように, S-変換がエルゴード的であるためにはその基本変換がエルゴード的であることが必要かつ十分である.

最後に話題を変えて，商変換を定義しよう．Lebesgue 空間 $(\Omega, \mathcal{F}, P)$ 上の保測変換 T を考える．ζ を T-不変な可測分割とする：$T\zeta=\zeta$（4·1 節で扱った不変な集合への可測分割と区別せよ）．商空間 Ω/ζ に T から自然に導かれる保測変換を T_ζ で表わし，T の**商変換** (factor transformation) と呼ぶ．定義より

$$T_\zeta i_\zeta = i_\zeta T$$

であって，T_ζ は T に準同型である．明らかに，T がエルゴード的あるいは混合的であれば，商変換 T_ζ（ただし $\zeta \neq \nu$）も同様である．流れについても同様に商を定義する．

4·7° 保測変換 T はエルゴード的だとし，$n>1$ とする．このときつぎの三命題は同値である．

(i) T が $\theta(\omega)\equiv n$ なる S-表現を持つ．

(ii) n 個の元からなる可測分割 ζ で $T\zeta=\zeta$ なるものがあって，商変換 T_ζ は n 個の点の巡回置換である．

(iii) T が固有値 $1/n$ を持つ．

問 2 上のことを示せ．

4·3 S-表現

まず前節で述べたS-変換の時間連続の場合への拡張として，S 型の流れを定義しよう．S を Lebesgue 空間 $(\Omega, \mathcal{F}, P)$ 上の保測変換とする．θ を Ω 上の可積分な正値関数とする．$\boldsymbol{R}^1$ 上の普通の Lebesgue 測度を m で表わす．$\Omega\times\boldsymbol{R}^1$ に直積測度 $P\times m$ を入れ，その部分集合

$$\Omega^* = \{(\omega, u);\ \omega\in\Omega,\ 0\leq u<\theta(\omega)\}$$

を部分空間と考えたものを $(\Omega^*, \mathcal{F}^*, P^*)$ で表わす．したがって，P^* は $P^*(\Omega^*)=1$ であるように $P\times m$ の Ω^* への制限を $E\{\theta\}$ で割って正規化したものである．Ω^* 上に変換群 $\{S_t;\ t\in\boldsymbol{R}^1\}$ をつぎのように定める：

$$S_t(\omega, u)=\begin{cases}(\omega,\ u+t), & -u\leq t<-u+\theta(\omega)\\ (S^n\omega,\ u+t-\theta_n(\omega)), & \\ \qquad -u+\theta_n(\omega)\leq t<-u+\theta_{n+1}(\omega), & n\geq 1\end{cases}$$

$$\left\{\begin{array}{l}(S^{-n}\omega,\ u+t+\theta_{-n}(\omega)),\\ \qquad\qquad -u-\theta_{-n}(\omega)\leq t<-u-\theta_{-n+1}(\omega),\quad n\geq 1\end{array}\right.$$

ここに

$$\theta_n(\omega)=\begin{cases}\displaystyle\sum_{k=0}^{n-1}\theta(S^k\omega), & n>0\\ 0, & n=0\\ \displaystyle\sum_{k=n}^{-1}\theta(S^k\omega), & n<0\end{cases}$$

である．$\{S_t\}$ による Ω^* の点の動きは図 3 のようになっている．$\{S_t\}$ は Lebesgue 空間 $(\Omega^*, \mathcal{F}^*, P^*)$ の上の流れであることが容易にわかる．

問 3　$\{S_t\}$ が流れであることを証明せよ．

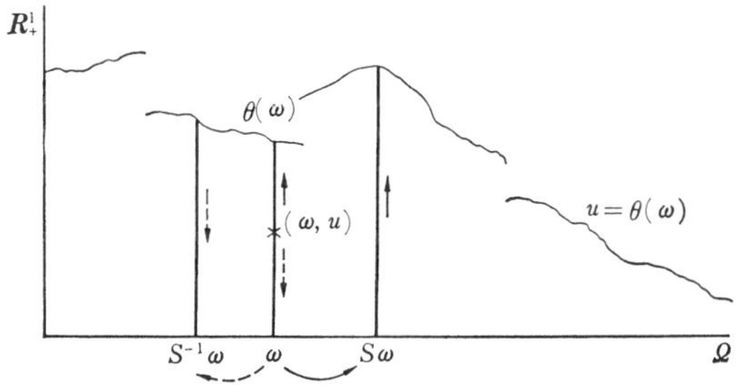

図 3

上に定義した $\{S_t\}$ を，S を基本変換とし θ を天井関数とする，**S 型の流れ** (special flow または flow built under a function) と呼び，$\{S_t\}=(S, \theta)$ と表わす．特に

$$\inf_{\omega}\theta(\omega)>0$$

のとき，**狭義の S 型の流れ**という．

定理 4・2　Lebesgue 空間上の不動点を持たない流れは S-表現を持つ．くわしくは，そのような流れは狭義の S 型の流れに同型な可算個の成分に分解される．

証明　$\{T_t\}$ を Lebesgue 空間 $(\Omega, \mathcal{F}, P)$ 上の不動点を持たない流れとしよう．証明をいくつかの段階に分ける．

（i） 不動点がないから

$$P(B^c \cap T_{t_0}B) > 0$$

をみたす集合 $B \in \mathcal{F}$ と実数 t_0 がある．定理2・5によって，$h \to 0$ のとき

$$\varphi_h(\omega) = \frac{1}{h}\int_0^h 1_B(T_t\omega)dt \to 1_B(\omega) \quad \text{a.e.}$$

である．したがって十分小さい h に対し，可測集合 $B_1 = \{\omega;\ \varphi_h(\omega) < 1/4\}$，$B_2 = \{\omega;\ \varphi_h(\omega) > 3/4\}$ は

$$P(B_1 \triangle B^c) < \frac{1}{2}P(B^c \cap T_{t_0}B), \qquad P(B_2 \triangle B) < \frac{1}{2}P(B^c \cap T_{t_0}B)$$

をみたす．このような h を一つ固定する．$B_3 = B_1 \cap T_{t_0}B_2$ とおけば

$$(B^c \cap T_{t_0}B) \setminus \{(B_1 \triangle B^c) \cup (T_{t_0}B_2 \triangle T_{t_0}B)\} \subset B_3$$

だから，$P(B_3) > 0$ である．集合 $\{t;\ T_t\omega \in B_3\}$ が正負いずれの側にも非有界である様な ω の集合を Ω_1 とすれば，Ω_1 は明らかに $\{T_t\}$-不変である．任意の t, $s \in \boldsymbol{R}^1$，$\omega \in \Omega$ に対し

$$|\varphi_h(T_t\omega) - \varphi_h(T_s\omega)| \leq \frac{2}{h}|t-s| \tag{4.5}$$

が成りたつことに注意すれば，r, q は有理数を動くとして

$$\Omega_1 = (\bigcap_q \bigcup_{r>q} T_r B_3) \cap (\bigcap_q \bigcup_{r<q} T_r B_3)$$

と表わされるから，Ω_1 は可測である．さらに $P(\Omega_1) \geq P(B_3) > 0$ である．

（ii） $\{T_t\}$ の Ω_1 における成分と同型な狭義の S 型の流れを構成しよう．$A_i = B_i \cap \Omega_1$，$i = 1, 2$，とおけば，任意の $\omega \in \Omega_1$ に対しどれだけでも大きい $t_2 > t_1 > 0$ で $T_{t_1}\omega \in A_1$，$T_{t_2}\omega \in A_2$ なるものがある．

$$\Omega_0 = \Omega_1 \cap \{\omega;\ \varphi_h(\omega) = 1/2, \quad 0 < t \leq h/8 \quad \text{に対し} \quad \varphi_h(T_t\omega) > 1/2\}$$

とおけば，各 $\omega \in \Omega_1$ に対し，どれだけでも大きい $t > 0$ で $T_t\omega \in \Omega_0$ となるものがある．実際，上の t_1 と t_2 をとり，$t = \sup\{s;\ t_1 < s < t_2,\ \varphi_h(T_s\omega) = 1/2\}$ とおけば，式 (4.5) により $t_2 - t > h/8$ だから $T_t\omega \in \Omega_0$ である．負の側についても同様である．さて

$$\theta(\omega) = \inf\{t > 0;\ T_t\omega \in \Omega_0\}, \qquad \omega \in \Omega_0$$

と定めれば，式 (4.5) により $\theta(\omega) \geq h/8$ である．

以上のことより，Ω_1 は軌道の有限線分 $\{T_t\omega;\ 0 \leq t < \theta(\omega)\}$，$\omega \in \Omega_0$，に分割

されることがわかる．この分割を ζ で表わそう．Ω_0 上の1対1変換 S を

$$S\omega=T_{\theta(\omega)}\omega, \qquad \omega\in\Omega_0$$

で定め，$\Omega^*=\{(\omega,u);\ \omega\in\Omega_0,\ 0\leq u<\theta(\omega)\}$ 上に1対1の変換群 $\{S_t\}$ をS型の流れの定義式で定める．Ω^* と Ω_1 は自然な写像

$$\varphi(\omega,u)=T_u\omega, \qquad \omega\in\Omega_0$$

によって1対1に対応する．この対応で Ω^* の縦線 $C_\omega=\{(\omega,u);\ 0\leq u<\theta(\omega)\}$, $\omega\in\Omega_0$, への分割は Ω_1 の分割 ζ に対応し，またすべての t に対し $T_t=\varphi S_t\varphi^{-1}$ が Ω_1 上で成りたつ．したがって，φ によって Ω_1 上の P から Ω^* 上に測度を導けば，$\{T_t\}$ の Ω_1 上の成分は流れ $\{S_t\}$ に同型である．以下において，$\{S_t\}$ がS型の流れ $\{S_t\}=(S,\theta)$ であることを順次証明しよう．記号の複雑化をさけるために，φ によって対応するものを混同して同じ記号で書く．Ω_1 と Ω_0 を区別するために，Ω_0 に属する点を一般に ω' で表わすことにする．

(iii) まず $\tilde{\theta}(\omega',u)=\theta(\omega')$ が可測であることを示そう．r, q は有理数を動くとして，つぎの等式が成りたつ：

$$\begin{aligned}
\{(\omega',u);\ u<t\}&=\bigcup_{0\leq u<t}\{\omega;\ T_{-u}\omega\in\Omega_0\}\\
&=\bigcup_{0\leq u<t}\left\{\omega;\ \varphi_h(T_{-u}\omega)=\frac{1}{2},\ \varphi_h(T_{s-u}\omega)>\frac{1}{2},\ 0<s\leq\frac{h}{8}\right\}\\
&=\bigcap_{n=1}^{\infty}\ \bigcup_{0\leq r<t}\left[\left\{\omega;\ \left|\varphi_h(T_{-r}\omega)-\frac{1}{2}\right|<\frac{1}{n}\right\}\right.\\
&\qquad\left.\cap\bigcap_{k=1}^{\infty}\ \bigcup_{m=1}^{\infty}\ \bigcap_{\frac{1}{k}\leq q\leq\frac{h}{8}}\left\{\omega;\ \varphi_h(T_{q-r}\omega)\geq\frac{1}{2}+\frac{1}{m}\right\}\right].
\end{aligned}$$

したがって，$\{(\omega',u);\ u<t\}\in\mathcal{F}$ であり，特に $\Omega_0=\{(\omega',u);\ u=0\}\in\mathcal{F}$ である．また

$$\{(\omega',u);\ \tilde{\theta}(\omega',u)>t\}=\bigcup_{0\leq r\leq t}S_{-r}\{(\omega',u);\ u\geq t\}\in\mathcal{F}_\zeta$$

である（ここでも r は有理数のみを動く）．

(iv) つぎに ζ が可測分割であって，ζ に関する条件つき測度 $\{P_{C_{\omega'}};\ \omega'\in\Omega_0\}$ が

$$dP_{C_{\omega'}}(u)=\frac{du}{\theta(\omega')} \tag{4.6}$$

で与えられることを示そう．ただし前にも述べたように ζ の元は $C_{\omega'}=\{(\omega', u);\ 0\leq u<\theta(\omega')\}$，$\omega'\in\Omega_0$，である．$\zeta$ の可測性を示すには，式(4.6)で与えられる測度の系 $\{P_{C_{\omega'}}\}$ が条件つき測度の条件(i)と(ii)の(a)，(b)をみたすことを確かめればよい（定理3·2の証明の後の注意を見よ）．(i)は明らかに成りたつ．$A\in\mathcal{F}$ であれば，$1_A(T_t\omega)$は a. e. ω に対し t の可測関数である．これは(ii)(a)を意味する．また

$$P_{C_{\omega'}}(A\cap C_{\omega'})=\frac{1}{\theta(\omega')}\int_{-u}^{\theta(\omega')-u}1_A(S_t(\omega', u))dt$$

の左辺は $C_{\omega'}$ 上で定数であり，右辺は $\omega=(\omega', u)$ の可測関数だから(ii)(b)も成りたつ．

ζ は可測であることがわかったから，条件つき測度 $\{P'_{C_{\omega'}}\}$ を持つ．それが式(4.6)と一致することを示そう．任意の $Z\in\mathcal{F}_\zeta$ と $r_2-r_1=q_2-q_1>0$ なる有理数をとる．さらにすべての $C_{\omega'}\in Z$ に対し $[r_1, r_2)$，$[q_1, q_2)\subset[0, \theta(\omega'))$ と仮定する．$Z(s, t)=\{(\omega', u);\ s\leq u<t,\ C_{\omega'}\in Z\}$ と書くことにすれば，$Z(q_1, q_2)=S_{q_2-r_2}Z(r_1, r_2)$ だから

$$\int_Z P'_{C_{\omega'}}(C_{\omega'}(r_1, r_2))dP_\zeta=P(Z(r_1, r_2))$$

$$=P(Z(q_1, q_2))=\int_Z P'_{C_{\omega'}}(C_{\omega'}(q_1, q_2))dP_\zeta$$

が成りたつ．ゆえに a. e. $C_{\omega'}$ に対し $P'_{C_{\omega'}}$ は長さの等しい有理区間で同じ値をとる．したがって，$P'_{C_{\omega'}}$ は式(4.6)と一致する．

(v) 空間 $\Omega_0(=\Omega^*/\zeta)$ に新しく測度

$$P_0(B)=\int_{B^*}\frac{1}{\theta(\omega')}dP_\zeta(C_{\omega'}),\qquad B\in\mathcal{F}_0=\mathcal{F}_\zeta$$

$$B^*=\{(\omega', u);\ \omega'\in B,\ 0\leq u<\theta(\omega')\}\in\mathcal{F}(\zeta)$$

を定めると，(iii)により $\theta(\omega')$ は P_0-可測である．また式(4.6)によって，$dP=dP_0\times du$ であり

$$\int_{\Omega_0}\theta(\omega')dP_0=P(\Omega_1).$$

明らかに $(\Omega_0, \mathcal{F}_0, P_0)$ は（正規化されてはいないが）Lebesgue 空間である．

(vi) 最後に S が $(\Omega_0, \mathcal{F}_0, P_0)$ 上の保測変換であることを示そう．任意の

$B \in \mathscr{F}_0$，十分小さい $t>0$，$n>1/t$，$k \geq 0$ に対し，

$$B_n^k = \left\{ B \times \left[\frac{k}{n} - t,\ \frac{k}{n} \right) \right\} \cap \left\{ (\omega', u);\ \frac{k}{n} \leq \theta(\omega') < \frac{k+1}{n} \right\}$$

$$B_n = \bigcup_{k=0}^{\infty} S_t B_n^k$$

とおけば，

$$B \times [0, t) = \bigcup_{k=0}^{\infty} S_{t-\frac{k}{n}} B_n^k$$

であって，

$$P(B_n) = \sum_{k=0}^{\infty} P(S_t B_n^k) = P(B \times [0, t)) = P_0(B)t$$

である．$n \to \infty$ のとき $P(B_n \triangle (SB \times [0, t))) \to 0$ であることが容易にわかるので，$SB \in \mathscr{F}_0$ かつ $P_0(SB) = P_0(B)$ である．S^{-1} についても同様である．以上によって，流れ $\{T_t\}$ の Ω_1 での成分が狭義の S 型の流れに同型であることが示された．

(vii) Ω_1^c に対して，上の (i)-(vi) と同様のことをやることによって，狭義不変で $P(\Omega_2)>0$ なる Ω_2 が定まって，$\{T_t\}$ の Ω_2 での成分が狭義の S 型の流れで表現される．つぎに $(\Omega_1 \cup \Omega_2)^c$ で考える……．この操作はたかだか可算無限回で終わる． *qed*

注意 上の証明は筋を追うことに走り，あらい部分がかなりある．自分で補ってほしい．

つぎのことが容易にわかる．

4・8° $\{T_t\}$ がエルゴード的であれば，

(a) 一つの狭義の S 型の流れで表現される，

(b) 天井関数 θ が定数であるような S-表現を持つためには，$1/\theta$ を固有値とすることが必要かつ十分である．

問 4 上の (b) を示せ．

4・9° S 型の流れ $\{S_t\} = (S, \theta)$ において，$\{S_t\}$ がエルゴード的であるためには，S がエルゴード的であることが必要かつ十分である．

4・4 周期性についての注意，Rohlin の定理

T を Lebesgue 空間 $(\Omega, \mathcal{F}, P)$ 上の保測変換としよう．点 $\omega\in\Omega$ の周期を

$$p(\omega)=\begin{cases}\min\{n>0;\ T^n\omega=\omega\}\\ \infty,\ \text{もしすべての } n>0 \text{ で } T^n\omega\neq\omega\end{cases}$$

で定める．$p(\omega)=1$ であれば ω は**不動点** (fixed point) である．$\Omega_p=\{\omega;\ p(\omega)=p\}$，$1\leq p\leq\infty$，とおく．集合 $\bigcup_{1\leq p<\infty}\Omega_p$ に属する点を**周期点**(periodic point) と総称する．

4・10° Ω_p，$1\leq p\leq\infty$，は狭義の T-不変集合で可測である．

証明 狭義の T-不変集合であることは明らかだから，可測性を示そう．$T^p\omega=\omega$ であれば，$\omega\in A$ なる任意の集合 A に対し $\omega\in A\cap T^pA$ である．したがって，$\mathcal{B}$ を Ω の基底として

$$\{\omega;\ T^p\omega=\omega\}=\bigcap_{B\in\mathcal{B}}\{(B\cap T^pB)\cup(B^c\cap T^pB^c)\}$$

である．ゆえに $1\leq p<\infty$ に対し Ω_p は可測であり，したがって Ω_∞ も可測である． qed

T に対し，$A, TA, \cdots, T^{p-1}A$ が互いに交わらないような可測集合 A の全体を $\mathcal{D}_p=\mathcal{D}_p(T)$ で表わす．

4・11° 集合 A が正測度を持ち，かつ a.e. $\omega\in A$ に対して $p(\omega)\geq p$ であれば，$A_0\subset A$ かつ正測度を持つ $A_0\in\mathcal{D}_p$ が存在する．

証明 A の基底を $\{B_n;\ n\geq 1\}$ とし，$\bar{B}_n=A\setminus B_n$ とおけば，10° の証明から

$$P(\bigcap_n\{(B_n\cap T^qB_n)\cup(\bar{B}_n\cap T^q\bar{B}_n)\})=0, \qquad 1\leq q<p$$

である．$q=1$ のとき，$P(A)$ と上式の差をとって

$$P((A\cap TA^c)\cup\bigcup_n\{(A\cap B_n^c\cap TB_n)\cup(TB_n^c\cap B_n)\})=P(A)$$

を得る．これより $P(B_{n_1}\triangle TB_{n_1})>0$ なる n_1 があることがわかる．$A_1=B_{n_1}\setminus T^{-1}B_{n_1}$ とおけば，$A_1\cap TA_1=\phi$ かつ $P(A_1)>0$ である．つぎに A_1 を上での A と考えて，同じ議論を $q=2$ に対して行なえば，$P(B_{n_2}\triangle T^2B_{n_2})>0$ なる $B_{n_2}\subset A_1$ があることがわかる．$B_{n_2}\cap TB_{n_2}=\phi$ だから，$A_2=B_{n_2}\setminus T^{-2}B_{n_2}$ とおけば，$P(A_2)>0$ かつ A_2, TA_2, T^2A_2 は互いに交わらない．この操作は $q=p-1$ まで続けることができて，A_{p-1} が求める A_0 である． qed

$A \in \mathcal{D}_p$ に対し，$P(A' \setminus A)=0$ なる $A' \in \mathcal{D}_p$ は必ず $P(A')=P(A)$ をみたすとき，A を $\mathcal{D}_p$ の極大元と呼ぶことにしよう．

問 5 Zorn の補題を用いて $\mathcal{D}_p$ の極大元の存在を示せ．

4・12° $p(\omega) \geq p$ a.e. のとき，$A \in \mathcal{D}_p$ が極大であるためには

$$P\left(\bigcup_{k=1-p}^{p-1} T^k A\right)=1$$

が成りたつことが必要かつ十分である．したがって極大元 $A \in \mathcal{D}_p$ の測度は $P(A) \geq 1/(2p-1)$ である．

証明 $A, B \in \mathcal{D}_p$, $A \cap B = \phi$, に対し，$A \cup B \in \mathcal{D}_p$ と

$$T^i A \cap T^j B = \phi, \qquad 0 \leq i, \ j < p$$

とは同値である．それらはまた

$$B \cap \left(\bigcup_{1-p}^{p-1} T^k A\right) = \phi$$

と同値である．これは 12° を示している． qed

保測変換 T が周期 p を持ち（すなわち，$p(\omega) \equiv p$），$A \in \mathcal{D}_p(T)$ が極大であれば，

$$\Omega = \bigcup_{1-p}^{p-1} T^k A = \bigcup_{0}^{p-1} T^k A$$

だから $P(A)=1/p$ である．さらにこのとき，各軌道 $\{T^k\omega;\ 0 \leq k < p-1\}$ は A と一回だけ交わる．すなわち A は各軌道の代表元の集合である．この意味で A を T の基本領域と呼ぶ．

周期点を持たない保測変換（つまり $\Omega = \Omega_\infty$）に対しても，上と同じようなことが近似的に成りたつことを主張するのが，つぎの定理である．

定理 4・3 (Rohlin の定理) Lebesgue 空間上の保測変換 T が周期点を持たなければ，すべての $p \geq 1$ に対し

$$\sup_{A \in \mathcal{D}_p} P(A) = \frac{1}{p}$$

が成りたつ．したがって，任意の $p \geq 1$ と任意の $\varepsilon > 0$ に対し，$A \in \mathcal{F}$ があって，

(a) $A, TA, \cdots, T^{p-1}A$ は互いに交わらない，

（b）　$P\left(\bigcup_{k=0}^{p-1} T^k A\right) > 1-\varepsilon$

をみたす．

これを証明するには準備が必要である．まずつぎのことを示そう．

4・13°　T が周期点を持たなければ，任意の $p \geq 1$ に対し，つぎの四条件をみたす保測変換 S と可測集合 A が存在する：

（a）　A 上で S は周期 p を持つ，

（b）　$P(A) > 1/2$,

（c）　A^c で S は周期点を持たない，

（d）　$d(S, T) = P(\{\omega; S\omega \neq T\omega\}) \leq 2/p$.

証明　12° により $P(B) \geq 1/(2p-1)$ なる $B \in \mathcal{D}_p$ がある．$A = \bigcup_0^{p-1} T^k B$ とおき

$$S\omega = \begin{cases} T\omega, & \omega \in \bigcup_0^{p-2} T^k B \\ T^{1-p}\omega, & \omega \in T^{p-1} B \end{cases}$$

と定めれば，(a) と (b) はみたされる．$C = A^c \cap T^{-1}A^c$ 上で

$$S\omega = T\omega, \qquad \omega \in C$$

とおく．残りの集合は，S の定義域として $D = A^c \cap T^{-1}A = A^c \cap T^{-1}B$, 値域として $E = A^c \setminus TC = A^c \cap T^p B$ である．D 上での S の定め方に関係なく (d) は成りたつ．実際，$\{\omega; S\omega \neq T\omega\} \subset T^{p-1}B \cup D$ だから

$$d(S, T) \leq P(T^{p-1}B) + P(T^{-1}B) \leq \frac{2}{p}.$$

$F = \{\omega;$ すべての $n \geq 0$ に対し $T^n\omega \in C\}$ とおけば，$TF \subset F$ だから $P(F \setminus TF) = 0$ である．$F \subset C$ だから $P(F \setminus TC) = 0$, すなわち $P((TC)^c \setminus F^c) = 0$ である．他方 $E \subset (TC)^c$ だから，a. e. $\omega \in E$ はある $n \geq 1$ で $T^n\omega \in D$ となる．$P(D) = P(E)$ だから，a. e. $\omega \in D$ はある $n \geq 1$ で $T^{-n}\omega \in E$ である．そのような n の最小値を $n(\omega)$ で表わそう．E 上の周期点を持たない任意の保測変換 R を用いて，

$$S\omega = RT^{-n(\omega)}\omega, \qquad \omega \in D$$

と定めれば，(c) もみたされる．　　　*qed*

4・14°　T が周期点を持たなければ，任意の $p \geq 1$ に対し，周期 p の保測変

換 S で $d(T,S)\leq 4/p$ をみたすものが存在する．

証明 13° をつぎつぎに適用して，互いに交わらない可測集合の列 $\{A_n\}$ と保測変換の列 $\{S_n\}$ で，つぎのようなものが得られる：

（a） A_n 上で S_n は周期 p を持つ，

（b） $B_n=\bigcup_1^n A_i$ に対し $P(A_{n+1})>P(B_n)/2$,

（c） $d(S_n, S_{n+1})\leq 2P(B_n^c)/p$.

さて (b) より $P(B_n)>1-2^{-n}$ だから $P(\bigcup_1^\infty A_n)=1$ である．保測変換 S を

$$S\omega=S_n\omega, \qquad \omega\in A_n, \qquad n\geq 1$$

で定めれば，S は周期 p を持ち，$d(T,S)\leq d(T,S_1)+d(S_1,S_2)+\cdots\leq 4/p$ である． *qed*

定理 4·3 の証明 n を任意の自然数として，$q=np$ に 14° を適用すれば，周期 q の保測変換 S で $d(T,S)\leq 4/q$ なるものが得られる．S の任意の基本領域を F とし，

$$G=\bigcup_{r=0}^{n-1} S^{pr}F, \qquad A=G\setminus\bigcup_{k=1}^{p-1}(G\cap T^kG)$$

とおけば，$A\in\mathcal{D}_p(T)$ である．$G\in\mathcal{D}_p(S)$ だから，$1\leq k<p$ に対し

$$\begin{aligned}G\cap T^kG&=G\cap T^kG\cap S^kG^c\\&\subset T^kG\cap S^kG^c\subset T^kG\triangle S^kG\\&\subset T^k\{\omega;\ T^k\omega\neq S^k\omega\}\end{aligned}$$

が成りたつ．他方 $\omega, T\omega, \cdots, T^{k-1}\omega\in\{\omega;\ T\omega=S\omega\}$ ならば $T^k\omega=S^k\omega$ だから

$$\{\omega;\ T^k\omega\neq S^k\omega\}\subset\bigcup_{i=0}^{k-1}T^{-i}\{\omega;\ T\omega\neq S\omega\}$$

すなわち

$$d(T^k,S^k)\leq kd(T,S)$$

が成りたつ．したがって

$$P(G\cap T^kG)\leq kd(T,S)\leq 4\,k/q, \qquad 1\leq k<p$$

を得る．ゆえに

$$\begin{aligned}P(A)&\geq P(G)-\sum_{k=1}^{p-1}P(G\cap T^kG)\\&\geq\frac{1}{p}-\frac{2(p-1)}{n}\end{aligned}$$

が成りたつ．n は任意であったから定理が証明された．　qed

流れに対しても，点 ω の周期 $p(\omega)$ や周期点が単独の保測変換の場合と同様に定義される．この場合，$p(\omega)$ は非負値関数であるが，可測であることが定理 4·2 を用いて示される．実際，S 型の流れ $\{S_t\}=(S,\theta)$ に対し，$\omega^*=(\omega,u)$ が $\{S_t\}$ の周期点でないことと，ω が S の周期点でないことは同等であるから，10° によって集合 $\{\omega^*;\ p(\omega^*)=\infty\}$ は可測である．$p(\omega)$ の値が有限な部分の可測性は，定理 4·2 の精密化であるつぎのことからわかる．

4·15°　周期点のみを持つ（しかし不動点はない）流れは，基本変換が恒等変換（したがって天井関数はその点の周期 $p(\omega)$）であるような S 型の流れで表現される．

証明　$\{S_t\}=(S,\theta)$ を与えられた流れを表現する S 型の流れとすれば，明らかに S は周期点のみを持っている．Ω_n を S の周期 n の成分の基本領域とし

$$\Omega'=\bigcup_{n=1}^{\infty}\Omega_n,\quad \theta'(\omega)=\sum_{k=0}^{n-1}\theta(S^k\omega),\quad \omega\in\Omega_n,\quad n\geq 1$$

とおけば，I を Ω' 上の恒等変換として，S 型の流れ $\{S_t'\}=(I,\theta')$ は $\{S_t\}$ と同型である．　qed

周期点を持たない流れに対しても，定理 4·2 の精密化が，12° を用いてつぎのように得られる．

4·16°　周期点を持たない流れは，一つの狭義の S 型の流れで表現できる．

証明　定理 4·2 による可算個の S 型の流れで，天井関数 θ_n の下限が n によらない正数で下から限られていればよい．そのためには，周期点を持たない狭義の S 型の流れ $\{S_t\}=(S,\theta)$ が，任意の $\delta>0$ に対しいたる所 $\theta'(\omega')\geq\delta$ なる天井関数を持つ S 型の流れ $\{S_t'\}=(S',\theta')$ で表現できることを示せば十分である．いま関数 θ の下限を θ_0 として，$n\theta_0\geq\delta$ をみたす自然数 n を固定する．$\{S_t\}$ が周期点を持たないから，S も周期点を持たない．したがって $\mathscr{D}_n(S)$ の極大元 Ω' をとれば，

$$P\left(\bigcup_{k=1}^{2n-1}S^{-k}\Omega'\right)=1$$

であって，$\Omega', S^{-1}\Omega', \cdots, S^{-n+1}\Omega'$ は互いに交わらない．したがって

$$\Omega' = \bigcup_{k=n}^{2n-1} (S^{-k}\Omega' \cap \Omega'), \qquad \text{a. e.}$$

が成りたち，和は互いに交わらない集合の和である．

$$S'\omega' = S^k\omega', \quad \theta'(\omega') = \sum_{i=0}^{k-1} \theta(S^i\omega'), \quad \omega' \in S^{-k}\Omega' \cap \Omega'$$

とおけば ($n \leq k \leq 2n-1$)，$\{S_t'\} = (S', \theta')$ は $\{S_t\}$ と同型であり，かつ

$$\theta'(\omega') \geq \sum_{i=0}^{n-1} \theta(S^i\omega') \geq n\theta_0 \geq \delta, \qquad \omega' \in \Omega'$$

である． qed

第5章　純点スペクトルを持つ流れ

この章では，純点スペクトルを持つエルゴード的な流れにおいては，スペクトル同型であれば同型であるという Neumann [24] の定理を証明する．さらにエルゴード的な流れに対しその固有値の全体は $\boldsymbol{R}^1$ の部分群をなすが，逆に $\boldsymbol{R}^1$ の任意の可算部分群に対し，それを固有値とするような純点スペクトルを持つ流れを，Pontryagin の双対定理を用いて構成する．この章を通じて Lebesgue 空間上のエルゴード的な流れのみを対象とする．

5·1　同型定理

まず固有値と固有関数について調べよう．$\{T_t\}$ を Lebesgue 空間 $(\Omega, \mathcal{F}, P)$ 上のエルゴード的な流れとする．$\{T_t\}$ から導かれる $L^2(\Omega)$ 上のユニタリ作用素群を $\{U_t\}$

$$(U_t f)(\omega)=f(T_t^{-1}\omega), \qquad f\in L^2$$

とする．2·4° によれば，$\{U_t\}$ の固有値はすべて単純であるが，その全体を Λ で表わす．L^2 が可分であって，異なる固有空間は直交するので，Λ はたかだか可算無限集合である．

5·1°　Λ は $\boldsymbol{R}^1$ の部分群をなす．

証明　容易にわかるように，固有関数の絶対値は a.e. 定数であるから，固有関数は a.e. 0 ではない．いま

$$U_t f_\lambda=e^{2\pi i\lambda t}f_\lambda, \qquad U_t f_\mu=e^{2\pi i\mu t}f_\mu$$

であれば，

$$U_t\left(\frac{f_\lambda}{f_\mu}\right)=\frac{U_t f_\lambda}{U_t f_\mu}=e^{2\pi i(\lambda-\mu)t}\frac{f_\lambda}{f_\mu}$$

が成りたつ．つまり $\lambda, \mu\in\Lambda$ であれば $\lambda-\mu\in\Lambda$ となって，Λ は部分群である．

qed

5·2°　すべての組 (λ, μ), $\lambda, \mu\in\Lambda$ に対し関係

$$f_\lambda/f_\mu=f_{\lambda-\mu}, \quad |f_\lambda|=1 \quad \text{a.e.} \tag{5·1}$$

が成りたつように，固有関数の系 $\{f_\lambda;\ \lambda\in\Lambda\}$ を選ぶことができる．

証明 まず各 $\lambda\in\Lambda$ に対して，絶対値が1の固有関数 g_λ を勝手に選べば，1° の証明からわかるように

$$g_\lambda/g_\mu=c_{\lambda\mu}g_{\lambda-\mu},\quad |c_{\lambda\mu}|=1,\quad \lambda,\mu\in\Lambda$$

をみたす定数の組 $\{c_{\lambda\mu};\ \lambda,\mu\in\Lambda\}$ が定まる．記号を整理するために $\Lambda=\{\lambda_n;\ n\geq 1\}$ と表わしておく．さてすべての n に対し定数 r_n, $|r_n|=1$, を $f_{\lambda_n}=r_ng_{\lambda_n}$ が条件

（a） 任意の n に対し，$k_1,\cdots,k_n$ を整数として $k_1\lambda_1+\cdots+k_n\lambda_n=0$ であれば，$f_{\lambda_1}^{k_1}\cdots f_{\lambda_n}^{k_n}=1$ a. e. が成りたつ，

をみたすように選ぼう．もしこのような $\{r_n\}$ を選ぶことができれば，任意の m と n に対し $f_{\lambda_m}f_{\lambda_n}^{-1}f_{\lambda_n-\lambda_m}=1$ かつ $f_{\lambda_n-\lambda_m}=f_{\lambda_m-\lambda_n}^{-1}$ が得られて，式(5.1)が成りたつ．

条件(a)をみたす $\{r_n\}$ の存在を帰納法で示そう．$r_1=1$ とおく．いま $r_1,\cdots,r_n$ が定まったとしよう．$k_1\lambda_1+\cdots+k_{n+1}\lambda_{n+1}=0$ をみたす整数の組 $(k_1,\cdots,k_{n+1})$ の全体を G とし，$H=\{k_{n+1};\ (k_1,\cdots,k_{n+1})\in G\}$ とおけば，H は整数の部分群をなすから，$H=\{0\}$ であるか，あるいはある正の整数 k に対し $H=\{ik;\ i\in \boldsymbol{Z}^1\}$ である．もし $H=\{0\}$ であれば $r_{n+1}=1$ とおけばよい．後者の場合を考えよう．この k に対し $(k_1,\cdots,k_n,k)\in G$ を一つ固定する．G の定義により $k_1\lambda_1+\cdots+k_n\lambda_n+k\lambda_{n+1}=0$ だから

$$f_{\lambda_1}^{k_1}\cdots f_{\lambda_n}^{k_n}=cg_{-k\lambda_{n+1}}=c'g_{\lambda_{n+1}}^{-k}\quad \text{a. e.}\quad |c|=|c'|=1$$

である．すなわち

$$f_{\lambda_1}^{k_1}\cdots f_{\lambda_n}^{k_n}g_{\lambda_{n+1}}^{k}=c'\quad \text{a. e.}$$

である．したがって $1/c'$ の k 乗根を r_{n+1} とおけば，

$$f_{\lambda_1}^{k_1}\cdots f_{\lambda_n}^{k_n}f_{\lambda_{n+1}}^{k}=1\quad \text{a. e.}$$

が成りたつ．$r_1,\cdots,r_{n+1}$ が条件(a)をみたすことを示すために，任意の $(h_1,\cdots,h_{n+1})\in G$ をとる．ある i に対し $h_{n+1}=ik$ である．このとき上で用いた $(k_1,\cdots,k_n,k)\in G$ に対し

$$(h_1-ik_1)\lambda_1+\cdots+(h_n-ik_n)\lambda_n=0$$

が成りたつので，帰納法の仮定によって

$$f_{\lambda_1}^{h_1-ik_1}\cdots f_{\lambda_n}^{h_n-ik_n}=1\quad \text{a. e.}$$

すなわち上のことより

$$f_{\lambda_1}^{h_1}\cdots f_{\lambda_{n+1}}^{h_{n+1}}=(f_{\lambda_1}^{k_1}\cdots f_{\lambda_n}^{k_n}f_{\lambda_{n+1}}^{k})^i=1 \quad \text{a.e.}$$

が成りたち，$r_1, \cdots, r_{n+1}$ が条件 (a) をみたすことがわかった. *qed*

固有関数は Ω 上の可測関数だから確率変数と考えられるが，確率変数としてつぎのような性質を持っている.

5·3° 2° で定まった固有関数の系 $\{f_\lambda; \lambda\in\Lambda\}$ に対して，つぎのことが成りたつ：

（i） 各 f_λ の分布は複素平面の単位円周上の一様分布である.

（ii） $\lambda_1, \cdots, \lambda_n$ が整係数について一次独立 ($k_1, \cdots, k_n$ を整数として $k_1\lambda_1+\cdots+k_n\lambda_n=0$ であれば $k_1=\cdots=k_n=0$) であれば，確率変数として $f_{\lambda_1}, \cdots, f_{\lambda_n}$ は独立である.

証明 $|f_\lambda(\omega)|\equiv 1$ だから

$$f_\lambda(\omega)=e^{i\theta_\lambda(\omega)}, \qquad 0\leq\theta_\lambda(\omega)<2\pi$$

と表わせる. θ_λ の分布を μ とすれば，

$$\int_0^{2\pi} e^{inx}d\mu(x)=E\{f_\lambda^n\}=(f_{n\lambda}, 1)=\begin{cases}1, & n=0\\ 0, & n\neq 0\end{cases}$$

だから $d\mu(x)=(2\pi)^{-1}dx$ となって，(i) が示された. (ii) の証明も同様である.

$$f_{\lambda_j}(\omega)=e^{i\theta_j(\omega)}, \qquad 0\leq\theta_j(\omega)<2\pi, \qquad 1\leq j\leq n$$

と表わして，$(\theta_1(\omega), \cdots, \theta_n(\omega))$ の分布を $\tilde{\mu}_n$ とすれば，

$$\begin{aligned}&\int_{[0,2\pi)^n} e^{i(k_1x_1+\cdots+k_nx_n)}d\tilde{\mu}_n(x_1, \cdots, x_n)\\ &=E\{f_{\lambda_1}^{k_1}\cdots f_{\lambda_n}^{k_n}\}=(f_{k_1\lambda_1+\cdots+k_n\lambda_n}, 1)\\ &=\begin{cases}1, & k_1=\cdots=k_n=0\\ 0, & \text{その他のとき}\end{cases}\end{aligned}$$

だから，

$$d\tilde{\mu}_n(x_1, \cdots, x_n)=(2\pi)^{-n}dx_1\cdots dx_n$$

を得る. これは (i) と合わせると $f_{\lambda_1}, \cdots, f_{\lambda_n}$ の独立性を示している. *qed*

固有空間全部の直和からなる L^2 の部分空間を L_d とし，L_d に属する関数をすべて可測にするような最小の σ-集合体を $\mathcal{F}_d$ とすれば，つぎのことが成りたつ.

5・4° $L_d = L^2(\mathcal{F}_d)$. ただし $L^2(\mathcal{F}_d)$ は $\mathcal{F}_d$-可測な関数からなる L^2 の部分空間である.

証明 $L_d \subset L^2(\mathcal{F}_d)$ は明らかに成りたつので，逆を示せばよい．そのためには，任意の $A \in \mathcal{F}_d$ に対しその定義関数 1_A が L_d に属することを示せば十分である．2° で定まった固有関数の系 $\{f_\lambda; \lambda \in \Lambda\}$ をとる．$\{f_\lambda\}$ は L_d の基底をなすので，任意の $\varepsilon > 0$ に対し，$\lambda_1, \cdots, \lambda_n$ と n 変数の可測関数 F があって

$$\|1_A - F(f_{\lambda_1}, \cdots, f_{\lambda_n})\| < \varepsilon$$

である．さらに連続関数 G があって

$$\|1_A - G(f_{\lambda_1}, \cdots, f_{\lambda_n})\| < 2\varepsilon$$

と近似できる．G の実部と虚部をそれぞれ多項式で近似し，関係 $f_\lambda + \bar{f}_\lambda = f_\lambda + f_{-\lambda}$, $f_\lambda - \bar{f}_\lambda = f_\lambda - f_{-\lambda}$ を用いることによって，結局

$$\|1_A - H(f_{\lambda_1}, \cdots, f_{\lambda_n}, f_{-\lambda_1}, \cdots, f_{-\lambda_n})\| < 3\varepsilon$$

とできる．ここに H は多項式である．$f_\lambda f_\mu = f_{\lambda+\mu}$ であったから，$H(f_{\lambda_1}, \cdots, f_{\lambda_n}, f_{-\lambda_1}, \cdots, f_{-\lambda_n})$ は $\{f_\lambda\}$ の一次結合である．つまり $H(f_{\lambda_1}, \cdots, f_{\lambda_n}, f_{-\lambda_1}, \cdots, f_{-\lambda_n}) \in L_d$ であり，したがって $1_A \in L_d$ である． *qed*

定理 5・1 (Neumann の定理) $\{T_t\}$ を Lebesgue 空間 $(\Omega, \mathcal{F}, P)$ 上の流れ，$\{T'_t\}$ を Lebesgue 空間 $(\Omega', \mathcal{F}', P')$ 上の流れとし，ともに純点スペクトルを持ち，エルゴード的であると仮定する．このときつぎの三命題は同値である．

(i) $\{T_t\}$ と $\{T'_t\}$ の固有値が一致する．

(ii) $\{T_t\}$ と $\{T'_t\}$ はスペクトル同型である．

(iii) $\{T_t\}$ と $\{T'_t\}$ は同型である．

証明 (ii) からも (iii) からも (i) が従うことは明らかである．(i) から (ii) と (iii) が従うことを順に示す．$\{T_t\}$ と $\{T'_t\}$ に共通な固有値の全体を Λ とする．2° で定まった固有関数の系を，それぞれ $\{f_\lambda\}$ と $\{f'_\lambda\}$ とすれば，それらはそれぞれ $L^2(\Omega)$ と $L^2(\Omega')$ の正規直交基底をなす．それぞれ $\{f_\lambda\}$ と $\{f'_\lambda\}$ の有限一次結合の全体からなる $L^2(\Omega)$ と $L^2(\Omega')$ の稠密な部分集合を L と L' で表わす．L から L' の上への（線型）等距離写像 V が

$$V\left(\sum_{j=1}^{n} c_j f_{\lambda_j}\right) = \sum_{j=1}^{n} c_j f'_{\lambda_j}$$

で定まる．各 $f \in L^2(\Omega)$ は L の列 $\{f_n\}$ で近似される：

$$\lim_{n\to\infty}\|f-f_n\|=0.$$

このとき V の等距離性によって，$\{Vf_n\}$ は $L^2(\Omega')$ で基本列をなす：

$$\|Vf_n-Vf_m\|=\|f_n-f_m\|\to 0,\qquad n,m\to\infty.$$

したがって極限 $g\in L^2(\Omega')$ が存在する：

$$\lim_{n\to\infty}\|Vf_n-g\|=0.$$

g が f の近似列 $\{f_n\}$ のとり方に無関係に，f のみによって一意に定まることが，上と同様な論法によってわかる．そこで

$$Vf=g$$

とおけば，$L^2(\Omega)$ から $L^2(\Omega')$ の上への線型写像 V が定まり，V は距離を変えない：

$$\|Vf\|=\lim_{n\to\infty}\|Vf_n\|=\lim_{n\to\infty}\|f_n\|=\|f\|.$$

$\{U_t\}$ と $\{U_t'\}$ をそれぞれ $\{T_t\}$ と $\{T_t'\}$ から導かれるユニタリ作用素群とすれば，すべての $\lambda\in\Lambda$ に対し

$$\begin{aligned}VU_tV^{-1}f_\lambda'&=VU_tf_\lambda=V\exp(2\pi i\lambda t)f_\lambda\\&=\exp(2\pi i\lambda t)f_\lambda'=U_t'f_\lambda'\end{aligned}$$

が成りたつので，$VU_tV^{-1}=U_t'$ であって，(ii) が示された．

(iii) を示すために，まず V が乗法的

$$V(f\cdot g)=Vf\cdot Vg,\qquad f,g \text{ は有界} \tag{5.2}$$

であることを示そう．$f=\sum_1^m c_jf_{\lambda_j}\in L$，$g=\sum_1^n d_kf_{\mu_k}\in L$ であれば，

$$\begin{aligned}V(f\cdot g)&=V(\sum_{j,k}c_jd_kf_{\lambda_j}f_{\mu_k})=\sum_{j,k}c_jd_kVf_{\lambda_j+\mu_k}\\&=\sum_{j,k}c_jd_kf'_{\lambda_j+\mu_k}=\sum_{j,k}c_jd_kf'_{\lambda_j}f'_{\mu_k}\\&=Vf\cdot Vg\end{aligned}$$

である．$f\in L$，$|f(\omega)|\leq C$，かつ g が有界であれば，g の近似列 $\{g_n\}\subset L$ に対し

$$\|V(fg)-V(fg_n)\|=\|f(g-g_n)\|\leq C\|g-g_n\|\to 0,\quad n\to\infty \tag{5.3}$$

かつ

$$\|Vf\cdot Vg-V(fg_n)\|=\|Vf(Vg-Vg_n)\|\le C\|g-g_n\|\to 0,\quad n\to\infty$$

が成りたつので，式(5.2)を得る．最後に f と g がともに有界のときは，g の近似列 $\{g_n\}\subset L$ をとれば，式(5.3)が成りたつので，部分列に対し

$$V(fg_n')\to V(fg)\quad \text{a.e.}$$

他方 $\|Vg_n'-Vg\|\to 0$ だから，さらに部分列をとって

$$Vg_n''\to Vg\quad \text{a.e.}$$

である．ゆえに

$$V(fg)=\lim_{n''\to\infty}V(fg_n'')=\lim_{n''\to\infty}Vf\cdot Vg_n''=Vf\cdot Vg\quad \text{a.e.}$$

となって，式(5.2)が示された．

つぎに V が確率空間 Ω から Ω' への同型から導かれる写像であることを，式(5.2)を用いて示そう．$A\in\mathcal{F}$ に対し

$$(V1_A)^2=V(1_A^2)=V1_A$$

だから，$V1_A$ は0と1の値のみをとる．つまり $V1_A$ はある $s(A)\in\mathcal{F}'$ の定義関数である：

$$V1_A=1_{s(A)}\quad \text{a.e.}$$

$s(A)$ は a.e. の意味で定まることに注意せよ．このとき

$$P(A)=\|1_A\|^2=\|V1_A\|^2=\|1_{s(A)}\|^2=P'(s(A))$$

である．さらに

$$V1_{A\cap B}=V(1_A1_B)=V1_A\cdot V1_B=1_{s(A)}1_{s(B)}=1_{s(A)\cap s(B)}$$

$$V1_{A\cup B}=V(1_A+1_B-1_{A\cap B})=1_{s(A)\cup s(B)}$$

つまり $s(A\cap B)=s(A)\cap s(B)$ と $s(A\cup B)=s(A)\cup s(B)$ が成りたつ．Ω の可測な有限分割 $\xi=\{A_1,\cdots,A_n\}$ に対し，Ω' の可測な有限分割 $\xi'=\{A_1',\cdots,A_n'\}$ を

$$s(A_j)=A_j',\qquad 1\le j\le n \tag{5.4}$$

であるように定めることができる．このとき $\xi'=V\xi$ と書く．逆に ξ' が与えられれば，式(5.4)をみたす $\xi=V^{-1}\xi'$ が存在する．

さて Ω と Ω' の可測な有限分割の列 $\{\xi_n\}$ と $\{\xi_n'\}$ で

$$\xi_n\ge V^{-1}\xi_{n-1}'\ge\xi_{n-1},\qquad n\ge 2 \tag{5.5}$$

$$\bigvee_n\xi_n=\varepsilon,\qquad \bigvee_n\xi_n'=\varepsilon$$

をみたすものをとる．$\mathcal{B}=\bigcup_n \xi_n$ と $\mathcal{B}'=\bigcup_n \xi'_n$ はそれぞれ Lebesgue 空間 Ω と Ω' の基底をなす．$\widetilde{\Omega}$ と $\widetilde{\Omega}'$ をそれぞれ Ω と Ω' の $\mathcal{B}$ と $\mathcal{B}'$ による完全拡大とする．V や s は $\widetilde{\mathcal{B}}$ と $\widetilde{\mathcal{B}}'$ の対応に自然に拡張される．$\widetilde{\Omega}$ の任意の点 $\widetilde{\omega}$ は

$$\widetilde{\omega}=\bigcap_n \widetilde{A}_n, \qquad \widetilde{A}_n\in\widetilde{\xi}_n$$

の形をしている．$s(\widetilde{A}_n)\in V\widetilde{\xi}_n$ であり，$\widetilde{\xi}_n, \widetilde{\xi}'_n$ に対しても式(5.5)が成りたつので，各 n において

$$\widetilde{A}'_n\in\widetilde{\xi}'_n, \qquad s(\widetilde{A}_{n+1})\subset\widetilde{A}'_n\subset s(\widetilde{A}_n)$$

なる $\widetilde{A}'_n$ が存在する．$\bigcap_n \widetilde{A}'_n$ は $\widetilde{\Omega}'$ の1点だから，

$$S\widetilde{\omega}=\widetilde{\omega}'=\bigcap_n \widetilde{A}'_n$$

によって，$\widetilde{\Omega}$ から $\widetilde{\Omega}'$ への写像 S が定まる．S が $\widetilde{\Omega}'$ の上への1対1写像であることは，明らかであろう．各 $\widetilde{A}\in\widetilde{\mathcal{B}}$ に対し，$\widetilde{\omega}\in\widetilde{A}$ と $S\widetilde{\omega}\in s(\widetilde{A})$ は同等である．S は $\widetilde{\mathcal{B}}\to\widetilde{\mathcal{B}}'$ として測度を保つから，$\widetilde{\mathcal{F}}\to\widetilde{\mathcal{F}}'$ としても測度を保つことがわかる．また $\widetilde{A}\in\widetilde{\mathcal{B}}$ に対し

$$V1_{\widetilde{A}}(\widetilde{\omega}')=1_{s(\widetilde{A})}(\widetilde{\omega}')=1_A(S^{-1}\widetilde{\omega}') \quad \text{a. e.} \tag{5.6}$$

だから，$\widetilde{A}\in\widetilde{\mathcal{F}}$ に対しても式(5.6)が成りたつ．したがって，任意の $f\in L^2(\widetilde{\Omega})$ に対して

$$Vf(\widetilde{\omega}')=f(S^{-1}\widetilde{\omega}') \quad \text{a. e.}$$

である．

いま $\Omega_0=\Omega\cap S^{-1}\Omega'$ とおけば，$S\Omega_0=S\Omega\cap\Omega'$ であって，

$$P(\Omega\setminus\Omega_0)\leq\widetilde{P}(\widetilde{\Omega}\setminus S^{-1}\Omega')=\widetilde{P}'(\widetilde{\Omega}'\setminus\Omega')=0$$
$$P'(\Omega'\setminus S\Omega_0)\leq\widetilde{P}'(\widetilde{\Omega}'\setminus S\Omega)=\widetilde{P}(\widetilde{\Omega}\setminus\Omega)=0.$$

結局，S は Ω から Ω' への同型であって，

$$V^{-1}f(\omega)=f(S\omega) \quad \text{a. e.} \quad f\in L^2(\Omega').$$

さらに $f\in L^2(\Omega')$ に対し

$$\begin{aligned} f(T'_t\omega')&=U'_{-t}f(\omega')=(VU_{-t}V^{-1}f)(\omega') \\ &=(U_{-t}V^{-1}f)(S^{-1}\omega')=V^{-1}f(T_tS^{-1}\omega') \\ &=f(ST_tS^{-1}\omega') \quad \text{a. e.} \end{aligned}$$

であるので，f として Ω' の基底 $\mathcal{B}'$ の元 A' の定義関数 $1_{A'}$ をとり，$A'\in\mathcal{B}'$

を動かして1点にしぼることによって，

$$ST_tS^{-1}=T_t'$$

を得る．こうして (iii) が示された．　*qed*

5・2 存　在　定　理

$\boldsymbol{R}^1$ の任意の可算部分群に対し，それを固有値の全体とするようなエルゴード的な流れが存在することを示すのが本節の目的であるが，そのために必要な位相群に関することをまず引用する（詳細は [27] を参照してほしい）．

可分な局所コンパクト可換群 G を考える．G には Haar 測度 m が存在する．G の開集合を含む最小の σ-集合体の m による完備化を $\mathcal{F}$ として，

$$m(B)=m(B+g), \qquad g\in G, \qquad B\in\mathcal{F}$$

が成りたつ．このような Haar 測度は定数倍を除いて一意である．特に G がコンパクトの場合には $m(G)<\infty$ であるので，$m(G)=1$ としてよい．このとき $(G,\mathcal{F},m)$ は Lebesgue 空間である．

さてつぎの三条件をみたす G 上の複素数値関数 $\chi(g)$ を G の**指標** (character) という：

(i) $\chi(g)$ は G 上で連続，

(ii) $|\chi(g)|=1$,

(iii) $\chi(g+g')=\chi(g)\chi(g')$.

χ_1 と χ_2 を G の指標とすれば，

$$\chi(g)=\chi_1(g)\chi_2(g), \qquad \chi^{-1}(g)=\overline{\chi(g)}$$

はともに G の指標である．したがって，G の指標の全体 $\hat{G}$ は群をなす．$\hat{G}$ に位相をつぎのように入れる：$\chi_n(g)$ が G のコンパクト集合上で一様に $\chi(g)$ に収束するとき $\chi_n\to\chi$ とする．この位相を持つ $\hat{G}$ を単に $\hat{G}$ で表わして，G の**指標群** (character group) と呼ぶ．$\hat{G}$ はふたたび可分な局所コンパクト可換群である．特に G がコンパクトであれば $\hat{G}$ は離散であり，逆に G が離散であれば $\hat{G}$ はコンパクトになる．

つぎに G の元 g を関係

$$g(\chi)=\chi(g), \qquad \chi\subset\hat{G}$$

によって，$\hat{G}$ 上の関数と見れば，g は $\hat{G}$ の指標である．すなわち $G\subset\hat{\hat{G}}$ と考

えることができるが，このとき G の位相と $\hat{\hat{G}}$ の中で考えた位相とが一致し，位相群として $G\subset\hat{\hat{G}}$ が成りたつ．実はつぎのことが成りたつ．

Pontryagin の双対定理 上の対応で G と $\hat{\hat{G}}$ は位相群として同型になる．つまり $G=\hat{\hat{G}}$ と考えてよい．

この双対定理によって，$g\in G$ と $\chi\in\hat{G}$ とは対等の役割をすることがわかったので，

$$\langle g, \chi\rangle=\chi(g)$$

と書く方が便利なこともある．

G がコンパクトの場合を考えよう．G の指標は $L^2(G)$ に属し，相異なる指標は直交する．したがって $L^2(G)$ が可分だから，$\hat{G}$ はたかだか可算集合である．さらに G の指標の全体は $L^2(G)$ の正規直交基底をなす．

さて以上の準備の上でつぎの定理を示そう．

定理 5·2 $\varLambda$ を $\boldsymbol{R}^1$ の任意の可算部分群とすれば，$\varLambda$ を固有値の全体とするような，エルゴード的な流れが存在する．

証明 $\varLambda$ の指標群を $\varOmega=\hat{\varLambda}$ とする．$\varLambda$ は離散な可換群だから，$\varOmega$ は可分なコンパクト可換群である．P を $\varOmega$ の Haar 測度で $P(\varOmega)=1$ なるものとする．さて $\lambda\in\varLambda$ の関数として $\exp(2\pi i\lambda t)\in\varOmega$ だから，$\omega_t\in\varOmega$ を

$$\langle\omega_t, \lambda\rangle=e^{2\pi i\lambda t}, \qquad \lambda\in\varLambda, \qquad t\in\boldsymbol{R}^1$$

によって定めれば，

$$\langle\omega_t, \lambda\rangle\langle\omega_s, \lambda\rangle=e^{2\pi i\lambda(t+s)}=\langle\omega_{t+s}, \lambda\rangle$$

すなわち

$$\omega_t\omega_s=\omega_{t+s}$$

が成りたつ．いま

$$T_t\omega=\omega\omega_t, \qquad \omega\in\varOmega, \qquad t\in\boldsymbol{R}^1$$

とおけば，$\{T_t; t\in\boldsymbol{R}^1\}$ は明らかに $(\varOmega, \mathcal{F}, P)$ 上の流れである（$\mathcal{F}$ は $\varOmega$ の開集合を含む最小の σ-集合体の P による完備化）．$\{T_t\}$ が求めるものであることを示そう．双対定理により，$\varLambda$ は $\varOmega$ の指標群だから，

$$\varphi_\lambda(\omega)=\langle\omega, \lambda\rangle, \qquad \omega\in\varOmega, \qquad \lambda\in\varLambda$$

とおけば，$\{\varphi_\lambda; \lambda\in\varLambda\}$ は $L^2(\varOmega)$ の正規直交基底をなす．そして

$$\varphi_\lambda(T_t\omega)=\varphi_\lambda(\omega\omega_t)=\langle\omega\omega_t,\lambda\rangle$$
$$=\langle\omega,\lambda\rangle\langle\omega_t,\lambda\rangle=e^{2\pi i\lambda t}\varphi_\lambda(\omega)$$

が成りたって，$\{T_t\}$ は Λ を固有値の全体として，純点スペクトルを持つことがわかる．さらにもし $f\in L^2(\Omega)$ に対し

$$f(T_t\omega)=f(\omega)\quad \text{a.e.}\quad t\in\boldsymbol{R}^1$$

であれば，f を $\{\varphi_\lambda\}$ で

$$f=\sum_{\lambda\in\Lambda}f_\lambda\varphi_\lambda,\qquad f_\lambda=(f,\varphi_\lambda)$$

と展開して，

$$\sum_\lambda f_\lambda e^{2\pi i\lambda t}\varphi_\lambda=\sum_\lambda f_\lambda\varphi_\lambda,\qquad t\in\boldsymbol{R}^1$$

が成りたつ．したがって $\lambda\neq0$ に対し $f_\lambda=0$ となり，

$$f=f_0\varphi_0\quad \text{a.e.}$$

となって，f は定数 (a.e.) であることがわかる．ゆえに $\{T_t\}$ はエルゴード的である．　　qed

第6章　エントロピー

エントロピーの概念はもともと統計力学のものであるが，Shannon [33] は不確定性を計る量あるいは情報の量として，エントロピーを通信理論に導入した．そしてこの量は，同型問題における不変量として，Kolmogorov [19] によってエルゴード理論に持ちこまれた．彼はエントロピーを用いて同型問題に著しい解答を与えた (1·5 節参照)．不変量としてのエントロピーの有効性は，後章で説明する Ornstein による最近の一連の仕事によって，ますます確かめられた．さらにエントロピーは不変量としてだけではなく，増加分割や独立性との関連において，また Kolmogorov 変換とも深く関係して，流れの構造を研究するのに有用な道具となっている．

この章では，まず分割のエントロピーと保測変換のエントロピーを定義し，それらの性質を調べる (6·1 節と 6·2 節)．ここで述べる変換のエントロピーの定義は Sinai [34] によって改良されたものである．6·3 節では生成分割の存在に関する Rohlin [30] の定理を証明する．6·4 節で述べるエントロピー密度の収束についての Shannon-McMillan の定理は，情報理論における基本定理として有名であるが，後章に述べる Ornstein の同型定理においても基本的な役割を果たす．最後に 6·5 節で流れのエントロピーを定義する．

6·1　分割のエントロピー

$(\Omega, \mathcal{F}, P)$ を Lebesgue 空間とし，その可測分割を ξ, η, ζ などで表わす．可測分割 ξ に対し，点 ω を含む ξ の元を $A(\omega)$ で表わし

$$P(\omega; \xi) = P(A(\omega))$$

とおく．**分割 ξ のエントロピー** (entropy) を

$$H(\xi) = -\int_\Omega \log P(\omega; \xi)\, dP$$

で定義する，ここで対数の底は 2 としておく．分割 ξ の元で正測度を持つものを $A_1, A_2, \cdots$ とすれば，

$$H(\xi) = \begin{cases} -\sum_i P(A_i) \log P(A_i), & P(\bigcup_i A_i) = 1 \\ +\infty, & P(\bigcup_i A_i) < 1 \end{cases} \tag{6.1}$$

であることが容易にわかる．ここで $-\log 0=+\infty$, $0\log 0=0$ と約束する．

6・1° $H(\xi)\geq 0$. $H(\xi)=0$ のための必要十分条件は $\xi=\nu$ である．ただし ν は自明な分割である．

6・2° $\xi\leq\eta$ ならば $H(\xi)\leq H(\eta)$. $\xi\leq\eta$ かつ $H(\xi)=H(\eta)<\infty$ ならば $\xi=\eta$ である．

証明 $\xi\leq\eta$ ならば $P(\omega;\xi)\geq P(\omega;\eta)$ であるから $H(\xi)\leq H(\eta)$ を得る．$\xi\leq\eta$ かつ $H(\xi)=H(\eta)<\infty$ ならば，$P(\omega;\xi)=P(\omega;\eta)$ a.e. したがって $\xi=\eta$ である． *qed*

可測分割の列 $\{\xi_n\}$ が単調増大で $\bigvee_n \xi_n=\xi$ のとき $\xi_n\nearrow\xi$, 単調減少で $\bigwedge_n \xi_n=\xi$ のとき $\xi_n\searrow\xi$ と書くことにする．

6・3° $\xi_n\nearrow\xi$ ならば $H(\xi_n)\nearrow H(\xi)$ である．$\xi_n\searrow\xi$ かつ $H(\xi_1)<\infty$ であれば，$H(\xi_n)\searrow H(\xi)$ である．

証明 $\xi_n\nearrow(\searrow)\xi$ ならば $P(\omega;\xi_n)\searrow(\nearrow)P(\omega;\xi)$ a.e. であることと，一般に $-\log P(\omega;\xi)\geq 0$ であることに注意すればよい． *qed*

任意の可測分割 ξ に対し，$\xi_n\nearrow\xi$ なる有限分割の列があることに注意すれば，

6・4° $H(\xi)=\sup\{H(\eta);\xi\geq\eta$：有限分割$\}$.

6・5° $\xi=\{A_1,\cdots,A_n\}$ であれば

$$H(\xi)\leq\log n.$$

特に $H(\xi)=\log n$ であるのは，$P(A_i)=1/n$, $1\leq i\leq n$, のときそのときに限る．

証明 関数 $\varphi(x)=-x\log x$ は $x\geq 0$ において狭義凹だから，$a_i=1/n$, $1\leq i\leq n$, とおいて

$$-\sum_{i=1}^{n}P(A_i)\log P(A_i)=n\sum_{i=1}^{n}a_i\varphi(P(A_i))$$

$$\leq n\varphi\left(\sum_{i=1}^{n}a_iP(A_i)\right)=\log n$$

が成りたつ．等号が成りたつのは $P(A_i)=1/n$, $1\leq i\leq n$, のときに限る． *qed*

つぎに分割の条件つきエントロピーを定義しよう．ξ と ζ を可測分割とする．ξ は a.e. $C\in\zeta$ に対し，空間 C 上の可測分割 $\xi_C=\xi\cap C$ を導くので，そのエントロピー

$$H(\xi_C)=-\int_C \log P_C(\omega;\xi_C)dP_C$$

が定まる．これは Ω/ζ 上の非負可測関数である．その積分

$$H(\xi\mid\zeta)=\int_{\Omega/\zeta} H(\xi_C)dP_\zeta$$

を，ξ の ζ に関する**条件つきエントロピー**と呼ぶ．点 ω を含む ξ の元を $A(\omega)$，ζ の元を $C(\omega)$ として，

$$P(\omega;\xi\mid\zeta)=P_{C(\omega)}(A(\omega))$$

とおけば，$C\in\zeta$ に対し $P_C(\omega;\xi_C)$ は $P(\omega;\xi\mid\zeta)$ の C 上への制限だから

$$H(\xi\mid\zeta)=-\int_\Omega \log P(\omega;\xi\mid\zeta)dP$$

と表わされる．特に可算分割 $\xi=\{A_i;\ i\geq 1\}$ に対しては

$$H(\xi\mid\zeta)=-\sum_{i\geq 1}\int_{\Omega/\zeta} P_C(A_i)\log P_C(A_i)dP_\zeta \tag{6.2}$$

が成りたつ．さらに $\zeta=\{C_k;\ k\geq 1\}$ も可算分割であれば

$$H(\xi\mid\zeta)=-\sum_{i,k} P(A_i\cap C_k)\log\frac{P(A_i\cap C_k)}{P(C_k)} \tag{6.3}$$

である．

条件つきエントロピーの性質を調べよう．

6・6°　$H(\xi\mid\nu)=H(\xi)$.

6・7°　$\eta\leq\zeta$ ならば $H(\xi\vee\eta\mid\zeta)=H(\xi\mid\zeta)$.

a.e. $C\in\zeta$ に対して $H(\xi_C)$ が性質 1°-4° を持っているので，それらが $H(\xi\mid\zeta)$ の性質につぎのように伝わる．

6・8°　$H(\xi\mid\zeta)\geq 0$. $H(\xi\mid\zeta)=0$ のための必要十分条件は $\xi\leq\zeta$ である．

6・9°　$\xi\leq\eta$ ならば $H(\xi\mid\zeta)\leq H(\eta\mid\zeta)$ である．$\xi\leq\eta$ かつ $H(\xi\mid\zeta)=H(\eta\mid\zeta)<\infty$ ならば，$\xi\vee\zeta=\eta\vee\zeta$ である．

6・10°　$\xi_n\nearrow\xi$ ならば $H(\xi_n\mid\zeta)\nearrow H(\xi\mid\zeta)$ である．$\xi_n\searrow\xi$ かつ $H(\xi_1\mid\zeta)<\infty$ ならば，$H(\xi_n\mid\zeta)\searrow H(\xi\mid\zeta)$ である．

6・11°　$H(\xi\mid\zeta)=\sup\{H(\eta\mid\zeta);\ \xi\geq\eta$：有限分割$\}$.

問 1　8°-11° を示せ．

6・12°　$\eta\leq\zeta$ ならば $H(\xi\mid\eta)\geq H(\xi\mid\zeta)$ である．

証明 条件つき測度の推移性によって，a. e. $B\in\eta$ に対し

$$P_B(A)=\int_B P_{C(\omega)}(A)dP_B(\omega),\qquad A\in\mathcal{F}$$

が成りたつ，ただし $C(\omega)$ は ω を含む ζ の元を表わす．したがって関数 $\varphi(x)=-x\log x$ に対し

$$\int_B\varphi(P_{C(\omega)}(A))dP_B(\omega)\leq\varphi(P_B(A)),\qquad A\in\mathcal{F}$$

である．まず有限分割 $\xi=\{A_1,\cdots,A_n\}$ に対し，式 (6.2) により

$$\begin{aligned}H(\xi\mid\eta)&=\sum_{i=1}^n\int_{\Omega/\eta}\varphi(P_B(A_i))dP_\eta\\&\geq\sum_{i=1}^n\int_{\Omega/\eta}dP_\eta\int_B\varphi(P_{C(\omega)}(A_i))dP_B(\omega)\\&=\sum_{i=1}^n\int_\Omega\varphi(P_{C(\omega)}(A_i))dP=H(\xi\mid\zeta)\end{aligned}$$

を得る．一般の ξ は有限分割の列で $\xi_n\nearrow\xi$ と近似されるから，10° によって 12° を得る． qed

6・13° $H(\xi\vee\eta\mid\zeta)=H(\xi\mid\zeta)+H(\eta\mid\zeta\vee\xi)$
$\leq H(\xi\mid\zeta)+H(\eta\mid\zeta)$.

証明 不等式は 12° による．等式を示すために，まず $\zeta=\nu$ という特別な場合

$$H(\xi\vee\eta)=H(\xi)+H(\eta\mid\xi)\tag{6.4}$$

を示そう．ξ と η のいずれかが可算分割でなければ，式 (6.4) は両辺とも ∞ となって成りたつ．$\xi=\{A_i;\,i\geq1\}$，$\eta=\{B_j;\,j\geq1\}$ としよう．式 (6.1) と式 (6.3) により，

$$\begin{aligned}H(\xi\vee\eta)&=-\sum_{i,j}P(A_i\cap B_j)\log P(A_i\cap B_j)\\&=-\sum_i P(A_i)\log P(A_i)-\sum_{i,j}P(A_i\cap B_j)\log\frac{P(A_i\cap B_j)}{P(A_i)}\\&=H(\xi)+H(\eta\mid\xi)\end{aligned}$$

を得る．

つぎに ζ を一般とする．式 (6.4) により a. e. $C\in\zeta$ に対し，

$$H(\xi_C\vee\eta_C)=H(\xi_C)+H(\eta_C\mid\xi_C)$$

である．両辺を P_ζ で積分すれば，左辺は $H(\xi\vee\eta|\zeta)$，右辺の第１項は $H(\xi|\zeta)$ になる．第２項は

$$H(\eta_C\mid\xi_C)=-\int_C\log P_C(\omega;\ \eta_C\mid\xi_C)dP_C(\omega)$$

であって，条件つき測度の推移性により，$P_C(\omega;\eta_C\mid\xi_C)$ は $P(\omega;\eta\mid\xi\vee\zeta)$ の C への制限だから，

$$\begin{aligned}\int_{\Omega/\zeta}&H(\eta_C\mid\xi_C)dP_\zeta(C)\\&=-\int_{\Omega/\zeta}dP_\zeta(C)\int_C\log P(\omega;\ \eta\mid\xi\vee\zeta)dP_C(\omega)\\&=H(\eta\mid\xi\vee\zeta)\end{aligned}$$

が成りたつ．　qed

6·14°　$\zeta_n\nearrow\zeta$ かつ $H(\xi\mid\zeta_1)<\infty$，あるいは $\zeta_n\searrow\zeta$ であれば

$$\lim_{n\to\infty}H(\xi\mid\zeta_n)=H(\xi\mid\zeta)$$

が成りたつ．

証明　条件つき確率の収束に関する Doob の定理 (1·1 節) によって，上の仮定のもとで任意の $A\in\mathcal{F}$ に対し

$$\lim_{n\to\infty}P(A\mid\zeta_n;\ \omega)=P(A\mid\zeta;\ \omega)\quad\text{a. e.}$$

が成りたつ．まず $\xi=\{A_1,\cdots,A_k\}$ が有限分割であれば，$\varphi(x)=-x\log x$ は区間 $[0,1]$ で連続だから，

$$\begin{aligned}\lim_{n\to\infty}H(\xi\mid\zeta_n)&=\lim_{n\to\infty}\sum_{i=1}^k\int_\Omega\varphi(P(A_i\mid\zeta_n;\ \omega))dP\\&=\sum_{i=1}^k\int_\Omega\varphi(P(A_i\mid\zeta;\ \omega))dP\\&=H(\xi\mid\zeta)\end{aligned}$$

である．つぎに ξ を一般としよう．$\zeta_n\nearrow\zeta$ のときは $H(\xi\mid\zeta_1)<\infty$ が仮定されているので，11° により任意の $\delta>0$ に対し

$$H(\xi\mid\zeta_1)-H(\eta\mid\zeta_1)<\delta$$

なる有限分割 $\eta\leq\xi$ がある．このとき 13° と 12° により，すべての n に対し

$$H(\xi \mid \zeta_n)-H(\eta \mid \zeta_n)=H(\xi \mid \eta\vee\zeta_n)$$
$$\leq H(\xi \mid \eta\vee\zeta_1)=H(\xi \mid \zeta_1)-H(\eta \mid \zeta_1)<\delta$$

であり，上のことより結論を得る．$\zeta_n \searrow \zeta$ の場合は，任意の $a<H(\xi \mid \zeta)$ に対し $H(\eta \mid \zeta)>a$ なる有限分割 $\eta\leq\xi$ をとれば，$H(\eta \mid \zeta_n)\nearrow H(\eta \mid \zeta)$ だから，十分大きい n に対し $H(\xi \mid \zeta_n)>a$ となって結論を得る． *qed*

二つの可測分割 ξ と η において，任意の $A\in\mathcal{F}(\xi)$ と $B\in\mathcal{F}(\eta)$ に対し

$$P(A\cap B)=P(A)P(B)$$

が成りたつとき，ξ と η は**独立**であるという．容易にわかるように，ξ と η が独立であるためには，任意の $A\in\mathcal{F}(\xi)$ に対し

$$P_B(A)=P(A) \qquad \text{a.c. } B\subset\eta$$

が成りたつことが必要かつ十分である．独立性はエントロピーにつぎのように反映する．

6・15° 可測分割 ξ と η に対してつぎのことが成りたつ．

(i) $H(\xi)<\infty$ であれば，ξ と η が独立のときそのときに限って

$$H(\xi \mid \eta)=H(\xi) \tag{6.5}$$

が成りたつ．

(ii) $H(\xi)<\infty$ かつ $H(\eta)<\infty$ であれば，ξ と η が独立のときそのときに限って

$$H(\xi\vee\eta)=H(\xi)+H(\eta)$$

が成りたつ．

証明 (i) $H(\xi)<\infty$ だから $\xi=\{A_n;\, n\geq 1\}$ としてよい．ξ と η が独立であれば，a.e. $B\in\eta$ に対し

$$P_B(A_n)=P(A_n), \qquad n\geq 1$$

だから，式 (6.5) が成りたつ．逆に式 (6.5) すなわち

$$\sum_{n\geq 1}\int_{\Omega/\eta}\varphi(P_B(A_n))dP_\eta(B)=\sum_{n\geq 1}\varphi(P(A_n)) \tag{6.6}$$

を仮定しよう，ここに $\varphi(x)=-x\log x$ である．φ は凹関数だから

$$\int_{\Omega/\eta}\varphi(P_B(A_n))dF_\eta(B)\leq\varphi(P(A_n)), \qquad n\geq 1 \tag{6.7}$$

である．式 (6.6) と式 (6.7) を比べると式 (6.7) において等号が成りたつこと

がわかる．φ は狭義の凹だから，式 (6.7) で等号が成りたつのは

$$P_B(A_n)=P(A_n) \quad \text{a.e. } B\in\eta, \quad n\geq 1$$

のときに限る．これは ξ と η の独立性を示している．

(ii) は 13° と (i) より直ちに得られる． *qed*

6・2 保測変換のエントロピー

$(\Omega, \mathcal{F}, P)$ を Lebesgue 空間，T をその上の保測変換，ξ, η, ζ などを Ω の可測分割とする．まず条件つき測度の一意性によって，a.e. $C\in\zeta$ に対し

$$P_C(A)=P_{TC}(TA), \qquad A\in\mathcal{F} \tag{6.8}$$

が成りたつことを注意しよう．したがって，

6・16° $H(T\xi\mid T\zeta)=H(\xi\mid\zeta)$.

問 2 式 (6.8) を示せ．

可測分割 ξ に対して

$$\xi_m^n=\xi_m^n(T)=\bigvee_{k=m}^{n} T^k\xi, \qquad -\infty\leq m<n\leq\infty$$

とおく．保測変換 T の分割 ξ に関するエントロピーを

$$h(T,\xi)=H(\xi\mid\xi_{-\infty}^{-1})$$

で定める．さらに，**保測変換 T のエントロピー**を

$$h(T)=\sup\{h(T,\xi);\ H(\xi)<\infty\}$$

で定義する．一般に $0\leq h(T)\leq\infty$ である．明らかにつぎの定理が成りたつ．

定理 6・1 二つの保測変換が同型であれば，それらは同じエントロピーを持つ．

エントロピー $h(T,\xi)$ の ξ についての関係の仕方を調べよう．

6・17° $\xi\geq\eta$ かつ $T\zeta=\zeta$ であれば，すべての $n\geq 1$ に対して

$$H(\xi_0^n\mid\eta_{-\infty}^{-1}\vee\zeta)=\sum_{k=1}^{n}H(\xi\mid\xi_{-k}^{-1}\vee\eta_{-\infty}^{-1}\vee\zeta)+H(\xi\mid\eta_{-\infty}^{-1}\vee\zeta)$$

が成りたつ．特に

$$H(\xi_0^{n-1}\mid\xi_{-\infty}^{-1})=nh(T,\xi)$$

である．

証明 $\xi\geq\eta$ より出る $\xi_{-k}^{-1}\vee\eta_{-\infty}^{-k-1}=\xi_{-k}^{-1}\vee\eta_{-\infty}^{-1}$ と前節 13° を用いて

$$H(\xi_0^k \mid \eta_{-\infty}^{-1}\vee\zeta)=H(\xi_0^{k-1} \mid \eta_{-\infty}^{-1}\vee\zeta)+H(T^k\xi \mid \xi_0^{k-1}\vee\eta_{-\infty}^{-1}\vee\zeta)$$
$$=H(\xi_0^{k-1} \mid \eta_{-\infty}^{-1}\vee\zeta)+H(\xi \mid \xi_{-k}^{-1}\vee\eta_{-\infty}^{-1}\vee\zeta)$$

が得られる．両辺を k について加えればよい． *qed*

6・18° $H(\xi)<\infty$, $H(\eta)<\infty$, $T\zeta=\zeta$ であれば,

$$\lim_{n\to\infty}\frac{1}{n}H(\xi_0^{n-1} \mid \eta_{-\infty}^{-1}\vee\zeta)=H(\xi \mid \xi_{-\infty}^{-1}\vee\zeta)$$

が成りたつ．特に単調減少収束で

$$\lim_{n\to\infty}\frac{1}{n}H(\xi_0^{n-1})=h(T,\xi)=h(T^{-1},\xi) \tag{6.9}$$

である．

証明 三つの場合に分けて示す．まず $\xi\geq\eta$ のとき，$\xi_{-k}^{-1}\vee\eta_{-\infty}^{-1}\nearrow\xi_{-\infty}^{-1}$ だから 17° と前節 14° により，$H(\xi_0^{n-1} \mid \eta_{-\infty}^{-1}\vee\zeta)/n\searrow H(\xi \mid \xi_{-\infty}^{-1}\vee\zeta)$ である．これは式 (6.9) も含む．式 (6.9) の第二の等号は $H(\xi_0^{n-1})=H(\xi_{-n+1}^{0})=H(\xi_0^{n-1}(T^{-1}))$ による．つぎに $\xi\leq\eta$ としよう．

$$\frac{1}{n}H(\xi_0^{n-1} \mid \eta_{-\infty}^{-1}\vee\zeta)\leq\frac{1}{n}H(\xi_0^{n-1} \mid \xi_{-\infty}^{-1}\vee\zeta)=H(\xi \mid \xi_{-\infty}^{-1}\vee\zeta)$$

が成りたつ．他方，前の場合を用いて，

$$\lim_{n\to\infty}\frac{1}{n}H(\xi_0^{n-1} \mid \eta_{-\infty}^{-1}\vee\zeta)$$
$$=\lim_{n\to\infty}\left\{\frac{1}{n}H(\xi_0^{n-1}\vee\eta_0^{n-1} \mid \eta_{-\infty}^{-1}\vee\zeta)-\frac{1}{n}H(\eta_0^{n-1} \mid \xi_0^{n-1}\vee\eta_{-\infty}^{-1}\vee\zeta)\right\}$$
$$\geq H(\eta \mid \eta_{-\infty}^{-1}\vee\zeta)-\lim_{n\to\infty}\frac{1}{n}H(\eta_0^{n-1} \mid \xi_{-\infty}^{n-1}\vee\zeta)$$
$$=\lim_{n\to\infty}\left\{\frac{1}{n}H(\eta_0^{n-1} \mid \xi_{-\infty}^{-1}\vee\zeta)-\frac{1}{n}H(\eta_0^{n-1} \mid \xi_{-\infty}^{n-1}\vee\zeta)\right\}$$
$$=\lim_{n\to\infty}\frac{1}{n}H(\xi_0^{n-1} \mid \xi_{-\infty}^{-1}\vee\zeta)=H(\xi \mid \xi_{-\infty}^{-1}\vee\zeta)$$

を得る．最後に一般の場合は

$$H(\xi_0^{n-1} \mid (\xi\vee\eta)_{-\infty}^{-1}\vee\zeta)\leq H(\xi_0^{n-1} \mid \eta_{-\infty}^{-1}\vee\zeta)\leq H(\xi_0^{n-1} \mid \zeta)$$

より従う． *qed*

6・19° $H(\xi)<\infty$, $H(\eta)<\infty$ であれば,

$$h(T,\xi\vee\eta)=h(T,\xi)+H(\eta\mid\eta_{-\infty}^{-1}\vee\xi_{-\infty}^{\infty})$$

が成りたつ.

証明　前節 14° によって

$$H(\eta\mid\eta_{-\infty}^{-1}\vee\xi_{-\infty}^{\infty})=\lim_{n\to\infty}\frac{1}{n}\sum_{k=0}^{n-1}H(\eta\mid\eta_{-\infty}^{-1}\vee\xi_{-\infty}^{k})$$

である．ところが，$1\leq k\leq n$ に対し

$$H(\eta_0^k\mid\eta_{-\infty}^{-1}\vee\xi_{-\infty}^{n})=H(\eta_0^{k-1}\mid\eta_{-\infty}^{-1}\vee\xi_{-\infty}^{n})+H(\eta\mid\eta_{-\infty}^{-1}\vee\xi_{-\infty}^{n-k})$$

だから，これを上式に代入して

$$\begin{aligned}H(\eta\mid\eta_{-\infty}^{-1}\vee\xi_{-\infty}^{\infty})&=\lim_{n\to\infty}\frac{1}{n}H(\eta_0^n\mid\eta_{-\infty}^{-1}\vee\xi_{-\infty}^{n})\\&=\lim_{n\to\infty}\left\{\frac{1}{n}H(\eta_0^n\vee\xi_0^n\mid\eta_{-\infty}^{-1}\vee\xi_{-\infty}^{-1})-\frac{1}{n}H(\xi_0^n\mid\eta_{-\infty}^{-1}\vee\xi_{-\infty}^{-1})\right\}\\&=h(T,\xi\vee\eta)-h(T,\xi)\end{aligned}$$

を得る．最後の等号は 18° による．　*qed*

19° の系として直ちにつぎのことがわかる.

6・20°　$H(\xi)<\infty$, $H(\eta)<\infty$ であれば,

$$h(T,\eta)\leq h(T,\xi)+H(\eta\mid\xi_{-\infty}^{\infty})\leq h(T,\xi)+H(\eta\mid\xi)$$

が成りたつ．特に $\eta\leq\xi$ ならば

$$h(T,\eta)\leq h(T,\xi)$$

である.

さて保測変換 T のエントロピーを計算する諸公式を述べよう.

定理 6・2　$H(\xi)<\infty$ かつ $\xi_{-\infty}^{\infty}=\varepsilon$ であれば,

$$h(T)=h(T,\xi)$$

である.

証明　$H(\eta)<\infty$ なる任意の η に対し

$$h(T,\eta)\leq h(T,\xi)+H(\eta\mid\xi_{-\infty}^{\infty})=h(T,\xi)$$

である.　*qed*

6・21°　$H(\xi)<\infty$ かつ $\xi_{-\infty}^{-1}=\varepsilon$ なる可測分割 ξ があれば，$h(T)=0$ である.

6・22°　$h(T)$ の定義式において，$h(T,\xi)$ の上限をとる範囲は，有限分割 ξ に限ってもよい.

証明 $H(\xi)<\infty$ なる任意の ξ に対し，有限分割の列 $\{\xi_n\}$ で $\xi_n\nearrow\xi$ なるものをとれば，

$$h(T,\xi)\leq h(T,\xi_n)+H(\xi\mid\xi_n)$$

であって，$n\to\infty$ のとき $H(\xi\mid\xi_n)\to H(\xi\mid\xi)=0$ だから 22° が示された. qed

6・23° 可測分割の列 $\{\xi_n\}$ が $H(\xi_n)<+\infty$, $n\geq 1$, かつ $\xi_n\nearrow\varepsilon$ をみたせば，Ω 上の任意の保測変換 T に対し

$$h(T)=\lim_{n\to\infty}h(T,\xi_n)$$

が成りたつ.

証明 $H(\eta)<\infty$ なる任意の η に対し，20° により

$$h(T,\eta)\leq h(T,\xi_n)+H(\eta\mid\xi_n)$$

である. ところが $\xi_n\nearrow\varepsilon$ だから $H(\eta\mid\xi_n)\searrow H(\eta\mid\varepsilon)=0$ となって 23° を得る. qed

ζ が T-不変，すなわち $T\zeta=\zeta$ であれば，商 T_ζ が定義されるが，エントロピーは明らかに

$$h(T_\zeta)\leq h(T)$$

である.

6・24° $\{\zeta_n\}$ が T-不変な可測分割の列で $\zeta_n\nearrow\varepsilon$ であれば，

$$h(T)=\lim_{n\to\infty}h(T_{\zeta_n})$$

が成りたつ.

問 3 24° を証明せよ.

6・25° 可測分割の増大列 $\{\xi_n\}$ が $H(\xi_n)<\infty$, $n\geq 1$, かつ $\bigvee_n(\xi_n)_{-\infty}^{\infty}=\varepsilon$ をみたせば，

$$h(T)=\lim_{n\to\infty}h(T,\xi_n)$$

が成りたつ.

証明 $\zeta_n=(\xi_n)_{-\infty}^{\infty}$ は 24° の条件をみたし，他方定理6・2によって $h(T_{\zeta_n})=h(T,\xi_n)$ である. qed

2・2 節で定義された直積変換のエントロピーについてつぎのことが成りたつ.

6・26° $h(T_1\times T_2)=h(T_1)+h(T_2)$.

証明 $\{\xi_n\}$ を Ω_1 の有限分割列で $\xi_n\nearrow\varepsilon$ なるものとし，$\{\eta_n\}$ を Ω_2 に関し

て同様のものとする．$\{\xi_n\times\eta_n\}$ は $\Omega_1\times\Omega_2$ に関して同様のものである．

一方

$$(\xi_n\times\eta_n)_0^{k-1}(T_1\times T_2)=(\xi_n)_0^{k-1}(T_1)\times(\eta_n)_0^{k-1}(T_2)$$

であり，前節 15° によって

$$H((\xi_n\times\eta_n)_0^{k-1}(T_1\times T_2))=H((\xi_n)_0^{k-1}(T_1))+H((\eta_n)_0^{k-1}(T_2))$$

である．両辺を k で割って $k\to\infty$ とすれば，

$$h(T_1\times T_2,\xi_n\times\eta_n)=h(T_1,\xi_n)+h(T_2,\eta_n)$$

を得る．$n\to\infty$ として 23° により 26° を得る． *qed*

6・27° ζ を狭義の T-不変な集合への可測分割とする（すべての $C\in\zeta$ に対し $TC=C$）．T の空間 C における成分を T_C とすれば，

$$h(T)=\int_{\Omega/\zeta}h(T_C)dP_\zeta(C)$$

が成りたつ．

証明 $\{\xi_n\}$ を有限分割の列で $\xi_n\nearrow\varepsilon$ なるものとする．a. e. $C\in\zeta$ に対し，$\xi_n\cap C$ は C の有限分割であって $\xi_n\cap C\nearrow\varepsilon(C)$．したがって 23° によって，$h(T,\xi_n)\nearrow h(T)$ かつ a. e. $C\in\zeta$ に対し $h(T_C,\xi_n\cap C)\nearrow h(T_C)$ である．ところが $(\xi_n\cap C)_{-\infty}^{-1}(T_C)$ は $(\xi_n)_{-\infty}^{-1}(T)$ の C への制限だから，

$$\begin{aligned}h(T_C,\xi_n\cap C)&=H(\xi_n\cap C\mid(\xi_n\cap C)_{-\infty}^{-1}(T_C))\\&=-\int_C\log P_C(\omega;\xi_n\mid(\xi_n)_{-\infty}^{-1}(T))dP_C(\omega)\end{aligned}$$

である．したがって

$$\int_{\Omega/\zeta}h(T_C,\xi_n\cap C)dP_\zeta(C)=h(T,\xi_n)$$

が成りたつ，$n\to\infty$ として 27° を得る． *qed*

6・28° すべての整数 n に対し

$$h(T^n)=|n|h(T)$$

が成りたつ．

証明 式 (6.9) により $h(T)=h(T^{-1})$ だから，$n>0$ のときに示せばよい．$H(\xi)<\infty$ なる任意の分割 ξ に対し

$$h(T^n,\xi)=\lim_{k\to\infty}\frac{1}{k}H(\xi_0^{k-1}(T^n))$$
$$\leq\lim_{k\to\infty}\frac{n}{nk}H(\xi_0^{nk-1}(T))$$
$$=nh(T,\xi)$$

が成りたつ．他方 $\eta=\xi_0^{n-1}(T)$ とおけば $H(\eta)<\infty$ であって

$$h(T^n,\eta)=\lim_{k\to\infty}\frac{1}{k}H(\eta_0^{k-1}(T^n))$$
$$=\lim_{k\to\infty}\frac{n}{nk}H(\xi_0^{nk-1}(T))$$
$$=nh(T,\xi)$$

が成りたつ．これら両関係から 28° が得られる． *qed*

28° の系としてつぎのことがわかる．

6・29° T が周期的であれば $h(T)=0$ である．

さていくつかの保測変換のエントロピーを計算してみよう．

例 6.1 Ω が有限個の点から成つていれば，T はいくつかの周期的な成分から成るので，$h(T)=0$ である．

例 6.2 例 1.1 の変換を考えよう．$\Omega=[0,1)$，P は普通の Lebesgue 測度，T はある $\alpha\in\Omega$ を固定して

$$T\omega=\omega+\alpha,\qquad \mathrm{mod}\ 1$$

である．もし α が有理数であれば，T は周期的となって $h(T)=0$ である．もし α が無理数であれば，部分区間への有限分割 ξ に対し $\xi_{-\infty}^{-1}=\varepsilon$ であることが容易にわかるので，このときも $h(T)=0$ である．

Bernoulli 変換，Markov 変換や二次元トーラスの群同型のエントロピーについては，それぞれの章を参照されたい．

6・3 エントロピー有限な分割の空間と生成分割

$(\Omega,\mathcal{F},P)$ を点測度を持たない Lebesgue 空間とする．Ω の可算可測分割の全体を Z_c，有限可測分割の全体を Z_f，エントロピーが有限な可測分割の全体を Z_ε で表わす．明らかに $Z_f\subset Z_\varepsilon\subset Z_c$ である．$Z_c\ni\xi=\{A_n;\ n\geq 1\}$ に対し，その元（正測度の）の個数を $N(\xi)$ で，分布を

$$d(\xi)=\{P(A_n);\ n\geq 1\}$$

で表わす．二つの可算分割 $\xi=\{A_n;\ n\geq 1\}$ と $\eta=\{B_n;\ n\geq 1\}$ に対し，もし $N(\xi)>N(\eta)$ であれば η に形式的に空集合を元としてつけ加えて元の個数をそろえて，分布の間の距離

$$d(\xi,\eta)=\sum_{n\geq 1}|P(A_n)-P(B_n)|$$

と分割の間の距離

$$D(\xi,\eta)=\sum_{n\geq 1}P(A_n\triangle B_n)$$

を定める．ただし，d や D を扱うさいには，分割をその元の番号づけもこめて考えているものとする．たとえば，分割 $\{A, A^c\}$ と $\{A^c, A\}$ は異なるものとするわけである．二つの可算分割 $\xi=\{A_n\}$ と $\eta=\{B_n\}$ に対し，その共通の細分 $\xi\vee\eta$ における元の番号づけは，たとえば $\{A_1\cap B_1,\ A_1\cap B_2,\ A_2\cap B_1, \cdots\}$ のように，つねに一定にしておく．そうすると明らかにつぎのことが成りたつ．

6・30°　(a)　d と D はともに距離である．

(b)　$d(\xi,\eta)\leq D(\xi,\eta)\leq 2.$

(c)　$\xi_1\vee\xi_2$ と $\eta_1\vee\eta_2$ において，細分をとる前に元の個数を合わせることにすれば，

$$D(\xi_1\vee\xi_2,\eta_1\vee\eta_2)\leq D(\xi_1,\eta_1)+D(\xi_2,\eta_2)$$
$$D(\xi_1,\eta_1)\leq D(\xi_1\vee\xi_2,\eta_1\vee\eta_2)$$

が成りたつ．d についても第二の式が成りたつ．

問 4　30° を証明せよ．

6・31°　任意の有限な $m>0$ を固定する．Z_f の部分空間 $Z_f^m=\{\xi;\ N(\xi)\leq m\}$ において，$H(\xi)$ は d-連続である．さらに任意の可測分割 ζ を固定して，$H(\xi\mid\zeta)$ は ξ の関数として Z_f^m において D-連続である．

証明　前半は明らか．後半を示そう．$\xi=\{A_1, \cdots, A_m\}$，$\eta=\{B_1, \cdots, B_m\}$ と関数 $\varphi(x)=-x\log x$ に対し

$$|H(\xi\mid\zeta)-H(\eta\mid\zeta)|$$
$$\leq\sum_{n=1}^{m}\int_{\Omega/\zeta}|\varphi(P_C(A_n))-\varphi(P_C(B_n))|dP_\zeta(C)$$

$$=\sum_{n=1}^{m}\int_{\{C;|P_c(A_n)-P_c(B_n)|<\delta\}}|\varphi(P_C(A_n))-\varphi(P_C(B_n))|dP_\zeta(C)$$

$$+\sum_{n=1}^{m}\int_{\{C;|P_c(A_n)-P_c(B_n)|\geq\delta\}}|\varphi(P_C(A_n))-\varphi(P_C(B_n))|dP_\zeta(C)$$

が成りたつ．φ は区間 $[0,1]$ で一様連続だから，第1項は δ を十分小さくとればいくらでも小さくできる．$[0,1]$ 上で $|\varphi(x)|\leq K$ とすれば，第2項は

$$\frac{2K}{\delta}\sum_{n=1}^{m}\int_{\Omega/\zeta}|P_C(A_n)-P_C(B_n)|dP_\zeta(C)\leq\frac{2K}{\delta}D(\xi,\eta)$$

を越えない． *qed*

問 5 $H(\xi)$ は Z_f では D-連続でない，したがって d-連続でもない．このことを示す例をあげよ．

$Z_e\ni\xi,\ \eta$ に対し

$$\rho(\xi,\eta)=H(\xi\mid\eta)+H(\eta\mid\xi)$$

とおけば，ρ は Z_e の距離である．

問 6 上のことを示せ．

6・32° 任意の正整数 m を固定すれば，$\rho(\xi,\eta)$ は $(Z_f^m\times Z_f^m,\ D\times D)$ で連続である．

証明 $\xi,\ \eta\in Z_e$ に対し

$$\rho(\xi,\eta)=2H(\xi\vee\eta)-H(\xi)-H(\eta)$$

であり，写像 $(Z_c\times Z_c, D\times D)\ni(\xi,\eta)\to\xi\vee\eta\in(Z_c, D)$ は 30° (c) により連続だから，31° によって 32° を得る． *qed*

6・33° Z_f は (Z_c, D) と (Z_e,ρ) のそれぞれにおいて稠密である．

証明 $Z_c\ni\xi=\{A_n\}$ に対し，$\xi(n)=\{A_1,\cdots,A_{n-1},\bigcup_{k\geq n}A_k\}$ とおけば，$\xi(n)\nearrow\xi$ であって

$$D(\xi,\xi(n))=2\sum_{k\geq n+1}P(A_k)\to 0,\qquad n\to\infty$$

である．また $\xi\in Z_e$ であれば

$$\rho(\xi,\xi(n))=H(\xi\mid\xi(n))\to H(\xi\mid\xi)=0,\qquad n\to\infty$$

が成りたつ． *qed*

6・34° 可測分割の列 $\xi_n,\ n>1$，が $\xi_n\nearrow\varepsilon$ をみたすとせよ．集合 $Z'=\{\xi\in Z_f;$ ある $n\geq1$ に対し $\xi\leq\xi_n\}$ は (Z_c, D) と (Z_e,ρ) のそれぞれにおいて稠密

である.

証明 33°により，任意の$\eta\in Z_f$に対しηを近似する列がZ'にあることを示せばよい．$\xi_n\nearrow\varepsilon$により，$N(\eta_n)=N(\eta)$なる$\eta_n\in Z'$で$D(\eta_n,\eta)\to 0$をみたすものがあることは明らかであろう．このとき32°により，$\rho(\eta_n,\eta)\to 0$でもある． *qed*

6·35° (Z_c, D), (Z_c, d), (Z_e, ρ)はそれぞれ完備で可分な距離空間である.

証明 $\xi_n\nearrow\varepsilon$なる有限分割の列をとり，それに対する34°のZ'を定めれば，Z'は可算集合でいずれの空間においても稠密である.

(Z_c, d)の完備性: 基本列$\{\xi_n\}$をとる．$\xi_n=\{A_k^n; k\geq 1\}$とし，$\{P(A_k^n); k\geq 1\}$，$n\geq 1$，をl^1の列と考えれば，l^1は完備だから

$$\lim_{n\to\infty}\sum_{k\geq 1}|P(A_k^n)-p_k|=0$$

なる$\{p_k\}\in l^1$がある．$\{p_k\}$は明らかに確率ベクトルである．分布が$\{p_k\}$に従う任意の$\xi\in Z_c$をとれば，

$$\lim_{n\to\infty} d(\xi_n,\xi)=0$$

が成りたつ.

(Z_c, D)の完備性: 基本列$\{\xi_n\}$をとり，$\xi_n=\{A_k^n\}$とする．或る部分列が極限を持てば，$\{\xi_n\}$もその極限に収束するから，

$$\sum_n D(\xi_n,\xi_{n+1})<\infty$$

と仮定してよい.

$$P(A\triangle B)=\int_\Omega |1_A(\omega)-1_B(\omega)|dP$$

であって$L^1(\Omega)$は完備だから，各kに対し

$$\lim_{n\to\infty}\int_\Omega |1_{A_k^n}(\omega)-f_k(\omega)|dP=0$$

なる$f_k\in L^1(\Omega)$が存在する．このときある部分列n'に対し$1_{A_k^{n'}}\to f_k$ a.e. だから，$A_k\in\mathcal{F}$があって$f_k=1_{A_k}$ a.e. である．記号を簡単にするために，$1_{A_k^n}\to 1_{A_k}$ a.e. と仮定すれば，$i\neq k$に対し

$$P(A_i\cap A_k)\leq P(A_i\triangle A_i^n)+P(A_k^n\triangle A_k)\to 0, \qquad n\to\infty$$

が成りたつ．さらに

$$\sum_{k\geq 1}\int_{\Omega}|1_{A_k}-1_{A_k^n}|dP=\sum_{k\geq 1}\int_{\Omega}|\sum_{m=n}^{\infty}(1_{A_k^{m+1}}-1_{A_k^m})|\,dP$$

$$\leq\sum_{m=n}^{\infty}D(\xi_{m+1},\xi_m)\to 0,\qquad n\to\infty \tag{6.10}$$

であって，かつ

$$|\sum_{k\geq 1}P(A_k)-1|\leq\sum_{k\geq 1}|P(A_k)-P(A_k^n)|$$

$$\leq\sum_{k\geq 1}\int_{\Omega}|1_{A_k}-1_{A_k^n}|dP\to 0,\qquad n\to\infty$$

が成りたつ．したがって，$\xi=\{A_k\}$ は Ω の可算分割を定める．また式(6.10)は $D(\xi_n,\xi)\to 0$ を意味する．

(Z_e,ρ) の完備性： 基本列 $\{\xi_n\}$ に対し，

$$\rho(\xi_n,\xi_{n+p})<2^{-n},\quad p>0,\quad n>0$$

が成りたつことを仮定してよい．求める極限が

$$\xi=\bigwedge_{k\geq 1}\bigvee_{n\geq k}\xi_n$$

で与えられることを示そう．6·1 節 13° により，$m>n$ に対し

$$H(\bigvee_{k\geq m}\xi_k\,|\bigvee_{k=n}^{m-1}\xi_k)$$

$$=H(\xi_m\,|\bigvee_{k=n}^{m-1}\xi_k)+H(\bigvee_{k\geq m+1}\xi_k\,|\bigvee_{k=n}^{m}\xi_k)$$

であるから，m について加えて

$$H(\bigvee_{k\geq n+1}\xi_k\,|\,\xi_n)=\sum_{m=n+1}^{\infty}H(\xi_m\,|\bigvee_{k=n}^{m-1}\xi_k)$$

$$\leq\sum_{m=n+1}^{\infty}H(\xi_m\,|\,\xi_{m-1})$$

を得る．さて $\xi\leq\bigvee_{n+1}^{\infty}\xi_k$ かつ

$$H(\xi_m\,|\,\xi_{m-1})\leq\rho(\xi_m,\xi_{m-1})\leq 2^{-(m-1)}$$

だから，すべての n に対し

$$H(\xi\,|\,\xi_n)\leq\sum_{m=n+1}^{\infty}2^{-(m-1)}=2^{-(n-1)} \tag{6.11}$$

が成りたつ．したがって

$$H(\xi)\leq H(\xi_1)+H(\xi\mid\xi_1)\leq H(\xi_1)+1<\infty$$

である．他方 $\bigvee_m^\infty \xi_k \searrow \xi$ だから，14° により

$$H(\xi_n\mid\bigvee_m^\infty \xi_k)\nearrow H(\xi_n\mid\xi)$$

である．ゆえに十分大きい m に対し

$$H(\xi_n\mid\xi)\leq H(\xi_n\mid\bigvee_m^\infty \xi_k)+2^{-n}$$
$$\leq H(\xi_n\mid\xi_m)+2^{-n}$$

が成りたつ．$m>n$ に対し

$$H(\xi_n\mid\xi_m)\leq\rho(\xi_n,\xi_m)<2^{-n}$$

だから，式 (6.11) と合わせて $\rho(\xi_n,\xi)<2^{-(n-2)}$ を得る． *qed*

6・36° $\xi,\eta\in Z_e$ とせよ．任意の可測分割 ζ に対し

$$|H(\xi\mid\zeta)-H(\eta\mid\zeta)|\leq\rho(\xi,\eta)$$

が成りたつ．さらに $\zeta\in Z_e$ であれば，

$$|H(\xi\mid\eta)-H(\xi\mid\zeta)|\leq\rho(\eta,\zeta)$$

が成りたつ．したがって，$H(\xi)$ は (Z_e,ρ) で連続，$H(\xi\mid\eta)$ は $(Z_e\times Z_e,\rho\times\rho)$ で連続である．

証明 初めの不等式は関係

$$H(\xi\mid\zeta)-H(\eta\mid\zeta)\leq H(\xi\vee\eta\mid\zeta)-H(\eta\mid\zeta)$$
$$=H(\xi\mid\eta\vee\zeta)\leq H(\xi\mid\eta)$$

より出る．後の不等式は関係

$$H(\xi\mid\eta)-H(\xi\mid\zeta)\leq H(\xi\vee\zeta\mid\eta)-H(\xi\mid\eta\vee\zeta)$$
$$=H(\zeta\mid\eta)$$

から従う． *qed*

6・37° Ω 上の保測変換 T と $\xi,\eta\in Z_e$ に対し

$$|h(T,\xi)-h(T,\eta)|\leq\rho(\xi,\eta) \tag{6.12}$$

が成りたつ．したがって $h(T,\xi)$ は (Z_f^m,D) で連続である．さらに $h(T,\xi)$ は (Z_e,D) で下半連続である．

証明 $\xi_0^n=\bigvee_0^n T^k\xi$ と η_0^n に対し，36° により

$$|H(\xi_0^n)-H(\eta_0^n)|\leq\rho(\xi_0^n,\eta_0^n) \tag{6.13}$$

である．ところが

$$H(\xi_0^n \mid \eta_0^n) \leq \sum_{k=0}^{n} H(T^k\xi \mid \eta_0^n) \leq (n+1)H(\xi \mid \eta)$$

したがって

$$\rho(\xi_0^n, \eta_0^n) \leq (n+1)\rho(\xi, \eta)$$

が成りたつ．ゆえに式 (6.13) と合わせて，18° により式 (6.12) が得られる．$h(T,\xi)$ の (Z_f^m, D) での連続性は式 (6.12) と 32° による．$h(T,\xi)$ の (Z_e, D) での下半連続性を示そう，$\xi \in Z_e$ に対し，33° の証明で用いた有限分割の列 $\{\xi(n)\}$ をとれば，任意の $\delta>0$ に対し式 (6.12) により $n>0$ があって

$$h(T,\xi) - \frac{\delta}{2} < h(T, \xi(n))$$

が成りたつ．$h(T,\cdot)$ は (Z_f^n, D) で連続だから，$\delta'>0$ があって，$\eta' \in Z_f^n$ が $D(\eta', \xi(n)) < \delta'$ をみたせば

$$|h(T,\xi(n)) - h(T,\eta')| < \frac{\delta}{2}$$

が成りたつ．この δ' に対し，$\eta \in Z_e$ が $D(\eta, \xi) < \delta'$ をみたせば，$D(\eta(n), \xi(n)) < \delta'$ でありしたがって

$$|h(T,\xi(n)) - h(T,\eta(n))| < \frac{\delta}{2}$$

である．ゆえに

$$h(T,\xi) - \delta < h(T,\xi(n)) - \frac{\delta}{2}$$
$$< h(T,\eta(n)) \leq h(T,\eta)$$

を得る．　qed

定理 6・3　ξ と η を可測分割とし，$\xi \geq \eta$ を仮定する．もし a. e. $B \in \eta$ に対し $\xi \cap B$ が B の可算分割 (a. e.) であれば，Ω の可算分割 ζ があって

$$\xi = \eta \vee \zeta$$

をみたす．さらに $H(\xi \mid \eta) < \infty$ であれば，ζ を Z_e の中から

$$H(\zeta) < H(\xi \mid \eta) + 3\sqrt{H(\xi \mid \eta)}$$

をみたすように選ぶことができる．

証明　商空間 Ω/ξ を Ω と思うことによって，初めから $\xi = \varepsilon$ と仮定してよい．

a.e. $B\in\eta$ は可算個の点から成る (a.e.)：

$$B=\{\omega_1^B, \omega_2^B, \cdots\}\cup B_0$$

ここに

$$P_B(\omega_1^B)\geq P_B(\omega_2^B)\geq\cdots, \qquad P_B(B_0)=0.$$

最大の測度を持つ ω_i^B の一つ── ω_1^B と名づけよう──を適当に選んで, $C_1=\{\omega_1^B; B\in\eta\}$ が可測であるようにできる（詳しくは Rohlin [28] を参照）. つぎに Ω の代わりに $\Omega\setminus C_1$ を考えて, 上と同様にして C_2 を定める. 以下同様にして帰納的に C_n を定める. 条件つき測度の定義から $P(\bigcup_1^\infty C_n)=1$ となり, 可測分割 $\zeta=\{C_n; n\geq 1\}$ が定まる. 明らかに $\varepsilon=\eta\vee\zeta$ であり, 定め方から a.e. $B\in\eta$ に対し

$$P_B(C_1)\geq P_B(C_2)\geq\cdots$$

である.

つぎに $H(\varepsilon\,|\,\eta)<\infty$ を仮定する. このとき定理の前半の条件がみたされ, 上記の分割 ζ が存在する. さて

$$m_n(B)=P_B(C_n)$$

$$m_n=P(C_n)=\int_{\Omega/\eta} m_n(B)dP_\eta$$

とおけば, $m_n(B)\searrow$ かつ $\sum_n m_n(B)=1$ だから $m_n(B)\leq 1/n$ である. したがって $-\log m_n(B)\geq\log n$ であって

$$H(\varepsilon\,|\,\eta)=-\sum_{n=1}^\infty\int_{\Omega/\eta} m_n(B)\log m_n(B)dP_\eta$$

$$\geq\sum_{n=1}^\infty m_n\log n$$

が成りたつ. 任意の実数 $s>1$ に対し

$$\zeta(s)=\sum_{n=1}^\infty\frac{1}{n^s}, \qquad p_n=\frac{1}{n^s\zeta(s)}$$

とおく. $\sum_n p_n=1$ だから, 関数 $x\log x$ が凸であることにより

$$\sum_{n=1}^\infty m_n\log\frac{m_n}{p_n}\geq 0$$

が成りたつ. したがって

$$H(\zeta)=-\sum_{n=1}^{\infty}m_n\log m_n\leq-\sum_{n=1}^{\infty}m_n\log p_n$$
$$=\sum_{n=1}^{\infty}m_n\{\log\zeta(s)+s\log n\}$$
$$\leq\log\zeta(s)+sH(\varepsilon\mid\eta)<\infty \tag{6.14}$$

を得る．さらに

$$\zeta(s)<1+\int_1^{\infty}t^{-s}dt=1+\frac{1}{s-1}$$

だから，$\log\zeta(s)<2/(s-1)$ であって，式 (6.14) に $s=1+(H(\varepsilon\mid\eta))^{-1/2}$ を代入すれば，$H(\zeta)$ の評価式が得られる． *qed*

可測分割 ξ と可測集合 B に対し，$A\cap B$, $A\in\xi$, および B^c を元とする可測分割を $\xi\vee B$ で表わす．$\xi\vee B\leq\xi\vee\{B,B^c\}$ だから，$\xi\in Z_e$ であれば $\xi\vee B\in Z_e$ である．

6・38° $\xi\in Z_e$ であれば，任意の $\delta>0$ に対し $\delta'>0$ があって，$P(B)<\delta'$ なる任意の B に対し $H(\xi\vee B)<\delta$ が成りたつ．

証明 $\xi=\{A_n;\,n\geq1\}$ とする．$m>0$ を

$$-\sum_{n>m}P(A_n)\log P(A_n)<\frac{\delta}{3}$$

かつ $n>m$ に対し $P(A_n)<1/e$ をみたす十分大きい整数とする．δ' を $0<t<\delta'$ のとき

$$-mt\log t<\frac{\delta}{3},\qquad -\log(1-t)<\frac{\delta}{3}$$

が成りたつような正数とする．$P(B)<\delta'$ であれば

$$H(\xi\vee B)=-P(B^c)\log P(B^c)-\sum_n P(A_n\cap B)\log P(A_n\cap B)$$
$$<\frac{2\delta}{3}-\sum_{n=1}^{m}P(A_n\cap B)\log P(A_n\cap B)$$
$$<\delta$$

が成りたつ． *qed*

6・39° 保測変換 T は周期点を持たずかつ $h(T)<\infty$ であるとせよ．このとき任意の分割 ξ, $\eta\in Z_e$ と任意の $\delta>0$ に対し，$\zeta\in Z_e$ があって $\xi_{-\infty}^{\infty}\leq\zeta_{-\infty}^{\infty}$ かつ

$$H(\zeta \mid \eta_0^\infty) < h(T) - h(T, \eta) + \delta$$

をみたす．

証明　n を十分大きくとって，

$$\frac{1}{n} H((\xi \vee \eta)_0^{n-1}) - h(T, \xi \vee \eta) < \frac{\delta}{3}$$

かつ $0 < t < 1/n$ に対し

$$-t \log t - (1-t) \log (1-t) < \frac{\delta}{3}$$

が成りたつようにする．ξ と $\delta/3$ に対する 38° の $\delta' > 0$ をとる： $P(B) < \delta'$ ならば $H(\xi \vee B) < \delta/3$ である．定理 4·3 によって，$C \in \mathfrak{F}$ があって $C, T^{-1}C, \cdots, T^{-n+1}C$ は互いに交わらずかつ

$$D = \Omega \setminus \bigcup_0^{n-1} T^{-k}C, \qquad P(D) < \delta'$$

が成りたつ．分割 $\gamma = \{C, T^{-1}C, \cdots, T^{-n+1}C, D\}$ を定めれば，

$$\begin{aligned}
&\sum_{k=0}^{n-1} H((\xi \vee \eta)_0^{n-1} \vee T^{-k}C \mid \eta_0^{n-1} \vee T^{-k}C) \\
&\quad = \sum_{k=0}^{n-1} \{H((\xi \vee \eta)_0^{n-1} \vee T^{-k}C) - H(\eta_0^{n-1} \vee T^{-k}C)\} \\
&\quad = H((\xi \vee \eta)_0^{n-1} \vee \gamma) - H((\xi \vee \eta)_0^{n-1} \vee D) - H(\eta_0^{n-1} \vee \gamma) + H(\eta_0^{n-1} \vee D)
\end{aligned}$$

が成りたつ．左辺の少なくとも 1 項は右辺の $1/n$ 以下であるが，その項は $k=0$ であるとしてよい．なぜなら，その項が $k=j$ であれば，$T^{-j}C$ を改めて C と思えばよいから．さて

$$\begin{aligned}
&H((\xi \vee \eta)_0^{n-1} \vee \gamma) - H(\eta_0^{n-1} \vee \gamma) \\
&\quad = H((\xi \vee \eta)_0^{n-1} \mid \eta_0^{n-1} \vee \gamma) \\
&\quad \leq H((\xi \vee \eta)_0^{n-1} \mid \eta_0^{n-1}) = H((\xi \vee \eta)_0^{n-1}) - H(\eta_0^{n-1})
\end{aligned}$$

かつ

$$H((\xi \vee \eta)_0^{n-1} \vee D) - H(\eta_0^{n-1} \vee D) \geq 0$$

であり，さらに

$$\frac{1}{n} H((\xi \vee \eta)_0^{n-1}) < h(T, \xi \vee \eta) + \frac{\delta}{3} \leq h(T) + \frac{\delta}{3}$$

かつ

$$h(T,\eta)\leq\frac{1}{n}H(\eta_0^{n-1})$$

が成りたつ．したがって

$$H((\xi\vee\eta)_0^{n-1}\vee C\mid\eta_0^{n-1}\vee C)<h(T)-h(T,\eta)+\frac{\delta}{3}$$

を得る．$\gamma_0=\{C,C^c\}$ とおけば，$P(C)<1/n$ だから $H(\gamma_0)<\delta/3$ であって，$\eta_0^{n-1}\vee C\leq\eta_0^{n-1}\vee\gamma_0$ である，したがって

$$\begin{aligned}H(\xi_0^{n-1}\vee C\mid\eta_0^{\infty})&\leq H((\xi\vee\eta)_0^{n-1}\vee C\vee\gamma_0\mid\eta_0^{n-1})\\&\leq H((\xi\vee\eta)_0^{n-1}\vee C\mid\eta_0^{n-1}\vee\gamma_0)+H(\gamma_0)\\&\leq H((\xi\vee\eta)_0^{n-1}\vee C\mid\eta_0^{n-1}\vee C)+H(\gamma_0)\\&<h(T)-h(T,\eta)+\frac{2\delta}{3}\end{aligned}$$

を得る．

求める分割が $\zeta=(\xi_0^{n-1}\vee C)\vee(\xi\vee D)$ で与えられることを示そう．実際，$P(D)<\delta'$ だから $H(\xi\vee D)<\delta/3$ であって，

$$\begin{aligned}H(\zeta\mid\eta_0^{\infty})&\leq H(\xi_0^{n-1}\vee C\mid\eta_0^{\infty})+H(\xi\vee D)\\&<h(T)-h(T,\eta)+\delta\end{aligned}$$

が成りたつ．他方

$$\begin{aligned}\xi\leq\xi\vee\gamma&=(\xi\vee D)\vee\bigvee_0^{n-1}(\xi\vee T^{-k}C)\\&\leq(\xi\vee D)\vee\bigvee_0^{n-1}T^{-k}(\xi_0^{n-1}\vee C)\\&\leq\bigvee_0^{n-1}T^{-k}\zeta\end{aligned}$$

だから，$\xi_{-\infty}^{\infty}\leq\zeta_{-\infty}^{\infty}$ を得る． *qed*

定理 6・4（生成分割の存在定理） 保測変換 T が周期点を持たずかつ $h(T)<\infty$ であれば，

$$\xi_{-\infty}^{\infty}(T)=\bigvee_{-\infty}^{\infty}T^n\xi=\varepsilon \tag{6.15}$$

をみたす分割 $\xi\in Z_e$ が存在する．詳しくは，このような T と $0<\delta<4$ に対し，$\xi'\in Z_e$ が

$$h(T)-h(T,\xi')<\frac{\delta^2}{2^6}$$

をみたせば，式(6.15)をみたす$\xi\in Z_e$が$\rho(\xi,\xi')<\delta$の範囲に存在する．

一般に式(6.15)をみたす可測分割ξを$\boldsymbol{T}$**の生成分割**(generator)と呼ぶ．

証明 $\{\xi_n\}\subset Z_e$を$\xi_0=\xi'$, $\xi_n\nearrow\varepsilon$かつ

$$h(T)-h(T,\xi_n)<\delta^2 2^{-2n-6},\qquad n\geq 0$$

なるものとせよ．39°によって

$$(\eta_n)_{-\infty}^{\infty}\geq(\xi_n)_{-\infty}^{\infty},\quad H(\eta_n\,|\,(\xi_{n-1})_{-\infty}^{\infty})<\delta^2 2^{-2n-4},\quad n\geq 1$$

をみたす分割の列$\{\eta_n\}\subset Z_e$が存在する．定理6・3を各nにおいて$(\xi_{n-1})_{-\infty}^{\infty}\vee\eta_n$と$(\xi_{n-1})_{-\infty}^{\infty}$に適用すれば，

$$(\xi_{n-1})_{-\infty}^{\infty}\vee\eta_n=(\xi_{n-1})_{-\infty}^{\infty}\vee\zeta_n,\quad H(\zeta_n)<\delta\,2^{-n},\quad n\geq 1$$

をみたす分割の列$\{\zeta_n\}$が存在することがわかる．ここで，$\xi=\xi'\vee\bigvee_1^{\infty}\zeta_n$とおけば

$$(\xi_{n-1}\vee\zeta_n)_{-\infty}^{\infty}=(\xi_{n-1}\vee\eta_n)_{-\infty}^{\infty}\geq(\xi_n)_{-\infty}^{\infty}$$

だから，任意の$m>0$に対し

$$(\xi'\vee\bigvee_1^{m}\zeta_n)_{-\infty}^{\infty}\geq(\xi_m)_{-\infty}^{\infty}$$

が成りたち，$\xi_{-\infty}^{\infty}=\varepsilon$を得る．また

$$\rho(\xi,\xi')\leq H(\bigvee_1^{\infty}\zeta_n)\leq\sum_1^{\infty}H(\zeta_n)<\delta \tag{6.16}$$

が成りたつ．式(6.16)は$\xi\in Z_e$をも意味する． *qed*

注意 定理6・4はKrieger [20]によって，つぎのように精密化されている：エルゴード的な保測変換Tに対し，

$$2^{h(T)}\leq k\leq 2^{h(T)}+1$$

なるk個の集合から成る生成分割が存在する．

6・40° Tは点測度を持たないLebesgue空間上の保測変換で$h(T)<\infty$とする．このとき任意の$0\leq h\leq h(T)$に対し$h(T,\xi)=h$をみたす$\xi\in Z_e$が存在する．

証明 $h=h(T)$の場合は定理6・4と定理6・2による．$h<h(T)$であれば，有限分割$\eta=\{B_1,\cdots,B_m\}$があって$h(T,\eta)>h$である．他方，点測度がないことにより，単調増大な集合族$\{A_t;\,0\leq t\leq 1\}\subset\mathcal{F}$があって，$P(A_t)$は$t$につ

いて連続かつ単調増大で

$$P(A_0)=0, \qquad P(A_1)=1$$

をみたす．したがって分割

$$\eta_{k,t}=\{B_1, \cdots, B_{k-1}, B_k \cap A_t, (B_1 \cup \cdots \cup B_{k-1} \cup (B_k \cap A_t))^c\}$$

を定めれば，$h(T, \eta_{k,t})$ は t について連続で

$$h(T, \eta_{k,0})=h(T, \eta_{k-1,1}), \qquad 1 \leq k \leq m$$

である．これらの t-関数の値域は全体として区間 $[0, h(T, \eta)]$ を含むから，$h(T, \eta_{k,t})=h$ をみたす k と t が存在する． qed∎

6・4 Shannon-McMillan の定理

6・2 節 18° において，エントロピーが有限な可測分割 ξ に対して

$$\lim_{n\to\infty} \frac{1}{n} H(\xi_0^{n-1}(T))=h(T, \xi)$$

が成りたつことを示したが，これを精密化したものが，つぎに述べる Shannon-McMillan の定理である．**エントロピー密度**と呼ばれる非負関数

$$I(\omega; \xi)=-\log P(\omega; \xi)$$
$$I(\omega; \xi \mid \zeta)=-\log P(\omega; \xi \mid \zeta)$$

を定義する．$H(\xi)<\infty$ であれば，$I(\omega; \xi \mid \xi_{-\infty}^{-1})$ は可積分であるが，それに対するエルゴード定理による極限関数を

$$h_\xi(\omega)=\lim_{n\to\infty} \frac{1}{n} \sum_{k=0}^{n-1} I(T^{-k}\omega; \xi \mid \xi_{-\infty}^{-1}) \qquad \text{a.e.}$$

とおく．T がエルゴード的であれば，

$$h_\xi(\omega)=h(T, \xi) \qquad \text{a.e.}$$

である．

定理 6・5 (Shannon-McMillan の定理) $H(\xi)<\infty$ であれば，a.e. 収束かつ L^1 収束で

$$\lim_{n\to\infty} \frac{1}{n} I(\omega; \xi_0^{n-1}(T))=h_\xi(\omega)$$

が成りたつ．特に T がエルゴード的であれば，a.e. 収束かつ L^1 収束で

$$\lim_{n\to\infty} \frac{1}{n} I(\omega; \xi_0^{n-1}(T))=h(T, \xi)$$

が成りたつ.

証明のために，つぎのことを準備しよう.

6·41° ξ を $H(\xi)<\infty$ なる可算分割，$\{\zeta_n\}$ を単調増大な可測分割の列とすれば，

$$\int_{\Omega}\sup_n I(\omega;\xi\mid\zeta_n)dP\leq H(\xi)+\frac{1}{\log_e 2}$$

が成りたつ.

証明 関数

$$f(\omega)=\sup_n I(\omega;\xi\mid\zeta_n),\qquad \omega\in\Omega$$

$$F(a)=P(\{\omega;f(\omega)>a\}),\qquad 0\leq a<\infty$$

を定めれば，

$$\int_{\Omega}f(\omega)dP=\int_0^{\infty}F(a)da$$

が成りたつ．ところで

$$I(\omega;\xi\mid\zeta_n)=-\sum_{A\in\xi}1_A(\omega)\log P(A\mid\zeta_n;\omega)$$

であることに注意すれば，

$$\begin{aligned}F(a)&=P(\{\omega;\sup_n I(\omega;\xi\mid\zeta_n)>a\})\\&=\sum_{A\in\xi}P(A\cap\{\omega;\inf_n P(A\mid\zeta_n;\omega)<2^{-a}\})\end{aligned}$$

であることがわかる．そこで

$$B_n=\{\omega;P(A\mid\zeta_n;\omega)<2^{-a},\ P(A\mid\zeta_k;\omega)\geq 2^{-a},\ k<n\}$$

とおけば，$B_n\in\mathcal{F}(\zeta_n)$ だから

$$\begin{aligned}&P(A\cap\{\omega;\inf_n P(A\mid\zeta_n;\omega)<2^{-a}\})\\&=\sum_{n=1}^{\infty}P(A\cap B_n)=\sum_{n=1}^{\infty}\int_{B_n}P(A\mid\zeta_n;\omega)dP\\&\leq\sum_{n=1}^{\infty}2^{-a}P(B_n)\leq 2^{-a}\end{aligned}$$

が成りたつ．したがって

$$F(a)\leq\sum_{A\in\xi}\min\{P(A),2^{-a}\}$$

である．ゆえに

$$
\begin{aligned}
\int_{\Omega} f(\omega)dP &= \int_0^{\infty} F(a)da \\
&\leq \sum_{A\in\xi} \int_0^{\infty} \min\{P(A), 2^{-a}\} da \\
&= \sum_{A\in\xi} \left\{ -P(A)\log P(A) + \frac{1}{\log_e 2} P(A) \right\} \\
&= H(\xi) + \frac{1}{\log_e 2}
\end{aligned}
$$

を得る. *qed*

定理 6・5 の証明 一般に可算分割 η と ζ に対し

$$P(\omega;\ \eta\vee\zeta) = P(\omega;\ \eta)P(\omega;\ \zeta\mid\eta) \qquad \text{a. e.}$$

が成りたつので, $k\geq 1$ に対し

$$
\begin{aligned}
P(\omega;\ \xi_0^k) &= P(\omega;\ \xi_0^{k-1})P(\omega;\ T^k\xi \mid \xi_0^{k-1}) \\
&= P(\omega;\ \xi_0^{k-1})P(T^{-k}\omega;\ \xi \mid \xi_{-k}^{-1}) \qquad \text{a. e.}
\end{aligned}
$$

である. したがって,

$$f_k(\omega) = I(\omega;\ \xi \mid \xi_{-k}^{-1}), \quad k\geq 1, \quad f(\omega) = I(\omega;\ \xi \mid \xi_{-\infty}^{-1})$$

とおけば

$$I(\omega;\ \xi_0^{n-1}) = I(\omega;\ \xi) + \sum_{k=1}^{n-1} f_k(T^{-k}\omega) \qquad \text{a. e.}$$

が成りたち, 他方条件つき確率の収束に関する Doob の定理 (1・1 節参照) によって

$$\lim_{k\to\infty} f_k(\omega) = f(\omega) \qquad \text{a. e.}$$

が成りたつ. さて

$$\frac{1}{n}\sum_{k=1}^{n-1} f_k(T^{-k}\omega) = \frac{1}{n}\sum_{k=1}^{n-1} f(T^{-k}\omega) + \frac{1}{n}\sum_{k=1}^{n-1} (f_k(T^{-k}\omega) - f(T^{-k}\omega))$$

において, 第1項はエルゴード定理により $h_\xi(\omega)$ に a. e. 収束および L^1 収束をする. 第2項が0に収束することをいうために,

$$g_N(\omega) = \sup_{k\geq N} |f_k(\omega) - f(\omega)|, \qquad N\geq 1$$

とおこう. $g_N(\omega)\to 0$ a. e. である. さらに

$$g_N(\omega) \leq f(\omega) + \sup_k f_k(\omega), \qquad N\geq 1$$

であって，41° により $\sup f_k \in L^1$ だから，$E\{g_N\}$ も0に収束する．ところで

$$\overline{\lim_{n\to\infty}}\frac{1}{n}\sum_{k=1}^{n-1}\int_\Omega |f_k(T^{-k}\omega)-f(T^{-k}\omega)|dP \le \int_\Omega g_N dP$$

がすべての N に対して成りたつから，$N\to\infty$ として，L^1 収束が示された．

さて g_N に対するエルゴード定理による極限関数を

$$g_N^*(\omega)=\lim_{n\to\infty}\frac{1}{n}\sum_{k=0}^{n-1}g_N(T^{-k}\omega) \qquad \text{a.e.}$$

とおけば，

$$\overline{\lim_{n\to\infty}}\frac{1}{n}\sum_{k=1}^{n-1}|f_k(T^{-k}\omega)-f(T^{-k}\omega)|$$
$$\le \overline{\lim_{n\to\infty}}\frac{1}{n}\sum_{k=1}^{n-1}g_N(T^{-k}\omega)=g_N^*(\omega) \quad \text{a.e.} \quad N\ge 1, \tag{6.17}$$

が成りたつ．$g_N^*(\omega)$ は N について単調減少で，$E\{g_N^*\}=E\{g_N\}\to 0$ だから，$g_N^*(\omega)\to 0$ a.e. である．したがって，式 (6.17) で $N\to\infty$ として a.e. 収束も示された． *qed*

この定理の系として，つぎのことが直ちに導かれる．

定理 6･6 保測変換 T はエルゴード的であり，可測分割 ξ は有限なエントロピーを持つとせよ．任意に $\varepsilon>0$ と $\delta>0$ が与えられたとき，十分大きいすべての n に対し，つぎの二条件をみたす $X_n\in\mathcal{F}(\xi_0^{n-1})$ が存在する：

(i) $P(X_n)>1-\varepsilon$

(ii) $\omega\in X_n$ に対し

$$2^{-n(h(T,\xi)+\delta)}<P(\omega;\xi_0^{n-1})<2^{-n(h(T,\xi)-\delta)}$$

が成りたつ．

注意 符号化の理論などに Shannon-McMillan の定理を応用するときは，定理 6･5 よりもその系である定理 6･6 の形で用いられることが多いので，定理 6･6 を Shannon-McMillan の定理という名で引用することがしばしばある．

6･5 流れのエントロピー

$\{T_t; t\in\boldsymbol{R}^1\}$ を Lebesgue 空間 $(\Omega, \mathcal{F}, P)$ 上の流れとしよう．t を固定して保測変換 T_t を考えれば，そのエントロピー $h(T_t)$ が定義される．6･2 節の 28° によれば，任意の実数 t と有理数 r に対し

$$h(T_{rt})=|r|h(T_t) \tag{6.18}$$

が成りたつ．この関係が r を実数としても成りたつことを主張するのがつぎの定理である．

定理 6・7　すべての $t\in\boldsymbol{R}^1$ に対し

$$h(T_t)=|t|h(T_1)$$

が成りたつ．

証明のために少し準備をする．

6・42°　任意の可測分割 $\xi_1,\cdots,\xi_n,\eta_1,\cdots,\eta_n$ に対して

$$H(\bigvee_{k=1}^{n}\xi_k)\leq H(\bigvee_{k=1}^{n}\eta_k)+\sum_{k=1}^{n}H(\xi_k\mid\eta_k)$$

が成りたつ．

問 7　上のことを示せ．

6・43°　任意の有限分割 ξ に対し，$H(T_t\xi\mid\xi)$ は t について連続である．

問 8　上のことを証明せよ．

6・44°　任意の有限分割 ξ に対し，

$$\sup_{t\neq 0}\frac{1}{|t|}h(T_t,\xi)=\lim_{t\to 0}\frac{1}{|t|}h(T_t,\xi)$$

が成りたつ．

証明　6・2 節 18° によれば

$$h(T_t,\xi)=h(T_{-t},\xi)$$

だから $t>0$ の範囲で考えてよい．任意の $t>0$ を固定する．43° によって，任意の $\varepsilon>0$ に対し $\delta>0$ があって，$|s|<\delta$ ならば $H(T_s\xi\mid\xi)<\varepsilon$ である．$0<s<\min(\delta/2,\ t)$ なる s をとり，各整数 $k\geq 0$ に対し

$$|kt-m_ks|<\delta$$

なる整数 $m_k\geq 0$ を対応させる．42° により

$$\begin{aligned}H(\xi_0^{n-1}(T_t))&\leq H(\bigvee_{k=0}^{n-1}T_s^{m_k}\xi)+\sum_{k=0}^{n-1}H(T_t^k\xi\mid T_s^{m_k}\xi)\\&\leq H(\xi_0^{m_n-1}(T_s))+\sum_{k=0}^{n-1}H(T_{kt-m_ks}\xi\mid\xi)\\&<H(\xi_0^{m_n-1}(T_s))+n\varepsilon\end{aligned}$$

が成りたつ．両辺を tn で割り，$n\to\infty$ とすれば，$m_n/n\to t/s$ だから

$$\frac{1}{t}h(T_t,\xi)\leq\frac{1}{s}h(T_s,\xi)+\frac{\varepsilon}{t}$$

を得る．この不等式において，まず $s\to 0$ とし，つぎに $\varepsilon\to 0$ とし，最後に t についての上限をとれば，

$$\sup_{t>0}\frac{1}{t}h(T_t,\xi)\leq\varliminf_{s\to 0}\frac{1}{s}h(T_s,\xi)$$

が成りたつ．逆の不等式

$$\sup_{t>0}\frac{1}{t}h(T_t,\xi)\geq\varlimsup_{t\to 0}\frac{1}{t}h(T_t,\xi)$$

は常に成りたつ． *qed*

定理6·7の証明 いま

$$h=\sup\left\{\frac{1}{|t|}h(T_t,\xi);\ t\neq 0,\ \xi\in Z_f\right\}$$

とおけば，44° により

$$h=\sup_{\xi\in Z_f}\lim_{t\to 0}\frac{1}{|t|}h(T_t,\xi)\leq\varliminf_{t\to 0}\frac{1}{|t|}h(T_t)$$

である．他方

$$h=\sup_{t\neq 0}\sup_{\xi\in Z_f}\frac{1}{|t|}h(T_t,\xi)=\sup_{t\neq 0}\frac{1}{|t|}h(T_t)$$

だから，上のことと合わせて

$$h=\lim_{t\to 0}\frac{1}{|t|}h(T_t)$$

を得る．式(6.18)で $r=1/n$ とおいて，すべての $t\neq 0$ に対し

$$\frac{1}{|t|}h(T_t)=\lim_{n\to\infty}\frac{n}{|t|}h(T_{t/n})=h$$

である．これは定理の主張を意味する． *qed*

この定理によって，流れ $\{T_t\}$ のエントロピーを $h(T_1)$ で定義してよいことがわかる．

第7章　不変量の不完全性

第5章で，純点スペクトルを持つエルゴード的な流れに対しては，不変量スペクトルは完全であること，すなわちスペクトル同型であれば同型であることを証明した．しかし一般にはスペクトルが完全な不変量でないことを示す例が，安西[7]によって与えられている．また前章で不変量エントロピーを定義したが，スペクトルにエントロピーを加えても完全な不変量ではない例が，安西による例を用いて Adler[1]によって作られている．この章ではこれらの例を紹介して，スペクトルとエントロピーの不変量としての不完全性を示す．

7・1　斜　積　変　換

2・2節において流れの直積を定義した．保測変換の直積である直積変換も同様に定義される．直積変換よりももっと一般の斜積変換を定義しよう．$(X, \mathcal{F}_X, P_X)$ と $(Y, \mathcal{F}_Y, P_Y)$ をともに Lebesgue 空間とし，その直積測度空間を $(\Omega, \mathcal{F}, P)$ とする：

$$\Omega = X \times Y, \quad \mathcal{F} = \mathcal{F}_X \times \mathcal{F}_Y, \quad P = P_X \times P_Y.$$

さて X 上に保測変換 S が与えられ，また Y 上に保測変換の族 $\{R_x;\ x \in X\}$ が与えられて，条件

$$\{(x, y);\ R_x y \in A\},\ \{(x, y);\ R_x^{-1} y \in A\} \in \mathcal{F}, \quad A \in \mathcal{F}_Y \tag{7.1}$$

をみたしているとしよう．このとき変換

$$T(x, y) = (Sx, R_x y), \qquad (x, y) \in \Omega \tag{7.2}$$

を定義すると，T は $(\Omega, \mathcal{F}, P)$ 上の保測変換となることがわかる．実際，1対1であることは明らかであろう．逆変換は

$$T^{-1}(x, y) = (S^{-1}x, R_{S^{-1}x}^{-1} y)$$

で与えられる．可測性は条件 (7.1) によって保証される．$f \in L^1(X)$，$g \in L^1(Y)$ に対し，Fubini の定理によって

$$\iint_\Omega f(Sx) g(R_x y) dP(x, y) = \int_X f(Sx) \left\{ \int_Y g(R_x y) dP_Y(y) \right\} dP_X(x)$$

$$=\iint_{\Omega} f(x)g(y)dP(x,y)$$

が成りたつ．このような関数の一次結合は $L^1(\Omega)$ で稠密だから，T の保測性が示される．一般に式 (7.2) で定まる Ω 上の保測変換 T を斜積変換 (skew product transformation) と呼ぶ．すべての $x\in X$ に対し，R_x が一定 $R_x=R$ であれば，T は直積 $S\times R$ である．

いま特に，$Y=[0, 1)$，$P_Y=m$ は普通の Lebesgue 測度であるとしよう．α を X 上の Y 値可測関数とし，Y 上の変換

$$R_x y=y+\alpha(x), \quad \mathrm{mod}\ 1, \quad y\in Y, \quad x\in X$$

を定めれば，各 x に対し R_x は例 1.1 で与えられた保測変換である．$\{R_x; x\in X\}$ が条件 (7.1) をみたすことは明らかであろう．したがって，$\Omega=X\times[0,1)$ 上の保測変換

$$T(x,y)=(Sx, y+\alpha(x)), \qquad \mathrm{mod}\ 1 \tag{7.3}$$

が定まる．以後この形の斜積変換のみを考える．

7·1° 式 (7.3) の斜積変換 T において，S はエルゴード的と仮定する．T がエルゴード的であるための必要かつ十分な条件は，$p\neq 0$ に対し $p\alpha(x)$ が X 上の Y 値可測関数 θ によって

$$p\alpha(x)=\theta(x)-\theta(Sx), \qquad \mathrm{mod}\ 1 \tag{7.4}$$

の形に決して表わされないことである．

証明 十分性： T がエルゴード的でないと仮定して，式 (7.4) を導こう．定数でない不変関数 $f(x,y)\in L^2(\Omega)$ がある：

$$f(Sx, y+\alpha(x))=f(x,y).$$

これに対し $L^2(X)$ の関数

$$f_p(x)=\int_0^1 f(x,y)e^{-2\pi ipy}dy$$

を定義すれば，

$$f_p(Sx)=e^{-2\pi ip\alpha(x)}f_p(x) \tag{7.5}$$

が成りたつ．$p=0$ とすれば $f_0(Sx)=f_0(x)$ となり，S がエルゴード的だから f_0 は定数である．したがって $f_p=0$ でないような $p\neq 0$ が存在する．式 (7.5) により $|f_p(x)|$ は S-不変な関数だから定数であり，

$$f_p(x)=ce^{2\pi i\theta(x)} \qquad \text{a.e.}$$

の形をしていることがわかる．ここに $0\leq\theta(x)<1$ である．これを式(7.5)に代入して

$$\theta(Sx)=\theta(x)-p\alpha(x), \qquad \mathrm{mod}\ 1$$

すなわち式(7.4)が成りたつことがわかる．

必要性： ある $p\neq 0$ があって，式(7.4)が成りたてば，$\exp\{2\pi i(\theta(x)+py)\}$ は定数でなく不変関数であるので，T はエルゴード的でない． qed

7・2° 式(7.3)の斜積変換 T に対して

$$h(T)=h(S)$$

が成りたつ．

証明 定義より $h(T)\geq h(S)$ は明らかであろう．逆の不等式

$$h(T)\leq h(S)$$

を示そう．$\{\alpha_n\}$ を X の有限可測分割の列で $\alpha_n\nearrow\varepsilon_X$ なるものとし，Ω の可測分割

$$\xi_n=\alpha_n\times\nu_Y, \quad n\geq 1, \quad \xi=\bigvee_{n\geq 1}\xi_n$$

を定める．また区間 $Y=[0,1)$ の有限分割列 $\beta_k=\{[0,1/k),\ [1/k,2/k),\cdots,[(k-1)/k,1)\}$，$k\geq 1$，をとり，$\Omega$ の有限分割列

$$\eta_k=\nu_X\times\beta_k \qquad k\geq 1$$

を定める．可測分割 ξ は Ω の縦線への分割 $\xi=\{\{x\}\times Y;\ x\in X\}$ だから，条件つき測度は

$$P(A\,|\,\xi;(x,y))=m(A\cap(\{x\}\times Y)), \qquad A\in\mathcal{F}$$

で与えられる．また分割 $\bigvee_{i=0}^{p-1}T^i\eta_k$ は各線分 $\{x\}\times Y$ をたかだか pk 個の小線分に分割するので，6・5° によって

$$\lim_{n\to\infty}H(\bigvee_{i=0}^{p-1}T^i\eta_k\,|\,\xi_n)=H(\bigvee_{i=0}^{p-1}T^i\eta_k\,|\,\xi)\leq\log pk \tag{7.6}$$

を得る．他方

$$\frac{1}{pq}H(\bigvee_{i=0}^{pq-1}T^i(\xi_n\vee\eta_k))=\frac{1}{pq}H(\bigvee_{i=0}^{pq-1}T^i\xi_n)+\frac{1}{pq}H(\bigvee_{i=0}^{pq-1}T^i\eta_k\,|\bigvee_{i=0}^{pq-1}T^i\xi_n)$$

$$\leq \frac{1}{pq} H(\bigvee_{i=0}^{pq-1} S^i \alpha_n) + \frac{1}{pq} \sum_{j=0}^{q-1} H(T^{jp} \bigvee_{i=0}^{p-1} T^i \eta_k \mid \bigvee_{i=0}^{pq-1} T^i \xi_n)$$

$$\leq \frac{1}{pq} H(\bigvee_{i=0}^{pq-1} S^i \alpha_n) + \frac{1}{p} H(\bigvee_{i=0}^{p-1} T^i \eta_k \mid \xi_n)$$

が成りたつ．$q \to \infty$ として

$$h(T, \xi_n \vee \eta_k) \leq h(S, \alpha_n) + \frac{1}{p} H(\bigvee_{i=0}^{p-1} T^i \eta_k \mid \xi_n) \tag{7.7}$$

を得る．任意の $\delta > 0$ に対し

$$\frac{1}{p_k} \log k p_k < \frac{\delta}{2}, \qquad k \geq 1$$

をみたす列 $\{p_k\}$ をとり，式 (7.6) で $p = p_k$ とおけば

$$H(\bigvee_{i=0}^{p_k-1} T^i \eta_k \mid \xi_{n_k}) < \log k p_k + \frac{\delta}{2}, \qquad k \geq 1$$

をみたす増大列 $\{n_k\}$ がある．n_k と p_k を式 (7.7) に代入して

$$h(T, \xi_{n_k} \vee \eta_k) \leq h(S, \alpha_{n_k}) + \frac{1}{p_k}\left(\log k p_k + \frac{\delta}{2}\right)$$

$$\leq h(S, \alpha_{n_k}) + \delta$$

が成りたつ．$k \to \infty$ とすれば，$\xi_{n_k} \vee \eta_k = \alpha_{n_k} \times \beta_k \nearrow \varepsilon_\Omega$ だから

$$h(T) \leq h(S) + \delta$$

が得られる． *qed*

7・2 安西と Adler による例

前節で考察した斜積変換 (7.3) を，この節ではさらに特殊なものに限ろう．X も区間 $[0, 1)$ とし，P_X も普通の Lebesgue 測度 m とする．α を定数とし，

$$Sx = x + \alpha, \qquad \mathrm{mod}\ 1$$

$$\alpha(x) = nx, \qquad n \in \boldsymbol{Z}^1$$

と定める．すなわち $\Omega = [0, 1) \times [0, 1)$ とし，その上に普通の Lebesgue 測度 $P = m \times m$ をとり，保測変換の族

$$T_n(x, y) = (x + \alpha, y + nx), \quad \mathrm{mod}\ 1, \quad n \in \boldsymbol{Z}^1$$

を考える．ここで α は無理数と仮定する，したがって変換 S はエルゴード的である．T_n から導かれる $L^2(\Omega)$ のユニタリ作用素を

$$(U_n f)(x, y) = f(x+\alpha, y+nx), \qquad f \in L^2(\Omega)$$

とし*)，S から導かれる $L^2([0,1))$ のユニタリ作用素を

$$(Vf)(x) = f(x+\alpha), \qquad f \in L^2([0,1))$$

とする．$L^2(\Omega)$ の正規直交基底

$$\psi_{p,q}(x, y) = e^{2\pi i(px+qy)}, \qquad p, q \in \boldsymbol{Z}^1$$

をとり，各 q に対して $\{\psi_{p,q};\ p \in \boldsymbol{Z}^1\}$ の一次結合から張られる閉部分空間を H_q で表わす．このとき

$$U_n \psi_{p,q} = e^{2\pi i p\alpha} \psi_{p+nq,q} \tag{7.8}$$

が成りたつので，各 H_q は不変であって，

$$L^2(\Omega) = \sum_{-\infty}^{\infty} \oplus H_q$$

である．

7・3° $n \neq 0$ に対してつぎのことが成りたつ．

（i） U_n の H_0 への制限は V にユニタリ同値である．したがって U_n は H_0 で純点スペクトルを持つ．

（ii） $q \neq 0$ に対し，U_n は H_q で一様 Lebesgue スペクトルを持つ．したがって U_n は $\sum_{q \neq 0} \oplus H_q$ で無限重 Lebesgue スペクトルを持つ．

（iii） T_n はエルゴード的である．

（iv） すべての T_n，$n \neq 0$，は同じスペクトル構造を持つ．

証明 (i) は明らかである．(ii) を示そう．$q \neq 0$ を固定して，

$$|C_p| = 1, \qquad C_{p+nq} = e^{2\pi i p\alpha} C_p$$

をみたす複素数の列 $\{C_p;\ p \in \boldsymbol{Z}^1\}$ をとり，H_q の新しい正規直交基底

$$\varphi_p = C_p \psi_{p,q}, \qquad p \in \boldsymbol{Z}^1$$

を定める．そうすれば，式 (7.8) により

$$U_n \varphi_p = \varphi_{p+nq}$$

が成りたつ．番号を付けかえて

$$f_{k,j} = \varphi_{k+jnq}, \quad 1 \leq k \leq nq, \quad j \in \boldsymbol{Z}^1$$

とおけば，

---

*) ここでは $U_n f(x, y) = f(T_n(x, y))$ とするが，1・4 節のように T_n^{-1} で定義しても以下の議論は若干の修正のもとに成りたつ．

$$U_n f_{k,j} = f_{k,j+1}, \qquad j \in \boldsymbol{Z}^1$$

が成りたつ．これは U_n が H_q で nq 重の Lebesgue スペクトルを持つことを意味する（1・4° 参照）．

(iii) を示そう．$g \in L^2(\Omega)$ を不変関数とする．g を

$$g = g_1 + g_2, \quad g_1 \in H_0, \quad g_2 \in \sum_{q \neq 0} H_q \tag{7.9}$$

と分解する．$U_n g = g$ であり，式 (7.9) の分解は一意的であるので

$$U_n g_1 = g_1, \qquad U_n g_2 = g_2$$

である．ところが (i) と (ii) により，このような g_1 と g_2 は a.e. 定数に限る．故に T_n はエルゴード的であることがわかった．(iv) は (i) と (ii) からの直接の結論である． *qed*

前節の 2° により T_n のエントロピーが計算できて，

$$h(T_n) = h(S) = 0$$

である．したがって，$n \neq 0$ に対して，すべての T_n は同じスペクトル構造と同じエントロピーを持つ．しかしながら，あとの議論からわかるように，それらは同型ではない．

さて変換 T_n を少し修正して，エントロピーが正であるような例を作ろう．R を Lebesgue 空間 $(Z, \mathfrak{F}_Z, P_Z)$ 上の混合的な保測変換で，正のエントロピーを持つものとする（そのような R としては，たとえば Bernoulli 変換 B (1/2, 1/2) をとればよい．9 章参照）．Ω とその上の保測変換族 $\{T_n\}$ は今までと同じものとする．直積変換

$$R_n = T_n \times R, \qquad n \in \boldsymbol{Z}^1 \setminus \{0\}$$

を定めれば，6・26° により

$$h(R_n) = h(T_n) + h(R) = h(R) > 0$$

である．また 3° により，すべての R_n はエルゴード的であり，同じスペクトル構造を持つ．

定理 7・1 $|n| \neq |m|$ ならば，R_n と R_m は同型でない，したがって T_n と T_m も同型でない．

証明 R_n と R_m が同型であると仮定しよう．

$$\varphi R_m = R_n \varphi \qquad \text{a.e.} \tag{7・10}$$

なる同型 φ がある．φ を座標ごとに

$$\varphi(x,y,z)=(f(x,y,z),\ g(x,y,z),\ h(x,y,z))$$

と表わせば，式 (7.10) により

$$f(x,y,z)+\alpha=f(x+\alpha,y+mx,Rz),\quad \mathrm{mod}\ 1\quad \mathrm{a.e.}$$
$$g(x,y,z)+nf(x,y,z)=g(x+\alpha,y+mx,Rz),\quad \mathrm{mod}\ 1\quad \mathrm{a.e.}$$
$$R(h(x,y,z))=h(x+\alpha,y+mx,Rz)\quad \mathrm{a.e.}$$

が成りたつ．R_m から $L^2(\Omega\times Z)$ に導かれるユニタリ作用素を同じ記号 R_m で表わすことにすれば，上の第一の関係より

$$R_m e^{2\pi i f(x,y,z)}=e^{2\pi i\alpha}e^{2\pi i f(x,y,z)}$$

が得られる．すなわち $\exp\{2\pi i f(x,y,z)\}$ は R_m の固有値 α に属する固有関数である．R_m はエルゴード的であるから，すべての固有値は単純である．他方容易にわかるように $\exp\{2\pi ix\}$ も固有値 α に属する R_m の固有関数だから，定数 u があって

$$e^{2\pi i f(x,y,z)}=e^{2\pi i(x+u)}\qquad \mathrm{a.e.}$$

すなわち

$$f(x,y,z)=x+u,\quad \mathrm{mod}\ 1\quad \mathrm{a.e.}$$

である．

つぎに関数 g を考えよう．$z\in Z$ をとめて，g を (x,y) の関数と考えて，$\exp\{2\pi ig(x,y,z)\}$ を $L^2(\Omega)$ で Fourier 展開する：

$$e^{2\pi ig(x,y,z)}=\sum_{p,q}g_{p,q}(z)e^{2\pi i(px+qy)} \tag{7.11}$$

ここに

$$g_{p,q}(z)=\iint_\Omega \exp[2\pi i\{g(x,y,z)-px-qy\}]dxdy$$

である．したがって T_m の保測性を用いて

$$g_{p,q}(Rz)=\iint_\Omega \exp[2\pi i\{g(x,y,Rz)-px-qy\}]dxdy$$
$$=\iint_\Omega \exp[2\pi i\{g(x+\alpha,y+mx,Rz)-p(x+\alpha)-q(y+mx)\}]dxdy$$
$$=\iint_\Omega \exp[2\pi i\{(nu-p\alpha)+g(x,y,z)+(n-p-mq)x-qy\}]dxdy$$

$$=e^{2\pi i(nu-p\alpha)}g_{p-(n-mq),q}(z)$$

を得る．ゆえに

$$|g_{p-k(n-mq),q}(z)|=|g_{p,q}(R^k z)|, \qquad k\geq 0 \tag{7.12}$$

が成りたつ．$\delta>0$ に対し集合 $A=\{z;\ |g_{p,q}(z)|\geq\delta\}$ を定めるとき，もし $P(A)>0$ ならば，Poincaré の再帰定理（定理2・1）により，a.e. $z\in A$ に対し無限に多くの $k\geq 0$ で

$$|g_{p,q}(R^k z)|\geq\delta$$

が成りたつ．これは $q\neq n/m$ に対して，式(7.12)によって $\sum|g_{p,q}(z)|^2=\infty$ を導き，不可能である．したがって，$q\neq n/m$ であれば，すべての p に対し

$$g_{p,q}(z)=0 \qquad \text{a.e.}$$

である．

他方 $q=n/m$ に対し

$$g_{p,n/m}(Rz)=e^{2\pi i(nu-p\alpha)}g_{p,n/m}(z)$$

が成りたつので，$g_{p,n/m}$ は R の固有関数である．R は混合的だから，$g_{p,n/m}(z)$ は a.e. 定数 g_p である．こうして，式(7.11)の展開は

$$e^{2\pi i g(x,y,z)}=\sum_p g_p e^{2\pi i\left(px+\frac{n}{m}y\right)}$$

$$=e^{2\pi i\left(\theta(x)+\frac{n}{m}y\right)}$$

の形であることがわかった．ここに θ は $[0,1)$ 上の可測関数である．ゆえに

$$g(x,y,z)=\theta(x)+\frac{n}{m}y, \quad \text{mod } 1 \quad \text{a.e.}$$

が成りたつ．φ は同型であるので $n/m=\pm 1$ でなければならない． qed

第8章 Kolmogorov 変換

Kolmogorov 変換は，確率論における定常過程に対する正則性（純非決定性）の概念の拡張として，Kolmogorov [19] によって定義され，後年この名称で呼ばれるようになった．Kolmogorov 変換は混合的したがってエルゴード的であり（8·1 節），無限重 Lebesgue スペクトルを持つ（8·2 節）など，強い性質を持っているので，保測変換の研究にとって重要なクラスである．

この章では Kolmogorov 変換の基本的な性質について述べる．8·3 節はむしろ 6 章の続きと考えられる節であって，そこではエントロピーを用いて保測変換を解析する．その中で Kolmogorov 変換が完全正のエントロピーを持つことで特徴づけられるという Pinsker [26] と Rohlin-Sinai [31] の結果を示す．Kolmogorov の流れも無限重 Lebesgue スペクトルを持つが，その証明には時間が連続であるための困難さが生じ特別の工夫が必要である．Sinai [35] によって与えられた証明を 8·4 節に紹介する．

8·1 定義とエルゴード性

Lebesgue 空間 $(\Omega, \mathcal{F}, P)$ 上の保測変換 T に対して，つぎの三条件をみたす可測分割 ξ が存在すれば，T は **Kolmogorov 変換** (Kolmogorov transformation, K-system) と呼ばれ，分割 ξ は **K-分割** (K-partition) と呼ばれる:

(K. 1) $\quad T\xi \geq \xi$

(K. 2) $\quad \bigvee_{-\infty}^{\infty} T^n\xi = \varepsilon$

(K. 3) $\quad \bigwedge_{-\infty}^{\infty} T^n\xi = \nu.$

条件 (K. 1) は他の二つと合わせれば，さらに強く

(K. 1′) $\quad T\xi > \xi$

におき換えられることがわかる．これらの三条件は，変換 T の正則性を表わしている．Bernoullii 変換，混合的な Markov 変換，二次元トーラスのエルゴード的な群同型は Kolmogorov 変換である（後章参照）.

Kolmogorov 変換はつぎの意味で一様な混合性を持つ．

8·1° 可測分割 ξ は保測変換 T に対して，条件 (K. 1) をみたすとする．こ

のとき ξ が (K.3) をみたすためには，任意の $A\in\mathcal{F}$ に対し

$$\rho_n(A)=\sup_{B\in T^n\mathcal{F}(\xi)}|P(A\cap B)-P(A)P(B)|\to 0,\qquad n\to-\infty$$

が成りたつことが必要かつ十分である．

証明　必要性：　条件つき確率の収束についての Doob の定理によって，任意の $B\in T^n\mathcal{F}(\xi)$ に対し

$$\begin{aligned}&|P(A\cap B)-P(A)P(B)|\\&=\left|\int_{\Omega/T^n\xi}\{P_C(A)1_B-P(A)1_B\}\,dP_{T^n\xi}(C)\right|\\&\le\int_{\Omega/T^n\xi}|P_C(A)-P(A)|\,dP_{T^n\xi}\to 0,\qquad n\to-\infty\end{aligned}$$

が成りたつ．$\rho_n(A)$ はこの最後の量を越えない．

十分性：　$A\in\bigcap_{-\infty}^{\infty}T^n\mathcal{F}(\xi)$ であれば，各 n に対して $A\in T^n\mathcal{F}(\xi)$ だから，

$$|P(A)-P(A)^2|\le\rho_n(A)\to 0,\qquad n\to-\infty$$

である．つまり $P(A)$ は 0 または 1 であって，(K.3) が成りたつ．　*qed*

混合性の定義をもっと強めて，混合性が 1 位の混合性になるように，r 位の混合性をつぎのように定義する．任意の $A_0, A_1, \cdots, A_r\in\mathcal{F}$ と

$$n_0^k<n_1^k<\cdots<n_r^k,\quad \min_i(n_i^k-n_{i-1}^k)\to\infty,\quad k\to\infty$$

をみたす任意の整数列に対し

$$\lim_{k\to\infty}P\left(\bigcap_{i=0}^{r}T^{n_i^k}A_i\right)=\prod_{i=0}^{r}P(A_i)$$

が成りたつとき，保測変換 T は **r 位の混合性**を持つという．

定理 8·1　Kolmogorov 変換はすべての位数の混合性を持つ．したがってエルゴード的でもある．

証明　r 位の混合性を示す．ξ を Kolmogorov 変換 T に対する K-分割とする．まずある n に対し $A_0, A_1, \cdots, A_r\in T^n\mathcal{F}(\xi)$ である場合に示そう．このときには

$$\left|P\left(\bigcap_{i=0}^{r}T^{n_i^k}A_i\right)-\prod_{i=0}^{r}P(A_i)\right|$$

$$\leq |P(\bigcap_{i=0}^{r} T^{n_i^k - n_r^k} A_i) - P(\bigcap_{i=0}^{r-1} T^{n_i^k - n_r^k} A_i) P(A_r)|$$

$$+ |P(\bigcap_{i=0}^{r-1} T^{n_i^k - n_r^k} A_i) P(A_r) - \prod_{i=0}^{r} P(A_i)|$$

$$\leq \sum_{s=1}^{r} |P(\bigcap_{i=0}^{s} T^{n_i^k - n_s^k} A_i) \prod_{i=s+1}^{r} P(A_i) - P(\bigcap_{i=0}^{s-1} T^{n_i^k - n_s^k} A_i) \prod_{i=s}^{r} P(A_i)|$$

$$\leq \sum_{s=1}^{r} \rho_{n + n_{s-1}^k - n_s^k}(A_s) \to 0, \qquad k \to \infty$$

である．一般の $A_0, A_1, \cdots, A_r \in \mathcal{F}$ は，(K. 2) によって上のような集合で近似されることがわかる．すなわち任意の $\delta > 0$ に対し，n と集合 $A_0', \cdots, A_r' \in T^n \mathcal{F}(\xi)$ があって

$$P(A_i \triangle A_i') < \delta, \qquad 0 \leq i \leq r$$

をみたす．このとき

$$|P(\bigcap_i T^{n_i^k} A_i) - \prod_i P(A_i)|$$

$$\leq |P(\bigcap_i T^{n_i^k} A_i) - P(\bigcap_i T^{n_i^k} A_i')|$$

$$+ |P(\bigcap_i T^{n_i^k} A_i') - \prod_i P(A_i')|$$

$$+ |\prod_i P(A_i') - \prod_i P(A_i)|$$

$$\leq 2 \sum_{i=0}^{r} P(A_i \triangle A_i') + |P(\bigcap_i T^{n_i^k} A_i') - \prod_i P(A_i')|$$

が成りたつから定理を得る． *qed*

8・2 スペクトル構造

Lebesgue 空間 $(\Omega, \mathcal{F}, P)$ 上の保測変換 T に対して，Hilbert 空間 $L^2(\Omega)$ 上のユニタリ作用素

$$(U_T f)(\omega) = f(T^{-1}\omega), \qquad f \in L^2(\Omega)$$

が定まる．定数から成る $L^2(\Omega)$ の部分空間を $C(\Omega)$ で表わす．可測分割 ξ に対し，$\mathcal{F}(\xi)$-可測な関数から成る $L^2(\Omega)$ の部分空間を $L^2(\xi)$ で表わす．$C(\Omega) = L^2(\nu)$ である．

定理 8・2 可測分割 ξ が

$$T\xi > \xi$$

をみたせば，$L^2(\Omega)$ の不変部分空間

$$H = L^2(\bigvee_{-\infty}^{\infty} T^n\xi) \ominus L^2(\bigwedge_{-\infty}^{\infty} T^n\xi)$$

において，U_T は無限重 Lebesgue スペクトルを持つ．

証明のために少し準備しよう．

8·2° 可測分割 ξ が $T\xi \geq \xi$ をみたすと仮定する．もし元 $A \in \xi$ が正測度を持てば，すべての n に対し $A \in T^n\xi$ である．

証明 すべての $n>0$ に対し，$T^{-n}A$ は ξ-集合で $P(T^{-n}A)=P(A)$ だから，$T^{-n}A \cap A = \phi$ または $T^{-n}A=A$ である．$P(A)>0$ だから $T^{-n}A=A$ となる $n>0$ がある．すべての k に対し $A=T^{kn}A \in T^{kn}\xi$ であり，$\xi \leq T\xi$ だからすべての k に対し $A \in T^k\xi$ である． qed

8·3° 可測分割 ξ が $T\xi > \xi$ をみたせば，つぎのような集合 K と関数 χ が存在する：

（a） $K \in \mathcal{F}(\xi)$, $P(K)>0$

（b） $\chi \in L^2(T\xi) \ominus L^2(\xi)$

（c） $\displaystyle\int_A |\chi|^2 dP_A = 1, \quad A \in \xi, \quad A \subset K.$

問 1 3° を証明せよ．

定理 8·2 の証明 部分空間

$$H_0 = L^2(\xi) \ominus L^2(\bigwedge_{-\infty}^{\infty} T^n\xi)$$

を定めれば，H_0 は

$$U_T H_0 \supset H_0, \quad \bigvee_{-\infty}^{\infty} U_T^n H_0 = H, \quad \bigcap_{-\infty}^{\infty} U_T^n H_0 = \{0\}$$

をみたす．$U_T H_0 \ominus H_0$ の正規直交基底 $\{h_i;\, i \geq 1\}$ をとり，

$$f_{i,n} = U_T^n h_i, \quad i \geq 1, \quad n \in \boldsymbol{Z}^1$$

とおけば，$n>0$ に対し $U_T^{-n} h_i \in U_T^{1-n} H_0 \ominus U_T^{-n} H_0 \subset H_0$ だから

$$(f_{i,m}, f_{j,n}) = (U^{m-n} h_i, h_j) = \delta_{m,n}\delta_{i,j}$$

を得る．すなわち $\{f_{i,n}\}$ は正規直交系である．$\{f_{i,n}\}$ によって張られる部分空間を $\widetilde{H}$ とすれば，$U_T\widetilde{H}=\widetilde{H}$ かつ $H_0 \subset \widetilde{H}$ だから，すべての n に対し $U_T^n H_0$

$\subset\tilde{H}$ である．他方 $\tilde{H}\subset H$ だから $\tilde{H}=H$ である．明らかに

$$U_T f_{i,n}=f_{i,n+1}$$

だから，1.4° により U_T は H で一様 Lebesgue スペクトルを持つ．

つぎに無限重であることを示そう．そのためには，$U_TH_0\ominus H_0$ の次元が無限であることを示せばよい，3° の関数 χ と集合 K をとる．χ が $L^2(\xi)$ と直交することは，

$$\int_A \chi dP_A=0, \quad \text{a.e.} \quad A\in\xi$$

と同値であることに注意せよ．$A\in\xi$ が K に含まれていれば，条件 (c) と上のことより，A は $T\xi$ によって実際に細分される．すなわち $A\notin T\xi$ である．したがって 2° によって $P(A)=0$ である．ゆえに K^c で 0 であるような $L^2(\xi)$ の正規直交系 $\{g_i;\, 1\leq i<\infty\}$ がある．関数

$$h_i(\omega)=\chi(\omega)g_i(\omega), \qquad 1\leq i<\infty$$

は $\mathcal{F}(T\xi)$-可測であり，さらに

$$\begin{aligned}(h_i, h_j)&=\int_K g_i\bar{g}_j|\chi|^2dP\\&=\int_{K/\xi} g_i\bar{g}_j\left\{\int_A|\chi|^2dP_A\right\}dP_\xi(A)\\&=(g_i, g_j)=\delta_{i,j}\end{aligned}$$

が成りたつ．また任意の $f\in L^2(\xi)$ に対し

$$\begin{aligned}(h_i, f)&=\int_\Omega g_i\chi\bar{f}\,dP\\&=\int_{\Omega/\xi} g_i\bar{f}\left\{\int_A\chi dP_A\right\}dP_\xi(A)=0\end{aligned}$$

である．$\{h_i;\, 1\leq i<\infty\}$ は $L^2(T\xi)\ominus L^2(\xi)=U_TH_0\ominus H_0$ の正規直交系であることがわかった．このようにして，$U_TH_0\ominus H_0$ は無限次元であることが示されて，定理は証明された． *qed*

この定理の系としてつぎの定理が直ちに得られる．

定理 8・3 Kolmogorov 変換は ($L^2(\Omega)\ominus C(\Omega)$ で) 無限重 Lebesgue スペクトルを持つ．

8·3 完全正のエントロピー

T を Lebesgue 空間 $(\Omega, \mathcal{F}, P)$ 上の保測変換として，可測分割 ξ に対し 6·2 節でと同様に

$$\xi_m^n = \xi_m^n(T) = \bigvee_{k=m}^{n} T^k \xi, \qquad -\infty \leq m < n \leq \infty$$

とおく．さらに可測分割

$$\tau(\xi) = \tau_T(\xi) = \bigwedge_{-\infty}^{\infty} \xi_{-\infty}^n(T)$$

$$\pi = \pi(T) = \bigvee \{\tau_T(\xi);\ H(\xi) < \infty\}$$

を定める．明らかに $T\pi = \pi$ である．

定理 8·4 商変換 T_π は，T の商変換でエントロピー 0 を持つものの中で最大である．すなわち

(i) $h(T_\pi) = 0$

(ii) $T\zeta = \zeta$ かつ $h(T_\zeta) = 0$ であれば，$\zeta \leq \pi$ である．

証明のためにまずつぎのことを注意する．

8·4° $H(\xi) < \infty$, $H(\eta) < \infty$, $\xi \leq \tau(\eta)$ であれば，$h(T, \xi) = 0$ である．

証明 6·19° によって

$$h(T, \xi \vee \eta) = h(T, \xi) + H(\eta \mid \eta_{-\infty}^{-1} \vee \xi_{-\infty}^{\infty})$$

が成りたつ．ところが，ξ, $\xi_{-\infty}^{-1} \leq \xi_{-\infty}^{\infty} \leq \tau(\eta) \leq \eta_{-\infty}^{-1}$ だから，

$$\begin{aligned} h(T, \xi \vee \eta) &= H(\xi \vee \eta \mid \xi_{-\infty}^{-1} \vee \eta_{-\infty}^{-1}) \\ &= H(\eta \mid \eta_{-\infty}^{-1}) \\ &= H(\eta \mid \eta_{-\infty}^{-1} \vee \xi_{-\infty}^{\infty}) \end{aligned}$$

が得られて，$h(T, \xi) = 0$ である． *qed*

定理 8·4 の証明 分割 π の定義により，任意の $A \in \mathcal{F}(\pi)$ と任意の $\delta > 0$ に対し，$H(\eta) < \infty$ なる η と $P(A \triangle A') < \delta$ なる $A' \in \mathcal{F}(\tau(\eta))$ が存在することにまず注意せよ，さて $\mathcal{S} = \{S_n;\ n \geq 1\}$ を可測分割 π の基底として，各 S_n と $1/m$ に対し上のことを適用して，エントロピー有限な分割 $\eta_{n,m}$ と

$$P(S_n \triangle S_{n,m}) < \frac{1}{m}$$

をみたす集合 $S_{n,m}\in\mathcal{F}(\tau(\eta_{n,m}))$ をとる．$\{\eta_{n,m}\}$ と $\{S_{n,m}\}$ を用いて，つぎのような可測分割の列 $\{\xi_n\}$ と $\{\eta_n\}$ が作られることが容易にわかるであろう：

$$H(\xi_n)<\infty,\quad H(\eta_n)<\infty,\quad \xi_n\leq\tau(\eta_n),\quad \xi_n\nearrow\pi.$$

このとき，6・23° と上の 4° により

$$h(T_\pi)=\lim_{n\to\infty}h(T,\xi_n)=0$$

を得る．

つぎに ζ を $T\zeta=\zeta$ かつ $h(T_\zeta)=0$ なる可測分割としよう．任意の有限分割 $\xi\leq\zeta$ に対し，

$$h(T,\xi)\leq h(T_\zeta)=0$$

だから，$\xi\leq\xi_{-\infty}^{-1}$ である．これは $\xi_{-\infty}^{\infty}=\xi_{-\infty}^{-1}=\tau(\xi)$ を意味し，$\xi\leq\tau(\xi)\leq\pi$ である．ゆえに $\zeta\leq\pi$ を得る． qed

定義 8・1 もし $\pi(T)=\nu$ であれば，すなわち T_ν を除く T のすべての商が正のエントロピーを持つならば，T は**完全正のエントロピー** (completely positive entropy) を持つといわれる．ここに ν は自明な分割である．

定理 8・5 Kolmogorov 変換は完全正のエントロピーを持つ．

証明を二つの命題に分けて行なう．

8・5° ξ,η,ζ を有限なエントロピーを持つ可測分割とし，$\xi\leq\eta$ とする．さらに可測分割 γ は $T\gamma=\gamma$ をみたすとすれば，

$$H(\xi\mid\eta_{-\infty}^{-1}\vee\tau(\zeta)\vee\gamma)=H(\xi\mid\eta_{-\infty}^{-1}\vee\gamma)$$

が成りたつ．

証明 まず $\xi=\eta$ のときは，

$$\begin{aligned}&H(\xi\mid\xi_{-\infty}^{-1}\vee\zeta_{-\infty}^{-k-1}\vee\gamma)\\&\quad=(T^k\xi\mid\xi_{-\infty}^{k-1}\vee\zeta_{-\infty}^{-1}\vee\gamma)\\&\quad=H(\xi_0^k\mid\xi_{-\infty}^{-1}\vee\zeta_{-\infty}^{-1}\vee\gamma)-H(\xi_0^{k-1}\mid\xi_{-\infty}^{-1}\vee\zeta_{-\infty}^{-1}\vee\gamma)\end{aligned}$$

が成りたつから，6・18° により

$$\begin{aligned}&H(\xi\mid\xi_{-\infty}^{-1}\vee\tau(\zeta)\vee\gamma)\\&\quad\geq\lim_{n\to\infty}H(\xi\mid\xi_{-\infty}^{-1}\vee\zeta_{-\infty}^{-n}\vee\gamma)\\&\quad=\lim_{n\to\infty}\frac{1}{n}\sum_{k=1}^{n}H(\xi\mid\xi_{-\infty}^{-1}\vee\zeta_{-\infty}^{-k}\vee\gamma)\end{aligned}$$

$$= \lim_{n\to\infty} \frac{1}{n} \{H(\xi_0^{n-1} \mid \xi_{-\infty}^{-1} \vee \zeta_{-\infty}^{-1} \vee \gamma) - H(\xi \mid \xi_{-\infty}^{-1} \vee \zeta_{-\infty}^{-1} \vee \gamma)\}$$

$$= H(\xi \mid \xi_{-\infty}^{-1} \vee \gamma)$$

を得る．$\xi \leq \eta$ のときも，上に示したことを用いて

$$\begin{aligned} &H(\xi \mid \eta_{-\infty}^{-1} \vee \tau(\zeta) \vee \gamma) \\ &\quad = H(\eta \mid \eta_{-\infty}^{-1} \vee \tau(\zeta) \vee \gamma) - H(\eta \mid \xi \vee \eta_{-\infty}^{-1} \vee \tau(\zeta) \vee \gamma) \\ &\quad \geq H(\eta \mid \eta_{-\infty}^{-1} \vee \gamma) - H(\eta \mid \xi \vee \eta_{-\infty}^{-1} \vee \gamma) \\ &\quad = H(\xi \mid \eta_{-\infty}^{-1} \vee \gamma) \end{aligned}$$

が得られる．逆の不等式は明らかに成りたつ． *qed*

つぎの命題は定理 8·5 を意味する

8·6° もし可測分割 ξ が

$$T\xi \geq \xi, \qquad \bigvee_{-\infty}^{\infty} T^n \xi = \varepsilon$$

をみたせば，$\tau(\xi) \geq \pi$ である．

証明 任意の有限分割 $\eta \leq \pi$ が $\eta \leq \tau(\xi)$ をみたすこと，すなわち $H(\eta \mid \tau(\xi)) = 0$ を示せばよい．そのためには，任意の有限分割 ζ に対し

$$H(\zeta \mid \tau(\xi)) = H(\zeta \mid \tau(\xi) \vee \eta_{-\infty}^{-1}) \tag{8.1}$$

を示せば十分である．なぜなら式 (8·1) で $\zeta = \eta$ とおけば，$H(\eta \mid \tau(\xi)) = H(\eta \mid \tau(\xi) \vee \eta_{-\infty}^{-1}) \leq h(T, \eta) = 0$ であるから．

式 (8.1) を証明しよう．6·31° と 6·34° により，$\zeta \leq T^n\xi$ となる n がある場合に示せばよい．$\eta \leq \pi$ だから任意の k に対し $\eta_{-\infty}^{k} = \eta_{-\infty}^{-1}$ である．$m > 0$ を固定し，T^m を考えれば，すべての k に対し

$$\eta_{-\infty}^{-1}(T) = \eta_{-\infty}^{mk-1}(T) = \bigvee_{i<k} T^{mi} \eta_0^{m-1}(T)$$

であるから，$\eta_{-\infty}^{-1}(T) = \tau_{T^m}(\eta_0^{m-1}(T))$ を得る．したがって 5° により

$$\begin{aligned} H(\zeta \mid \tau_T(\xi)) &\geq H(\zeta \mid \tau_T(\xi) \vee \eta_{-\infty}^{-1}(T)) \\ &\geq H(\zeta \mid \tau_T(\xi) \vee \tau_{T^m}(\eta_0^{m-1}(T)) \vee \zeta_{-\infty}^{-1}(T^m)) \\ &= H(\zeta \mid \tau_T(\xi) \vee \zeta_{-\infty}^{-1}(T^m)) \end{aligned}$$

が成りたつ．ところが

$$\zeta_{-\infty}^{-1}(T^m) \leq \bigvee_{k<0} T^{mk+n} \xi = T^{n-m} \xi$$

だから

$$H(\zeta \mid \tau_T(\xi) \vee \zeta_{-\infty}^{-1}(T^m)) \geq H(\zeta \mid T^{n-m}\xi)$$

である．$m \to \infty$ のとき $H(\zeta \mid T^{n-m}\xi) \to H(\zeta \mid \tau_T(\xi))$ だから式 (8.1) を得る．

qed∎

定理 8・6 Lebesgue 空間 $(\Omega, \mathcal{F}, P)$ 上の任意の保測変換 T に対し，つぎの四条件をみたす可測分割 ξ が存在する：

(i) $T\xi \geq \xi$

(ii) $\bigvee_{-\infty}^{\infty} T^n\xi = \varepsilon$

(iii) $\bigwedge_{-\infty}^{\infty} T^n\xi = \pi(T)$

(iv) $H(T\xi \mid \xi) - h(T)$.

注意 $h(T)=0$ であれば，$\pi(T)=\varepsilon$ だから条件をみたす分割は $\xi=\varepsilon$ である．

証明 ξ_k，$k \geq 1$，を有限分割の列で，$\xi_k \nearrow \varepsilon$ なるものとしよう．n_k，$k \geq 1$，を自然数の単調増大列とし，その選び方はあとで指定する．

$$\eta_p = \bigvee_{k=1}^{p} T^{-n_k}\xi_k, \quad \eta = \bigvee_{k=1}^{\infty} T^{-n_k}\xi_k, \quad \xi = \eta_{-\infty}^{-1}(T)$$

とおけば，(i) と (ii) は $\{n_k\}$ の選び方に無関係につねにみたされる．

すべての $p<q$ に対し

$$0 < H(\eta_p \mid (\eta_{q-1})_{-\infty}^{-1}) - H(\eta_p \mid (\eta_q)_{-\infty}^{-1}) < \frac{2^{p-q}}{p} \tag{8.2}$$

が成りたつように $\{n_k\}$ を選ぼう．そのように選べることを帰納法で示す．n_1 を勝手に定める．$n_1, \cdots, n_{q-1}$ が定まったとせよ．$\eta_q = \eta_{q-1} \vee T^{-n_q}\xi_q$ だから

$$(\eta_q)_{-\infty}^{-1} = (\eta_{q-1})_{-\infty}^{-1} \vee T^{-n_q}(\xi_q)_{-\infty}^{-1}$$

であって，5° により任意の $p<q$ に対し

$$\lim_{n_q \to \infty} H(\eta_p \mid (\eta_q)_{-\infty}^{-1}) = H(\eta_p \mid (\eta_{q-1})_{-\infty}^{-1})$$

が成りたつので，式 (8.2) をみたす n_q が存在する．

さて式 (8.2) が成りたつことがわかったので，$p<q$ のとき

$$0 < H(\eta_p \mid (\eta_p)_{-\infty}^{-1}) - H(\eta_p \mid (\eta_q)_{-\infty}^{-1}) < \frac{1}{p}$$

である．$(\eta_q)_{-\infty}^{-1} \nearrow \xi$ だから

$$\lim_{q\to\infty} H(\eta_p \mid (\eta_q)_{-\infty}^{-1}) = H(\eta_p \mid \xi)$$

が成りたつ．ゆえに

$$\lim_{p\to\infty} \{H(\eta_p \mid (\eta_p)_{-\infty}^{-1}) - H(\eta_p \mid \xi)\} = 0$$

である．他方 $\xi_p \nearrow \varepsilon$ かつ $\xi_p \le T^{n_p}\eta_p$ だから

$$h(T) = \lim_{p\to\infty} h(T, \xi_p) \le \lim_{p\to\infty} h(T, \eta_p) \le h(T)$$

が成りたつ．したがって

$$\begin{aligned} H(T\xi \mid \xi) &= H(\eta \vee \xi \mid \xi) = H(\eta \mid \xi) \\ &= \lim_{p\to\infty} H(\eta_p \mid \xi) = h(T) \end{aligned}$$

を得る．

最後に (iii) を示そう．そのためには，6° により $\tau(\xi) \le \pi$ を示せばよい．任意の有限分割 $\zeta \le \tau(\xi)$ と任意の $p \ge 1$ に対し，6·19° により

$$\begin{aligned} &H(\zeta \mid \zeta_{-\infty}^{-1} \vee (\eta_p)_{-\infty}^{\infty}) + h(T, \eta_p) \\ &= h(T, \zeta \vee \eta_p) \\ &= H(\eta_p \mid (\eta_p)_{-\infty}^{-1} \vee \zeta_{-\infty}^{\infty}) + h(T, \zeta) \end{aligned}$$

が成りたつ．$(\eta_p)_{-\infty}^{-1} \vee \zeta_{-\infty}^{\infty} \le \xi$ だから

$$h(T, \zeta) \le H(\zeta \mid (\eta_p)_{-\infty}^{\infty}) + h(T, \eta_p) - H(\eta_p \mid \xi)$$

を得る．$p \to \infty$ のとき，$(\eta_p)_{-\infty}^{\infty} \nearrow \varepsilon$ だから $H(\zeta \mid (\eta_p)_{-\infty}^{\infty}) \searrow 0$ かつ $h(T, \eta_p) - H(\eta_p \mid \xi) \to 0$ であって，$h(T, \zeta) = 0$ である．ゆえに $\zeta \precsim \zeta_{-\infty}^{\infty}) \le \pi$ となって $\tau(\xi) \ge \pi$ が示された．　*qed*∎

この定理の系として，つぎのようなことがわかる．

定理 8·7　保測変換が Kolmogorov 変換であることと，完全正のエントロピーを持つことは同値である．

8·7°　T が Kolmogorov 変換であれば，T_ν を除く T のすべての商と T^{-1} も Kolmogorov 変換である．

8·8°　$h(T) > 0$ であれば，ユニタリ作用素 U_T は $L^2(\varepsilon) \ominus L^2(\pi(T))$ で無限重 Lebesgue スペクトルを持つ．

Kolmogorov 変換と対照的に，エントロピー 0 の変換においてはつぎのことが成りたつ．

8・9° $h(T)=0$ であれば，

（i） T のあらゆる商はエントロピー0を持つ，

（ii） $\xi<T\xi$ なる可測分割 ξ は存在しない．

問 2 上の (ii) を示せ．

Kolmogorov 変換とエントロピー0の変換は，つぎの意味でつねに独立である．

定理 8・8 T を Lebesgue 空間 $(\Omega, \mathcal{F}, P)$ 上の保測変換とする．可測分割 ξ と η は不変，$T\xi=\xi$，$T\eta=\eta$，であり，さらに商 T_ξ は Kolmogorov 変換そして商 T_η はエントロピー0を持つとする．そうすれば ξ と η は独立である，すなわち

$$T_{\xi\vee\eta}=T_\xi\times T_\eta$$

である．

証明 $\alpha\leq\xi$，$\beta\leq\eta$ なる任意の有限分割 α と β に対して，α と β が独立であることを示せばよい．6・19° により

$$H(\alpha\mid\alpha_{-\infty}^{-1})+H(\beta\mid\beta_{-\infty}^{-1}\vee\alpha_{-\infty}^{\infty})=H(\beta\mid\beta_{-\infty}^{-1})+H(\alpha\mid\alpha_{-\infty}^{-1}\vee\beta_{-\infty}^{\infty})$$

が成りたつ．ところが

$$0\leq H(\beta\mid\beta_{-\infty}^{-1}\vee\alpha_{-\infty}^{\infty})\leq H(\beta\mid\beta_{-\infty}^{-1})\leq h(T_\eta)=0$$

だから，

$$H(\alpha\mid\alpha_{-\infty}^{-1})=H(\alpha\mid\alpha_{-\infty}^{-1}\vee\beta_{-\infty}^{\infty})$$

を得る．他方

$$H(\alpha\mid\alpha_{-\infty}^{-1}\vee\beta_{-\infty}^{\infty})\leq H(\alpha\mid\alpha_{-\infty}^{-1}\vee\beta)\leq H(\alpha\mid\alpha_{-\infty}^{-1})$$

だから，結局

$$H(\alpha\mid\alpha_{-\infty}^{-1})=H(\alpha\mid\alpha_{-\infty}^{-1}\vee\beta) \tag{8.3}$$

が成りたつ．

さて $m>0$ に対し T^m を T の代わりに考えよう．$T^m\xi=\xi$，$T^m\eta=\eta$ であり，さらに $(T^m)_\xi=T_\xi^m$ は Kolmogorov 変換，そして $(T^m)_\eta=T_\eta^m$ はエントロピー0を持つことが容易にわかる．したがって，T^m に対しても式 (8.3) が成りたつ．$m=2^k$ として

$$H(\alpha\mid\alpha_{-\infty}^{-1}(T^{2^k}))=H(\alpha\mid\alpha_{-\infty}^{-1}(T^{2^k})\vee\beta) \tag{8.4}$$

を得る．$\alpha_{-\infty}^{-1}(T^{2^k})$ は単調減少で，

$$\alpha_{-\infty}^{-1}(T^{2^k}) \leq \alpha_{-\infty}^{-2^k}(T)$$

である．他方，仮定により $\tau_T(\alpha)=\nu$ だから

$$\bigwedge_k \alpha_{-\infty}^{-1}(T^{2^k})=\nu$$

が成りたつ．したがって，式 (8.4) で $k\to\infty$ として

$$H(\alpha)=H(\alpha\mid\beta)$$

を得る．6•15° によれば，これは α と β が独立であることを意味する．　qed

流れに対しても，完全正のエントロピーや Kolmogorov の流れが，変換の場合と同様に定義される．$\{T_t\}$ を Lebesgue 空間 $(\Omega, \mathcal{F}, P)$ 上の流れとしよう．可測分割 ζ が

$$T_t\zeta=\zeta, \qquad t\in\boldsymbol{R}^1 \tag{8.5}$$

をみたせば，$\{T_t\}$ は商空間 Ω/ζ 上に自然に流れを定める．それを $\{T_t^\zeta\}$ で表わし，$\{T_t\}$ の**商** (factor) と呼ぶ．流れ $\{T_t\}$ において，$\{T_t^\nu\}$ を除くすべての商が正のエントロピーを持つとき，$\{T_t\}$ は**完全正のエントロピー**を持つという．流れ $\{T_t\}$ に対して，つぎの三条件をみたす可測分割 ξ が存在するとき，$\{T_t\}$ を **Kolmogorov の流れ** (Kolmogorov flow, K-system) と呼び，ξ を **K-分割**と呼ぶ：

(K. 1)　$T_s\xi < T_t\xi, \quad s<t$

(K. 2)　$\bigvee_{-\infty}^{\infty} T_t\xi=\varepsilon$

(K. 3)　$\bigwedge_{-\infty}^{\infty} T_t\xi=\nu.$

保測変換についてこの節で述べたようなきれいな結果は，流れについては得られていない．ただつぎのことは容易にわかる．

8•10°　Kolmogorov の流れは完全正のエントロピーを持つ．

証明　Kolmogorov の流れ $\{T_t\}$ において，任意の $t>0$ を固定すれば T_t は Kolmogorov 変換である．いま $\zeta\neq\nu$ を式 (8.5) をみたす可測分割として商 $\{T_t^\zeta\}$ を考えよう．各 $t>0$ に対し，T_t は完全正のエントロピーを持つ変換だから，

$$h(T_t^\zeta)=\sup\{h(T_t,\eta);\ \eta\leq\zeta,\ H(\eta)<\infty\}>0$$

である．すなわち $\{T_t^\zeta\}$ は正のエントロピーを持ち，したがって $\{T_t\}$ は完全正のエントロピーを持つ．　qed

8・11° 流れ $\{T_t\}$ のエントロピーが 0 であれば，(K.1) をみたす可測分割 ξ は存在しない.

問 3 上のことを示せ.

8・12° 流れ $\{T_t\}$ において，t を固定して保測変換 T_t を考えれば，分割 $\pi(T_t)$ が定まる．このとき，すべての $t\neq 0$ に対して $\pi(T_t)$ は同じ分割である.

証明 まず二つの保測変換 T と S が可換 $TS=ST$ であれば,

$$S\pi(T)=\pi(T)$$

が成りたつことを示そう．任意の有限分割 $\xi\leq S\pi(T)$ に対し，$\eta=S^{-1}\xi$ とおけば

$$\eta\leq\pi(T),\qquad \xi_{-\infty}^{-1}(T)=S\eta_{-\infty}^{-1}(T)$$

だから,

$$H(\xi\mid\xi_{-\infty}^{-1}(T))=H(S\eta\mid S\eta_{-\infty}^{-1}(T))=H(\eta\mid\eta_{-\infty}^{-1}(T))=0$$

を得る．ゆえに $\xi\leq\pi(T)$，したがって $S\pi(T)\leq\pi(T)$ である．S^{-1} も T と可換だから，$S^{-1}\pi(T)\leq\pi(T)$ となって，$S\pi(T)=\pi(T)$ を得る.

さて任意の $s\neq 0$ を固定し $\pi=\pi(T_s)$ とおけば，上に示したことから

$$T_t\pi=\pi,\qquad t\in\boldsymbol{R}^1$$

である．したがって商 $\{T_t^\pi\}$ が定まり，$(T_t)_\pi=T_t^\pi$ だから

$$h((T_t)_\pi)=\frac{|t|}{|s|}h((T_s)_\pi)=0$$

を得る．これは $\pi(T_s)\leq\pi(T_t)$ を意味する．s と t は任意だから $\pi(T_s)=\pi(T_t)$ である. qed

8・4 Sinai の 定 理

この節の目的は，つぎの Sinai による定理を証明することである.

定理 8・9 Lebesgue 空間上の Kolmogorov の流れは無限重 Lebesgue スペクトルを持つ.

この定理の証明は，いくつかの事を結びつけることによって与えられる．$\{T_t\}$ を Lebesgue 空間 $(\Omega,\mathcal{F},P)$ 上の Kolmogorov の流れとし，ξ をその K-分割としよう．$\{T_t\}$ から導かれる $L^2(\Omega)$ のユニタリ作用素群を

$$(U_tf)(\omega)=f(T_t^{-1}\omega),\quad f\in L^2(\Omega),\quad t\in\boldsymbol{R}^1$$

とする．さて

$$H=L^2(\Omega)\ominus C(\Omega), \qquad H_0=L^2(\xi)\ominus C(\Omega)$$

とおけば（ここに $C(\Omega)=L^2(\nu)$）

(H. 1) $U_sH_0\subset U_tH_0, \quad s<t$

(H. 2) $\bigvee_{-\infty}^{\infty} U_tH_0=H$

(H. 3) $\bigcap_{-\infty}^{\infty} U_tH_0=\{0\}$

が成りたつ．ユニタリ作用素群に対するつぎの一般的な定理から，$\{T_t\}$ が一様 Lebesgue スペクトルを持つことがわかる．

定理 8·10 $\{U_t; t\in \boldsymbol{R}^1\}$ を可分な Hilbert 空間 H の強連続なユニタリ作用素群とする．このとき $\{U_t\}$ が一様 Lebesgue スペクトルを持つためには，上の条件 (H. 1-3) をみたす部分空間 H_0 が存在することが必要かつ十分である．

証明 十分性： Stone の定理により

$$U_t=\int_{-\infty}^{\infty} e^{2\pi it\lambda}dE(\lambda)$$

とスペクトル分解される．部分空間 U_tH_0 への射影作用素を $F(t)$ とすれば，すべての $f\in H$ に対し

$$\begin{aligned}\|F(s)f-f\| &= \|U_tF(s)f-U_tf\| \\ &\geq \|F(t+s)U_tf-U_tf\| \\ &= \|U_{-t}F(t+s)U_tf-f\| \\ &\geq \|F(s)f-f\|\end{aligned}$$

が成りたつので，

$$U_tF(s)=F(t+s)U_t \tag{8.6}$$

を得る．他方 $\{F(t); t\in \boldsymbol{R}^1\}$ は単位の分解だから，

$$V_\lambda=\int_{-\infty}^{\infty} e^{2\pi i\lambda t}dF(t), \qquad \lambda\in \boldsymbol{R}^1$$

によってユニタリ作用素群 $\{V_\lambda\}$ が定まる．このとき式 (8.6) により

$$\int_{-\infty}^{\infty} e^{2\pi i\lambda s}dE(\lambda)V_\mu=U_sV_\mu=\int_{-\infty}^{\infty} e^{2\pi i\mu t}U_sdF(t)$$

$$=\int_{-\infty}^{\infty} e^{2\pi i\mu t}dF(t+s)U_s=e^{-2\pi i\mu s}V_\mu U_s$$

が成りたつ．したがって

$$\int_{-\infty}^{\infty} e^{2\pi i\lambda s}V_\mu^{-1}dE(\lambda)V_\mu$$

$$=\int_{-\infty}^{\infty} e^{2\pi i(\lambda-\mu)s}dE(\lambda)$$

$$=\int_{-\infty}^{\infty} e^{2\pi i\lambda s}dE(\lambda+\mu)$$

であって，Stone の定理の一意性によって，関係

$$E(\lambda)V_\mu=V_\mu E(\lambda+\mu) \tag{8.7}$$

が得られる．

さて $\{h_n\}$，$\{H_n\}$，$\{\mu_n\}$ を Hellinger-Hahn の定理（1·4 節参照）のものとしよう．最大スペクトル型 μ_1 に対し，式 (8.7) により

$$\begin{aligned} d\mu_1(\lambda)&=\|dE(\lambda)h_1\|^2\\ &\succ\|dE(\lambda)V_{\lambda'}h_1\|^2\\ &=\|V_{\lambda'}dE(\lambda+\lambda')h_1\|^2\\ &=\|dE(\lambda+\lambda')h_1\|^2\\ &=d\mu_1(\lambda+\lambda'), \qquad \lambda'\in\boldsymbol{R}^1 \end{aligned}$$

が成りたつ．したがって，$\mu_1(\cdot)$ と $\mu_1(\cdot+\lambda')$ は互いに絶対連続

$$d\mu_1(\lambda)\sim d\mu_1(\lambda+\lambda'), \qquad \lambda'\in\boldsymbol{R}^1$$

である．これから $d\mu_1(\lambda)\sim d\lambda$ であることが従う．つぎに，$H^{(1)}=H\ominus H_1$ を考えれば，$H_0^{(1)}=H^{(1)}\cap H_0$ が $H^{(1)}$ において条件 (H. 1-3) をみたすので，上と同じ議論を繰り返すことができて，$d\mu_2(\lambda)\sim d\lambda$ であることがわかる．同様にして，すべて

$$d\mu_n(\lambda)\sim d\lambda$$

である．

必要性：$\{U_t\}$ が重複度 κ の一様 Lebesgue スペクトルを持つとしよう．1·3° により，H が

$$H=\sum_{n=1}^{\kappa}\oplus H_n, \quad U_tH_n=H_n, \quad t\in\boldsymbol{R}^1, \quad 1\leq n\leq\kappa$$

と分解され，各 n に対し

$$(\varphi_n^{-1}U_t\varphi_n f)(s)=f(s-t), \qquad f\in L^2(\boldsymbol{R}^1, ds)$$

なる等距離変換 $\varphi_n : L^2(\boldsymbol{R}^1, ds)\to H_n$ がある．そこで

$$H_0=\sum_{n=1}^{\kappa}\oplus\varphi_n(\{f\in L^2(\boldsymbol{R}^1, ds);\ f(s)=0,\ s\geq 0\})$$

とおけば，明らかに条件 (H.1-3) がみたされる． qed∥

問 4 十分性の証明の中でつぎのことを用いた．μ を $\boldsymbol{R}^1$ 上の測度とし，$\mu_\theta(\cdot)=\mu(\cdot-\theta)$ すなわち

$$\int f(x)\,d\mu_\theta(x)=\int f(x+\theta)\,d\mu(x), \qquad f\in L^1(\mu)$$

とおく．もしすべての $\theta\in\boldsymbol{R}^1$ に対し $\mu_\theta\sim\mu$ であれば，$d\mu(x)\sim dx$ である．これを証明せよ．

Kolmogorov の流れは一様 Lebesgue スペクトルを持つことがわかったので，つぎには重複度が無限大であることを示さねばならない．そのために，S-表現をしてそれがある不変な部分空間で無限重 Lebesgue スペクトルを持つことを示すが，その前に S 型の流れについてつぎのことを準備しておく．

8・13° $\{S_t\}=(S,\theta)$ を狭義の S 型の流れとする（定義と記号については 4・3 節を参照）．基本空間 Ω の可測分割 ζ で

(i) $S\zeta>\zeta$

(ii) 天井関数 θ は $\mathfrak{F}(\zeta)$-可測

をみたすものがあると仮定する．そうすれば，$\{S_t\}$ が定める $L^2(\Omega^*)$ のユニタリ作用素群

$$(U_tf)(\omega, u)=f(S_t^{-1}(\omega, u)), \quad t\in\boldsymbol{R}^1, \quad f\in L^2(\Omega^*)$$

は，$L^2(\Omega^*)$ のある不変部分空間で無限重 Lebesgue スペクトルを持つ．

証明 Stone の定理による $\{U_t\}$ のスペクトル分解を

$$U_t=\int_{-\infty}^{\infty}e^{2\pi i\lambda t}dE(\lambda)$$

とする．条件 (i) によって，S と ζ に 8・3° を適用することができて，集合 K と関数 χ が得られる．また定理 8・2 の証明の中で述べたように，K^c で 0 であるような $L^2(\zeta)$ の正規直交系 $\{g_n;\ 1\leq n<\infty\}$ がある．これらを用いて，Ω^* 上の関数をつぎのように定める：$0<\tau<\inf\theta(\omega)/2$ なる τ を固定して，

$$\chi^*(\omega, u)=\begin{cases}\chi(\omega), & u<\tau \\ 0, & u\geq\tau\end{cases}$$

$$g_n^*(\omega, u)=g_n(\omega), \qquad 1\leq n<\infty$$

$$h_n^*(\omega, u)=g_n(\omega)\chi^*(\omega, u), \qquad 1\leq n<\infty$$

とおく．また条件 (ii) により θ は a.e. $C\in\zeta$ 上で定数であることに注意して，Ω^* の可測分割

$$\zeta^*=\zeta\times\varepsilon=\{C\times\{u\}\,;\, C\in\zeta,\ 0\leq u<\theta(C)\}$$

を定める．明らかに

$$S_t\zeta^*>\zeta^*, \qquad t>0$$

$$\chi^*\in L^2(S_\tau\zeta^*), \quad g_n^*\in L^2(\zeta^*), \quad h_n^*\in L^2(S_\tau\zeta^*)$$

である．任意の $f(\omega, u)\in L^2(\zeta^*)$ は，u を固定して ω の関数として見れば，a.e. u に対し $L^2(\zeta)$ に属するので，

$$(f, \chi^*)=\int_{u<\tau}\int_\Omega f(\omega, u)\chi(\omega)dP(\omega)du=0$$

が成りたつ．ゆえに

$$\chi^*\in L^2(S_\tau\zeta^*)\ominus L^2(\zeta^*)$$

である．

さて $\{U_th_n^*;\, t\in\boldsymbol{R}^1\}$ が張る部分空間を H_n で表わすことにする．以上の準備のもとに，$n\neq m$ に対し H_n と H_m は直交し，各 H_n 上で $\{U_t\}$ は単純 Lebesgue スペクトルを持つことを示そう．

$0\leq t\leq\tau$ に対し

$$\begin{aligned}(h_m^*, U_th_n^*)&=\iint_{\Omega^*}h_m^*(\omega^*)\overline{h_n^*(S_{-t}\omega^*)}dP^*\\&=\int_t^\tau\int_K g_m(\omega)\chi(\omega)\overline{g_n(\omega)\chi(\omega)}dPdu\\&=(\tau-t)\int_{K/\zeta}g_m\bar{g}_n\left\{\int_C|\chi|^2dP_C\right\}dP_\zeta(C)\\&=(\tau-t)(g_m, g_n)=(\tau-t)\delta_{m,n}\end{aligned}$$

が成りたつ．また $t<-\tau$ であれば，$U_th_n^*\in L^2(S_{\tau+t}\zeta^*)\subset L^2(\zeta^*)$ だから，

$$(h_m^*, U_th_n^*)=(\chi^*, \bar{g}_m^*U_th_n^*)=0 \tag{8.8}$$

である．$-\tau\leq t<0$ や $t>\tau$ のときは，関係

$$(h_m^*, U_t h_n^*) = (U_{-t} h_m^*, h_n^*)$$

によって，上の場合に帰着され，結局任意の s と t に対して

$$(U_s h_m^*, U_t h_n^*) = (h_m^*, U_{t-s} h_n^*) = 0, \qquad m \neq n$$

が成りたつ．したがって，$m \neq n$ のとき H_m と H_n は直交する．さらに式(8.8)は $m=n$ でも成りたつので，各 n に対し

$$f_n(t) = \int_{-\infty}^{\infty} e^{2\pi i\lambda t} \|dE(\lambda)h_n^*\|^2 = (U_t h_n^*, h_n^*) = 0, \qquad |t| > \tau$$

が成りたつ．明らかに $f_n \in L^1(\boldsymbol{R}^1, dt)$，したがって $\|dE(\lambda)h_n^*\|^2$ は Lebesgue 測度 dt に関して絶対連続である．ゆえに Radon-Nikodym の密度を $e_n(\lambda)$ とすれば，

$$f_n(t) = \int_{-\infty}^{\infty} e^{2\pi i\lambda t} e_n(\lambda) d\lambda$$

であって，

$$e_n(\lambda) = \int_{-\tau}^{\tau} e^{-2\pi i\lambda t} f_n(t) dt$$

は恒等的に 0 ではない正則関数である．したがって，$e_n(\lambda) > 0$ a. e. となって，

$$\|dE(\lambda)h_n^*\|^2 \sim d\lambda, \qquad 1 \leq n < \infty$$

である．このようにして，$\{U_t\}$ が不変部分空間 $\sum_1^{\infty} \oplus H_n$ で無限重 Lebesgue スペクトルを持つことがわかった．　*qed*

さて定理 8·10 と 13° を考え合わせると，定理 8·9 を証明するためには，Kolmogorov の流れが 13° の条件をみたすような S-表現を持つことを示せば十分であることがわかる．S-表現定理（定理 4·2）の証明を振り返りながら，そのような S-表現が存在することを示そう．

$\{T_t\}$ を Lebesgue 空間 $(\Omega, \mathcal{F}, P)$ 上の Kolmogorov の流れとし，ξ をその K-分割とする．集合 $B \in \mathcal{F}(\xi)$，$0 < P(B) < 1$，を固定する．定理 2·5 によって

$$\varphi_h(\omega) = \frac{1}{h}\int_0^h 1_B(T_t\omega) dt \to 1_B(\omega) \quad \text{a. e.} \quad h \to 0$$

である．したがって十分小さい h に対し，可測集合

$$B_1 = \left\{\omega;\, \varphi_h(\omega) < \frac{1}{4}\right\}, \qquad B_2 = \left\{\omega;\, \varphi_h(\omega) > \frac{3}{4}\right\}$$

はともに正測度を持つ．このようなhを1つ固定する．個別エルゴード定理によって

$$\lim_{t\to\infty}\frac{1}{2t}\int_{-t}^{t}1_{B_i}(T_s\omega)ds=P(B_i)>0 \quad \text{a.e.} \quad i=1,2$$

だから，$\{T_t\}$-不変なΩ_1で$P(\Omega_1)=1$なるものがあって，$\omega\in\Omega_1$ならば，どれだけでも大きいtに対し$\{T_s\omega;\ s>t\}$はB_1もB_2も訪問し，また$\{T_s\omega;\ s<-t\}$も同様である．以下定理4・2の証明と同じである．すなわち

$$\Omega_0=\Omega_1\cap\left\{\omega;\ \varphi_h(\omega)=\frac{1}{2},\ \varphi_h(T_t\omega)>\frac{1}{2},\ 0<t\leq\frac{8}{h}\right\}$$

$$\theta(\omega)=\inf\{t>0;\ T_t\omega\in\Omega_0\}, \qquad \omega\in\Omega_0$$

$$S\omega=T_{\theta(\omega)}\omega, \qquad \omega\in\Omega_0$$

$$\Omega^*=\{(\omega,u);\ \omega\in\Omega_0,\ 0\leq u<\theta(\omega)\}$$

とおけば，Ω^*上に定まるS型の流れ$\{S_t\}=(S,\theta)$は$\{T_t\}$の表現である（$\{T_t\}$と同型である）．

この$\{S_t\}$が求める13°をみたす表現であることを示そう．K-分割ξのΩ^*への像もξで表わすことにする．任意の$t>0$に対し$1_B(T_t\omega)$は$\mathcal{F}(T_{-t}\xi)$-可測だから$\mathcal{F}(\xi)$-可測である．したがって$\varphi_h(\omega)$は$\mathcal{F}(\xi)$-可測である．$I_s=\{\omega^*=(\omega,u);\ u\geq s\}$とおけば，定理4・2の証明の(iii)で集合$\{(\omega',u);\ u<t\}$が可測であることを示したのと同様にして，$I_s\in\mathcal{F}(T_s\xi)$が示される．$\Omega^*$の可測分割

$$\eta_t=\begin{cases}S_t\xi, & I_t \text{ 上で},\\ \{\Omega^*\setminus I_t\}, & \Omega^*\setminus I_t \text{ 上で},\end{cases} \qquad t>0$$

$$\eta^*=\bigvee_{t>0}\eta_t$$

を定め，Ω^*の縦線への分割をζとして，

$$\zeta^*=\eta^*\wedge\zeta$$

とおく．$\Omega_0\sim\Omega^*/\zeta$だから，$\zeta^*$は$\Omega_0$の可測分割$\zeta_0^*$を自然に定める．この$\zeta_0^*$が13°の条件(i)と(ii)をみたすことを示そう，まず

$$\{\omega\in\Omega_0;\ \theta(\omega)>t\}=\bigcup_{0\leq r\leq t}S_{-r}I_t/\zeta\in\mathcal{F}(\zeta_0^*)$$

である（rは有理数のみを動く）．つぎに明らかに$\zeta_0^*\leq S\zeta_0^*$が成りたつので，(i)を示すために$\zeta_0^*=S\zeta_0^*$を仮定して矛盾を導こう．Ω^*の横線$\{(\omega,u);\ u=$

$\boldsymbol{u}_0\}$, $u_0 \geq 0$, への分割を γ で表わせば，η_t や η^* の定め方と $\{S_t\}$ の動き方に注意することによって，

$$\zeta^* \vee \gamma = \eta^* \geq \xi \tag{8.9}$$

がわかる．仮定から $\tilde{\zeta} = \zeta^* \vee \gamma$ は $\{S_t\}$-不変

$$S_t \tilde{\zeta} = \tilde{\zeta}, \qquad t \in \boldsymbol{R}^1 \tag{8.10}$$

である．ξ は K-分割だから式 (8.9) と式 (8.10) によって $\tilde{\zeta} = \varepsilon$ となる．他方任意の $\delta > 0$ に対し，$P(I_{t'}) < \delta$ となる t' がある．η^* の定め方より，$\eta^* \cap I_{t'}^c \leq (S_{t'}\xi) \cap I_{t'}^c$ だから，任意の $A \in \mathcal{F}(\eta^*) = \mathcal{F}(S_{-t'}\eta^*)$ に対し $A' \in \mathcal{F}(\xi)$ があって，

$$P(A \triangle A') < \delta$$

である．これは $\xi = \eta^* = \varepsilon$ を意味して矛盾である．

こうして Kolmogorov の流れは 13° をみたす S-表現を持つことが示された．したがってそれは無限重 Lebesgue スペクトルを持つことになり，定理 8·9 が証明された．

第9章　Bernoulli 変換

この章では Kolmogorov 変換の最も典型的な例である Bernoulli 変換について述べる．まず 9·1 節で Bernoulli 変換が Kolmogorov 変換であることを示し，9·2 節で Bernoulli 変換のエントロピーを計算する．この章のおもな内容は 9·3 節であり，そこでは Ornstein [42] による同型定理，エントロピーの等しい Bernoulli 変換は同型である，を証明する．証明は面倒な一連の補助定理から成る．その途中で，Sinai [36] による弱同型定理があらい形で証明される．

9·1　定義と正則性

Bernoulli 変換は 1·2 節の例 1.3 で定義されたが，ここではもっと一般の定義を与える．T を Lebesgue 空間 $(\Omega, \mathcal{F}, P)$ 上の保測変換としよう．可測分割 ξ に対して

$$\xi_m^n = \xi_m^n(T) = \bigvee_{k=m}^{n} T^k \xi, \qquad m < n$$

とおくなど，記号は前の章までと同じである．

定義 9·1　可測分割 $\xi \neq \nu$ に対して，$T^n \xi$, $n \in \boldsymbol{Z}^1$, が独立のとき，すなわち任意の $n_1 < n_2 < n_3 < n_4$ に対し

$$P(A \cap B) = P(A)P(B), \quad A \in \mathcal{F}(\xi_{n_1}^{n_2}), \quad B \in \mathcal{F}(\xi_{n_3}^{n_4})$$

が成りたつとき，ξ は T に関する **B-分割**であるといわれる．もし T が T に関する B-生成分割 ξ，つまり ξ は B-分割でありかつ $\xi_{-\infty}^{\infty}(T) = \varepsilon$, を持てば，$T$ は **Bernoulli 変換** (Bernoulli transformation) と呼ばれる．

例 1.3 では ξ を時刻 0 の状態 ω_0 から生成される可測分割とすれば，ξ は B-生成分割である．Bernoulli 変換はその B-生成分割 ξ の分布 P_ξ によって，同型を除いて一意に定まる．自明でない任意の確率測度が与えられたとき，それを B-生成分割の分布とするような Bernoulli 変換が存在することが，1·2 節の構成法によってわかる．特に B-生成分割 ξ が可算分割 $\xi = \{A_n;\ n \geq 1\}$ のときには，その元の測度 $p_n = P(A_n)$, $n \geq 1$, は

$$p_n \geq 0, \quad n \geq 1, \quad \sum_{n\geq 1} p_n = 1 \tag{9.1}$$

をみたし，組 $\{p_n\}$ が Bernoulli 変換を定めるので，この場合 Bernoulli 変換 $B(p_n;\, n\geq 1)$ と名づける．一般に式 (9.1) をみたす実数の列 $\{p_n\}$ を**確率ベクトル**と呼ぶ．上に述べたように，自明でない（二つ以上の p_n が正）任意の確率ベクトル $\{p_n\}$ に対し，Bernoulli 変換 $B(p_n;\, n\geq 1)$ が存在する．

定理 9･1　Bernoulli 変換は Kolmogorov 変換である．

証明　T を Bernoulli 変換とし，ξ をその B-生成分割とせよ．T は

$$\zeta = \bigvee_{-\infty}^{0} T^n \xi$$

を K-分割として Kolmogorov 変換であることを示そう．(K. 1) と (K. 2) は明らかに成りたつ．(K. 3) を証明しよう．任意の $A \in \mathcal{F}(\wedge T^n \zeta)$ をとる．任意の $\delta > 0$ に対し，(K. 2) によって $n > 0$ と $A' \in \mathcal{F}(\xi_{-n}^{n})$ があって

$$P(A \triangle A') < \delta$$

が成りたつ．$A \in \mathcal{F}(T^{-n-1}\zeta)$ でもあるので，$m > n$ と $A'' \in \mathcal{F}(\xi_{-m}^{-n-1})$ があって

$$P(A \triangle A'') < \delta$$

である．分割 ξ_{-n}^{n} と ξ_{-m}^{-n-1} は独立だから

$$P(A' \cap A'') = P(A')P(A'')$$

が成りたつ．したがって

$$\begin{aligned}
0 &\leq P(A) - P(A)^2 \\
&\leq |P(A) - P(A \cap A')| + |P(A \cap A') - P(A' \cap A'')| \\
&\quad + |P(A')P(A'') - P(A)P(A'')| + |P(A'') - P(A)|P(A) \\
&\leq P(A \setminus A') + 2\,P(A \triangle A'') + P(A \triangle A') \\
&< 4\,\delta
\end{aligned}$$

を得る．δ は任意だから，$P(A)$ は 0 または 1 となり，(K. 3) が示された．

qed

定理の系としてつぎのことがわかる（前章参照）．

9･1°　Bernoulli 変換 T に対し，

（a）　T はすべての位数の混合性を持つ，特に T はエルゴード的である，

（b） T は完全正のエントロピーを持つ，

（c） T は無限重 Lebesgue スペクトルを持つ．

9・2 エントロピー

Bernoulli 変換 T のエントロピーを計算しよう．ξ を T の B-生成分割とする．もし $H(\xi)<\infty$ であれば，定理6・2によって

$$h(T)=h(T,\xi)$$

であり，ξ と $\xi_{-\infty}^{-1}$ は独立だから 6・15° により，$H(\xi\mid\xi_{-\infty}^{-1})=H(\xi)$ であって，結局

$$h(T)=H(\xi)$$

を得る．したがって，$\xi=\{A_n;\, n\geq 1\}$，$p_n=P(A_n)$，$n\geq 1$，として

$$h(T)=-\sum_{n\geq 1} p_n \log p_n \tag{9.2}$$

が得られる．

つぎに $H(\xi)=\infty$ だが ξ は可算分割 $\xi=\{A_n;\, 1\leq n<\infty\}$ である場合には，

$$\xi_n=\{A_1, \cdots, A_n, \bigcup_{j>n} A_j\}, \qquad n\geq 1$$

とおけば，6・25° が適用できて，やはり式 (9.2) が得られる．

最後に ξ が可算分割でない場合，すなわち Ω/ξ 上の測度 P_ξ が連続な部分を持つ場合には

$$h(T)=\infty$$

である．実際，任意の $n>0$ に対し有限分割 $\xi_n=\{A_{n1}, \cdots, A_{nn}\}\leq\xi$ で

$$P(A_{nj})>\frac{c}{n}, \qquad 1\leq j\leq n$$

をみたすものがある，ここに c は n に無関係な定数である．n が十分大きいとき

$$h(T)\geq h(T,\xi_n)=H(\xi_n)\geq c\log n$$

が成りたつから，$h(T)=\infty$ である．

9・2° 任意の $0<h\leq\infty$ に対して，

$$h(T)=h$$

であるような Bernoulli 変換 T が存在する．

証明 9·1 節に述べたように，確率ベクトル $\{p_n;\, n\geq 1\}$ に対し Bernoulli 変換 $B(p_n;\, n\geq 1)$ がある．そしてそれは式 (9.2) をみたす．いま任意の $m>0$ を固定し，確率ベクトル $\{p_1, \cdots, p_m\}$ を考えれば，6·5° により

$$-\sum_{n=1}^{m} p_n \log p_n \leq \log m$$

である．左辺は $(p_1, \cdots, p_m)$ について連続で，区間 $(0, \log m]$ の任意の値をとり得る．つまり任意の $0<h\leq \log m$ に対し，エントロピーが h に一致するような Bernoulli 変換 $B(p_1, \cdots, p_m)$ が存在する．m は任意だから $0<h<\infty$ に対して 2° が示された．$h=\infty$ に対しては式 (9.1) をみたし，かつ

$$-\sum_{n=1}^{\infty} p_n \log p_n = \infty \tag{9.3}$$

となる $\{p_n\}$ について，Bernoulli 変換 $B(p_n;\, n\geq 1)$ をとればよい． qed

問 1 式 (9.3) をみたす確率ベクトルの例をあげよ．

以上によってつぎのことがわかった．Bernoulli 変換はすべて無限重 Lebesgue スペクトルを持つのでスペクトル同型であるが，エントロピーが異なり，したがって互いに同型でない Bernoulli 変換が連続濃度個存在する．

9·3 Ornstein の同型定理

前節において，エントロピーが異なり，したがって互いに同型でない Bernoulli 変換が無数にあることを示したが，それではエントロピーが一致する Bernoulli 変換は同型であるかということが問題になる．この問題は最近 Ornstein [42], [43]（[48] も参照）によってみごとに解決された．

定理 9·2 同じエントロピーを持つ Bernoulli 変換は同型である．

この定理をエントロピーが有限な場合に限って証明することにしよう．そのために，可算分割の間の関係やそれとエントロピーとの関係についての準備が必要である．

$(\Omega, \mathcal{F}, P)$ を点測度を持たない Lebesgue 空間とする．その可算分割の空間 Z_c の距離などについては，6·3 節を参照されたい．Ω' を Ω の部分空間とし，可算分割 $\xi=\{A_n;\, n\geq 1\}$ に対し，その Ω' への制限を前と同じく $\xi_{\Omega'}=\xi\cap\Omega'$ で表わし，

$$d(\xi_{\Omega'})=\{P_{\Omega'}(A_n);\ n\geq 1\}$$

とおく．さらに $\eta=\{B_n;\ n\geq 1\}$ であれば，

$$D(\xi,\eta\mid\Omega')=\sum_{n\geq 1}P_{\Omega'}(A_n\triangle B_n)$$

とおく．明らかに

$$D(\xi,\eta)=D(\xi,\eta\mid\Omega')P(\Omega')+D(\xi,\eta\mid\Omega\setminus\Omega')P(\Omega\setminus\Omega')$$

が成りたつ．

6・15° に述べた分割の独立性とエントロピーの関係を拡張しよう．そのために，つぎの定義を与える．

定義 9・2 可算分割 ξ と η が

$$\sum_{A\in\xi,\,B\in\eta}|P(A\cap B)-P(A)P(B)|<\varepsilon \tag{9.4}$$

をみたすとき，ξ と η は **ε-独立** (ε-independent) であるという．式 (9.4) は

$$\sum_{B\in\eta}P(B)d(\xi_B,\eta)<\varepsilon$$

と書いておく方が便利なこともある．0-独立は独立と同じであることに注意せよ．分割の列 $\{\xi_n;\ n\geq 1\}$ が **ε-独立**とは，各 n に対し ξ_n と $\bigvee_1^{n-1}\xi_i$ が ε-独立であることをいう．

9・3° 可算分割 ξ,η,ζ において，ξ と η は ε_1-独立，$\xi\vee\eta$ と ζ は ε_2-独立であれば，ξ と $\eta\vee\zeta$ は $\varepsilon_1+2\varepsilon_2$-独立である．これは ε_1 と ε_2 が 0 のときもこめて成りたつ．

証明 つぎの関係が成りたつ

$$\begin{aligned}&\sum_{A\in\xi,\,B\in\eta,\,C\in\zeta}|P(A\cap B\cap C)-P(A)P(B\cap C)|\\&\leq\sum_{A,B,C}|P(A\cap B\cap C)-P(A\cap B)P(C)|\\&\quad+\sum_{A,B,C}|P(A\cap B)-P(A)P(B)|P(C)\\&\quad+\sum_{A,B,C}P(A)|P(B)P(C)-P(B\cap C)|\\&<\varepsilon_1+2\varepsilon_2.\end{aligned}$$

qed

9・4° 任意の $\varepsilon>0$ に対し $\delta=\delta(\varepsilon)>0$ があって，

$$H(\xi)-H(\xi\mid\eta)<\delta$$

をみたす可算分割 ξ と η は ε-独立である．

証明 まず関係

$$H(\xi)-H(\xi\mid\eta)=H(\xi)+H(\eta)-H(\xi\vee\eta)$$
$$=\sum_{A\in\xi,\,B\in\eta}P(A\cap B)\{\log P(A\cap B)-\log P(A)P(B)\}$$

に注意せよ．関数 $f(x)=1-x+x\log x$ をとり，

$$f_{AB}=f\left(\frac{P(A\cap B)}{P(A)P(B)}\right),\quad A\in\xi,\quad B\in\eta$$

とおけば

$$H(\xi)-H(\xi\mid\eta)=\sum_{A\in\xi,\,B\in\eta}P(A)P(B)f_{AB}$$

である．さて $0<\delta_1<\varepsilon/4$ を $f(x)<\delta_1$ ならば $|x-1|<\varepsilon/4$ となる数とし，$\delta=\delta_1^2$ とおけば，これが求めるものである．実際，$H(\xi)-H(\xi\mid\eta)<\delta$ と仮定すれば，

$$\sum_{f_{AB}\geq\delta_1}P(A)P(B)<\delta_1$$

であり，したがって

$$\sum_{A\in\xi,\,B\in\eta}|P(A\cap B)-P(A)P(B)|$$
$$\leq\sum_{f_{AB}<\delta_1}\left|\frac{P(A\cap B)}{P(A)P(B)}-1\right|P(A)P(B)+\sum_{f_{AB}\geq\delta_1}\{P(A\cap B)+P(A)P(B)\}$$
$$<\frac{\varepsilon}{4}+1-\sum_{f_{AB}<\delta_1}P(A\cap B)+\delta_1$$
$$<\frac{\varepsilon}{2}+\sum_{f_{AB}\geq\delta_1}P(A)P(B)+\sum_{f_{AB}<\delta_1}|P(A)P(B)-P(A\cap B)|$$
$$<\varepsilon$$

が成りたつ． *qed*

9・5° $\varepsilon>0$ に対し $\delta=\delta(\varepsilon)$ を 4° のものとする．可算分割 ξ が

$$H(\xi)-h(T,\xi)<\delta$$

をみたせば，$\{T^n\xi;\ n\geq 0\}$ は ε-独立である．

証明 任意の $n>0$ に対し

$$h(T,\xi)\leq H(\xi\mid\bigvee_1^n T^{-k}\xi)$$
$$=H(T^n\xi\mid\bigvee_0^{n-1}T^k\xi)\leq H(\xi)$$

が成りたつことによる． *qed*

式 (9.1) をみたす確率ベクトル $p=\{p_n;\ n\geq 1\}$ と可算分割 $\xi=\{A_n;\ n\geq 1\}$ に対して

$$d(\xi,p)=\sum_{n\geq 1}|P(A_n)-p_n|$$

と定める.

9・6° 可算分割 ξ,η と確率ベクトル p が与えられて, ξ と η は ε-独立であり, $d(\xi,p)<\varepsilon'$ ならば, つぎの三条件をみたす分割 $\bar{\xi}$ が存在する:

(a) $\bar{\xi}$ と η は独立

(b) $d(\bar{\xi})=p$

(c) $D(\xi,\bar{\xi})<\varepsilon+\varepsilon'$.

証明 $\xi=\{A_n;\ n\geq 1\}$, $\eta=\{B_m;\ m\geq 1\}$ とする. 各 m に対し, B_m の分割 $\{\bar{A}_n^m;\ n\geq 1\}$ をつぎのように定める:

(i) $P(\bar{A}_n^m)=p_nP(B_m)$

(ii) $P(A_n\cap B_m)\geq p_nP(B_m)$ ならば $\bar{A}_n^m\subset A_n\cap B_m$,

$P(A_n\cap B_m)<p_nP(B_m)$ ならば $B_m\supset\bar{A}_n^m\supset A_n\cap B_m$.

そうして, 各 n に対し $\bar{A}_n=\bigcup_m \bar{A}_n^m$ とおく. $\bar{\xi}=\{\bar{A}_n;\ n\geq 1\}$ は Ω の分割であって, (i) より (b) が従う. またすべての n,m に対し

$$P(\bar{A}_n\cap B_m)=P(\bar{A}_n^m)=p_nP(B_m)=P(\bar{A}_n)P(B_m)$$

だから $\bar{\xi}$ と η は独立である. 最後に

$$\begin{aligned}D(\xi,\bar{\xi})&=\sum_{n\geq 1}P(A_n\triangle\bar{A}_n)=\sum_{m\geq 1,n\geq 1}P((A_n\cap B_m)\triangle\bar{A}_n^m)\\&=\sum_{m,n}|P(A_n\cap B_m)-p_nP(B_m)|\\&\leq\sum_{m,n}|P(A_n\cap B_m)-P(A_n)P(B_m)|+\sum_n|P(A_n)-p_n|\\&<\varepsilon+\varepsilon'\end{aligned}$$

が成りたつ. *qed*

9・7° ε-独立な可算分割の列 $\xi_1,\cdots,\xi_n$ が確率ベクトル p に対して, $d(\xi_k,p)<\varepsilon'$, $1\leq k\leq n$, をみたすとする. そうすれば, つぎの三条件をみたす可算分割の列 $\bar{\xi}_1,\cdots,\bar{\xi}_n$ が存在する:

(a) $\bar{\xi}_1,\cdots,\bar{\xi}_n$ は独立

(b) $d(\bar{\xi}_k)=p,\ 1\leq k\leq n$

(c) $D(\xi_k, \bar{\xi}_k) < \varepsilon + \varepsilon'$, $1 \le k \le n$.

証明　つぎのような $\bar{\xi}_n, \cdots, \bar{\xi}_1$ を帰納的に定めればよい：(i) $\bar{\xi}_n, \cdots, \bar{\xi}_k$ は独立，(ii) $\bigvee_k^n \bar{\xi}_i$ と $\bigvee_1^{k-1} \xi_i$ は独立，(iii) $d(\bar{\xi}_i) = p$, $k \le i \le n$, (iv) $D(\xi_i, \bar{\xi}_i) < \varepsilon + \varepsilon'$, $k \le i \le n$. まず6° によって (i-iv) をみたす $\bar{\xi}_n$ が存在する．つぎに (i-iv) をみたす $\bar{\xi}_n, \cdots, \bar{\xi}_{k+1}$ がすでに定まったと仮定せよ．このとき7° の仮定と (ii) によって3°($\varepsilon_2=0$) が適用できて，ξ_k と $\bigvee_1^{k-1} \xi_i \vee \bigvee_{k+1}^n \bar{\xi}_i$ は ε-独立であることがわかる．6° をふたたび用いて (iii, iv) をみたしかつ $\bigvee_1^{k-1} \xi_i \vee \bigvee_{k+1}^n \bar{\xi}_i$ と独立な $\bar{\xi}_k$ があることがわかる．$\bar{\xi}_k$ は明らかに (i, ii) もみたす．　qed

注意　7° において (c) を要求しないならば，分割列 $\{\xi_i\}$ と p について何の条件もなしに (a) と (b) をみたす列 $\{\bar{\xi}_i\}$ があることに注意せよ．

一般に可算分割の列 $\xi_k = \{A_i^k;\ i \ge 1\}$, $1 \le k \le n$, は Ω の可算分割 $\bigvee_1^n \xi_k$ を定めるわけだが，これに対応する Ω の点の名称というものをつぎのように定める．各点 $\omega \in \Omega$ に対し，ω が $\bigvee_1^n \xi_k$ の元 $\bigcap_1^n A_{s_k}^k$ に属するとき，ω の**名称** (name) は $(s_1, \cdots, s_n)$ であるという，ω の名称を ω の関数と考えて，$s(\omega) = (s_1(\omega), \cdots, s_n(\omega))$ と表わす．明らかに，分割 $\bigvee_1^n \xi_k$ の一つの元 $C = \bigcap_1^n A_{s_k}^k$ に属する点はすべて同じ名称 $(s_1, \cdots, s_n)$ を持つから，$\bigvee_1^n \xi_k$ の元 C の名称 $s(C) = (s_1(C), \cdots, s_n(C))$ も定まる．

つぎの二つの命題は確率論における大数の法則の特別な場合である．

9・8°　$p = \{p_1, \cdots, p_m\}$ を有限な確率ベクトルとし，$\xi_k = \{A_i^k;\ 1 \le i \le m\}$, $1 \le k \le n$, をすべて

$$d(\xi_k) = p, \qquad 1 \le k \le n$$

であるような独立な分割の列とする．各点 ω の名称 $s(\omega) = (s_1(\omega), \cdots, s_n(\omega))$ に対し，$s_k(\omega) = i$ であるような k の個数を

$$N_i(n, \omega) = \sum_{k=1}^n 1_{\{i\}}(s_k(\omega))$$

で表わす．そうすると各点 ω に対し，

$$p^{(n)}(\omega) = \left(\frac{N_1(n, \omega)}{n}, \cdots, \frac{N_m(n, \omega)}{n}\right)$$

は一つの確率ベクトルであり，それを経験分布という．このとき $n \to \infty$ とす

れば，経験分布 $p^{(n)}(\omega)$ は p に確率収束する．すなわち任意の $\varepsilon>0$ と $\delta>0$ に対し，n が十分大きいときつぎの二条件をみたす集合 $X\in\mathcal{F}(\bigvee_1^n \xi_k)$ が存在する：(a) $P(X)>1-\varepsilon$，(b) $\omega\in X$ であれば，$d(p^{(n)}(\omega),p)<\delta$ が成りたつ．

注意 (b) は，$C\in(\bigvee_1^n \xi_k)_X$ であれば $d(p^{(n)}(C),p)<\delta$ が成りたつ，といってもよい．

証明 $s_k(\omega)$ は ξ_k によって定まる確率変数だから，$s_1(\omega),\cdots,s_n(\omega)$ は独立である．したがって，各 i に対し

$$\int_\Omega\left|\frac{N_i(n,\omega)}{n}-p_i\right|^2dP$$

$$=\frac{1}{n^2}\sum_{k=1}^n\int|1_{\{i\}}(s_k(\omega))-p_i|^2dP$$

$$=\frac{1}{n}p_i(1-p_i)\to 0,\qquad n\to\infty$$

が成りたつ．他方

$$P\left(\left|\frac{N_i(n,\omega)}{n}-p_i\right|\geq\delta_i\right)\leq\frac{1}{\delta_i^2}\int_\Omega\left|\frac{N_i(n,\omega)}{n}-p_i\right|^2dP$$

が成りたつので，$p^{(n)}(\omega)$ が p に確率収束することを示すのは容易であろう．

qed

定理6・6に対応することが，独立分割列に対しては大数の法則を応用して得られる．

9・9° $p=\{p_i;\,i\geq 1\}$ は確率ベクトルで

$$H(p)=-\sum_{i\geq 1}p_i\log p_i<\infty$$

をみたすとしよう．$\xi_k=\{A_i^k;\,i\geq 1\}$，$1\leq k\leq n$，はすべて $d(\xi_k)=p$ であるような独立な分割の列とする．このとき任意の $\varepsilon>0$ と $\delta>0$ に対し，n が十分大きいときつぎの二条件をみたす集合 $X\in\mathcal{F}(\bigvee_1^n \xi_k)$ が存在する：(a) $P(X)>1-\varepsilon$，(b) $\omega\in X$ に対し

$$2^{-n(H(p)+\delta)}<P(\omega;\bigvee_1^n\xi_k)<2^{-n(H(p)-\delta)}$$

が成りたつ．

注意 (b) は

$$2^{-n(H(p)+\delta)}<P(C)<2^{-n(H(p)-\delta)},\qquad C\in(\bigvee_1^n\xi_k)_X$$

でおきかえてもよい.

証明 $\{\xi_k\}$ が独立だから,

$$P(\omega;\ \bigvee_1^n \xi_k)=\prod_1^n P(\omega;\ \xi_k) \qquad \text{a. e.}$$

が成りたつ. したがって和

$$\log P(\omega;\ \bigvee_1^n \xi_k)=\sum_1^n \log P(\omega;\ \xi_k)$$

において, $\log P(\omega;\ \xi_k)$, $1\leq k\leq n$, は独立な確率変数列で同じ分布を持つ. さらに

$$-\int_\Omega \log P(\omega;\ \xi_k)dP=H(\xi_k)=H(p)<\infty, \qquad 1\leq k\leq n$$

である. したがって確率論における大数の法則によって, $-\log P(\omega;\ \bigvee_1^n \xi_k)/n$ は $n\to\infty$ のとき $H(p)$ に確率収束する. 9° の結論はこのことを定義に従って述べたものにすぎない. *qed*

注意 9° において, もし

$$\int_\Omega (\log P(\omega;\ \xi_k))^2 dP=\sum_i p_i(\log p_i)^2<\infty$$

も成りたてば, 9° は 8° と同様に容易に証明される. またエルゴード定理を用いて 8° と 9° を証明することもできる.

問 2 8° と 9° をエルゴード定理を用いて示せ.

さて定理9・2の証明を始めよう. 証明はいくつかの補助定理に分けられる. まず確率ベクトル $\boldsymbol{p}$ が与えられたときに, 変換 T に関する B-分割 ξ で分布が $\boldsymbol{p}$ であるようなものの存在を示す. その方法は分割列で ξ を近似するのであるが, 近似列の存在を保証する本質的な補助定理がつぎのものである.

9・10° $(\Omega,\ \mathcal{F},\ P)$ を点測度を持たない Lebesgue 空間とし, T をその上のエルゴード的な保測変換で, エントロピーが有限なものとする. $\varepsilon>0$ に対し, $\delta=\delta(\varepsilon)>0$ を 4° のものとし, $\theta(\varepsilon)=\min(\delta(\varepsilon^2/2), \varepsilon^2/2)/2$ とおく. $p=\{p_i;\ i\geq 1\}$ を確率ベクトルとし, ξ を Ω の可算分割とする. このとき, もし条件

(a) $H(p)=h(T)$

(b) $d(\xi, p)<\theta(\varepsilon)$

(c) $H(\xi)-h(T,\xi)<\theta(\varepsilon)$

が成りたつならば, 任意の $\delta>0$ に対しつぎの三条件をみたす有限分割 $\tilde{\xi}$ が存

在する:

(i) $d(\tilde{\xi}, p)<\delta$

(ii) $H(\tilde{\xi})-h(T,\tilde{\xi})<\delta$

(iii) $D(\xi,\tilde{\xi})<15\varepsilon$.

証明 $\delta<\theta(\varepsilon)$ と仮定してよい. $p'=\{p_1',\cdots,p_m'\}$ を有限確率ベクトルで

$$d(p,p')<\frac{\delta}{4},\quad H(p')=H(p)+a,\quad 0<a<\frac{\delta}{4}$$

なるものとする. 5° によれば (c) は $\{T^n\xi\}$ が $\varepsilon^2/2$-独立であることを意味する. また (b) と p' のとり方によって $d(T^n\xi, p')<\varepsilon^2/2$ である. したがって, 7° が適用できて, 任意に大きい $n>0$ に対し, 独立な分割列 $\xi_0,\cdots,\xi_{n-1}$ で

$$d(\xi_k)=p',\quad D(\xi_k, T^k\xi)<\varepsilon^2,\quad 0\le k\le n-1$$

をみたすものが存在する.

空間と T に関する仮定により, 定理6・4 が使えて, エントロピー有限な生成分割 η_0 が存在する. $\eta=\xi\vee\eta_0$ とおけば,

$$\eta\ge\xi,\quad h(T,\eta)=h(T),\quad H(\eta)<\infty$$

である. さて $0<\varepsilon'<\min(1/2,\ \varepsilon/2,\ \delta/12)$ を十分小さくとって, つぎの (1) と (2) が成りたつようにする:

(1) $D(\eta,\eta')<10\varepsilon'$ ならば

$$h(T,\eta)-\frac{\delta}{4}<h(T,\eta')$$

である (6・37° による),

(2) $d(\tilde{\xi},p')<10\varepsilon'$ かつ $N(\tilde{\xi})\le m$ ならば

$$|H(\tilde{\xi})-H(p')|<\frac{\delta}{4}$$

である (6・31° による).

つぎに $n>3/a$ をつぎの (3-5) をみたすように十分大きくとって固定する:

(3) $\bar{\eta}=\eta_0^{n-1}$ とおくとき, $Y\in\mathcal{F}(\bar{\eta})$ があって,

$$P(Y)>1-\varepsilon'$$

$$2^{-n\left(h(T)+\frac{a}{3}\right)}<P(B)<2^{-n\left(h(T)-\frac{a}{3}\right)},\qquad B\in\bar{\eta}_Y$$

が成りたつ (定理6・6 による). したがって Y にはいる $\bar{\eta}$ の元の個数は

$$N(\bar{\eta}_Y)<2^{n\left(h(T)+\frac{a}{3}\right)}$$

と評価される.

（4） $\xi=\bigvee_0^{n-1}\xi_k$ に対し，$X\in\mathcal{F}(\xi)$ があって，

$$P(X)>1-\varepsilon'$$

$$2^{-n\left(H(p')+\frac{a}{3}\right)}<P(G)<2^{-n\left(H(p')-\frac{a}{3}\right)}, \qquad G\in\xi_X$$

が成りたち，かつ経験分布 $p'(G)$ が

$$d(p'(G),p')<\varepsilon', \qquad G\in\xi_X$$

をみたす（8° と 9° による）．このとき

$$H(p')-\frac{a}{3}=h(T)+\frac{2a}{3}$$

だから，

$$N(\xi_X)>2^{n\left(h(T)+\frac{a}{3}\right)}$$

が成りたつことがわかる．

（5） $P(A)<1/n$ であれば，分割 $\{A,A^c\}$ に対し

$$H(\{A,A^c\})<\frac{\delta}{4}$$

が成りたつ．

各点 $\omega\in\Omega$ の ξ_0^{n-1} による名称を ξ-名称と呼び，

$$s(\omega)=(s_0(\omega),s_1(\omega),\cdots,s_{n-1}(\omega))$$

で表わし，$\xi=\bigvee_0^{n-1}\xi_k$ による名称を ξ-名称と呼び，

$$\bar{s}(\omega)=(\bar{s}_0(\omega),\bar{s}_1(\omega),\cdots,\bar{s}_{n-1}(\omega))$$

で表わす．$s_k(\omega)\neq\bar{s}_k(\omega)$ なる点 ω の全体を E_k とし，$s(\omega)$ と $\bar{s}(\omega)$ において $s_k(\omega)\neq\bar{s}_k(\omega)$ なる k の個数が t より大きいような点 ω の全体を L_t とおけば，

$$tP(L_t)\leq\sum_{k=0}^{n-1}P(E_k)$$

が成りたつ．他方，$\xi=\{A_i;\ i\geq1\}$，$\xi_k=\{\bar{A}_1^k,\cdots,\bar{A}_m^k\}$ と表わすことにすれば，

$$D(T^k\xi,\xi_k)=\sum_i P(T^kA_i\triangle\bar{A}_i^k)$$

$$=\sum_i P(\{s_k(\omega)=i\}\triangle\{\bar{s}_k(\omega)=i\})$$

$$=\sum_i \{P(s_k(\omega)=i\neq \bar{s}_k(\omega))+P(\bar{s}_k(\omega)=i\neq s_k(\omega))\}$$
$$=2P(E_k)$$

だから，

$$tP(L_t)<\frac{n\varepsilon^2}{2}$$

を得る．したがって，$W=L^c_{n\varepsilon}$ とおけば

$$P(W)>1-\varepsilon$$

である．

さて，

$$P(B\cap W\cap X)\geq\frac{P(B)}{2}$$

をみたす $B\in\bar{\eta}_Y$ の集合を $\mathscr{B}$ で表わし，$\mathscr{B}$ に属する B の和集合を Z とおけば，

$$\begin{aligned}P(Z^c)&=\sum_{B\in\bar{\eta}\setminus\mathscr{B}}P(B)\\&=\sum_{B\in\bar{\eta}\setminus\mathscr{B}}\{P(B\cap W\cap X)+P(B\cap(W\cap X)^c)\}\\&<\frac{1}{2}P(Z^c)+P(W^c)+P(X^c)\end{aligned}$$

が成りたつので，

$$P(Z^c)<2(P(W^c)+P(X^c))<2(\varepsilon+\varepsilon')<3\varepsilon$$

を得る．各 $B\in\mathscr{B}$ に対し，$B\cap G\cap W\neq\phi$ なる $G\in\xi_X$ の集まり $\psi'(B)$ を対応させる．任意の $\mathscr{B}'\subset\mathscr{B}$ に対し，$\psi'(B)$，$B\subset\mathscr{B}'$，の和を $\psi'(\mathscr{B}')$ で表わせば，$\psi'(\mathscr{B}')$ の個数は $\mathscr{B}'$ の個数より少なくない： $N(\mathscr{B}')\leq N(\psi'(\mathscr{B}'))$．実際

$$\begin{aligned}\frac{1}{2}N(\mathscr{B}')\min_{B\in\mathscr{B}}P(B)&\leq\frac{1}{2}\sum_{B\in\mathscr{B}'}P(B)\\&\leq\sum_{B\in\mathscr{B}'}P(B\cap W\cap X)\leq\sum_{G\in\psi'(\mathscr{B}')}P(G)\\&\leq N(\psi'(\mathscr{B}'))\max_{G\in\xi_X}P(G)\end{aligned}$$

が成りたち，他方 $na>3$ と (4) により

$$\begin{aligned}\max_{G\in\xi_X}P(G)&<2^{-n\left(h(T)+\frac{2a}{3}\right)}\\&<\frac{1}{2}\cdot 2^{-n\left(h(T)+\frac{a}{3}\right)}<\frac{1}{2}\min_{B\in\mathscr{B}}P(B)\end{aligned}$$

が成りたつから．ゆえに marriage lemma (10° の証明の後に述べる) が適用できて，各 $B\in\mathcal{B}$ に $\psi'(B)$ の中の一つの G を対応させる写像 ψ が定まり，ψ は1対1である．前にも述べたように G の ξ-名称 $\bar{s}(G)$ が定まり，一方 $\xi\leq\eta$ だから B の ξ-名称 $s(B)$ も定まる．そして

$$B\cap\psi(B)\cap W\neq\phi$$

だから，$s(B)$ と $\bar{s}(\psi(B))$ の異なる成分の個数は $n\varepsilon$ 以下である．(3) と (4) により $N(\bar{\eta}_Y)<N(\xi_X)$ だから，ψ を $\bar{\eta}_Y$ から ξ_X の中への1対1写像に拡張することができる．

仮定により T は周期点を持たないので，定理 4·3 が適用できて，T^kF', $0\leq k\leq n-1$, が互いに交わらず，かつ

$$P(\bigcup_0^{n-1}T^kF')>1-\varepsilon'$$

をみたす集合 $F'\in\mathcal{F}$ が存在することがわかる．このとき

$$\sum_{k=0}^{n-1}P(T^kF'\cap Z^c)\leq P(Z^c)<3\varepsilon$$

だから半数以上の k に対し

$$P(T^kF'\cap Z^c)<\frac{6\varepsilon}{n} \tag{9.5}$$

が成りたつ．同様に

$$\sum_{k=0}^{n-1}P(T^kF'\cap Y^c)\leq P(Y^c)<\varepsilon'$$

だから 2/3 以上の k に対し

$$P(T^kF'\cap Y^c)<\frac{3\varepsilon'}{n} \tag{9.6}$$

が成りたつ．式 (9.5) と式 (9.6) をともにみたす k_0 を一つとって，$F=T^{k_0}F'$ とおけば，

$$T^{-k}F,\qquad 0\leq k\leq n-1$$

は互いに交わらず，

$$P(\bigcup_{k=0}^{n-1}T^{-k}(F\cap Z))=nP(F\cap Z)>1-\varepsilon'-6\varepsilon \tag{9.7}$$

$$P(\bigcup_{k=0}^{n-1} T^{-k}(F\cap Y))>1-4\varepsilon'$$

が成りたつ.

求める分割 $\tilde{\xi}=\{\tilde{A}_1,\cdots,\tilde{A}_m\}$ を定めよう. 以後簡単のために, $\psi(B), B\in\bar{\eta}_Y$, の ξ-名称を

$$\bar{s}(B)=\bar{s}(\psi(B))$$

と略記し, その第 k 成分を $\bar{s}_k(B)$ と書く. 各元 $\tilde{A}_i$, $1\leq i\leq m$, を $T^{-k}(F\cap Y)$ 上で

$$\tilde{A}_i\cap T^{-k}(F\cap Y)=\bigcup\{T^{-k}(F\cap B);\ B\in\bar{\eta}_Y,\ \bar{s}_k(B)=i\}$$

と定める. $0\leq k\leq n-1$ についての和をとれば,

$$\Omega'=\bigcup_{0}^{n-1} T^{-k}(F\cap Y)$$

上で $\tilde{\xi}$ が定まる. 残りの $\Omega''=\Omega\setminus\Omega'$ を $\tilde{A}_1$ に入れることにする. こうして $\tilde{\xi}$ が完全に定まった. 分割 $\tilde{\xi}$ が (i-iii) をみたすことを順次示そう.

(i) の証明: $1\leq i\leq m$ に対し, $\bar{s}_k=i$ なる k の個数を $N(k;\bar{s}_k=i)$ で表わせば,

$$\begin{aligned}P(\tilde{A}_i)&=\sum_{k=0}^{n-1}P(\tilde{A}_i\cap T^{-k}(F\cap Y))+P(\tilde{A}_i\cap\Omega'')\\&=\sum_{k=0}^{n-1}\sum_{\substack{B\in\bar{\eta}_Y\\ \bar{s}_k(B)=i}}P(F\cap B)+P(\tilde{A}_i\cap\Omega'')\\&=\sum_{B\in\bar{\eta}_Y}N(k;\bar{s}_k(B)=i)P(F\cap B)+P(\tilde{A}_i\cap\Omega'')\end{aligned}$$

である. $N(k;\bar{s}_k(B)=i)/n$ は $\psi(B)\in\xi_X$ の経験分布の i 番目の成分であり,

$$\sum_{B\in\bar{\eta}_Y}nP(F\cap B)=nP(F\cap Y)=P(\Omega')$$

であることに注意すれば, (4) により

$$\begin{aligned}d(\tilde{\xi},p')&=\sum_{i=1}^{m}|P(\tilde{A}_i)-p_i'|\\&\leq\sum_{B\in\bar{\eta}_Y}nP(F\cap B)\sum_{i=1}^{m}\left|\frac{N(k;\bar{s}_k(B)=i)}{n}-p_i'\right|+2P(\Omega'')\\&<9\varepsilon'<\frac{3\delta}{4}\end{aligned}$$

が得られる．したがって

$$d(\tilde{\xi}, p) \leq d(\tilde{\xi}, p') + d(p', p) < \delta$$

である．

(ii) の証明： $A = F \cap Y$ とおけば，$P(A) < 1/n$ だから (5) により $H(\{A, A^c\}) < \delta/4$ である．補助的に分割

$$\xi^* = \bigvee_{-n}^{n} T^k(\tilde{\xi} \vee \{A, A^c\})$$

を考えれば，明らかに $\{T^{-k}(F \cap B) ; 0 \leq k < n,\ B \in \bar{\eta}_Y\} \subset \mathcal{F}(\xi^*)$ だから，Ω' の上で η と一致する分割 $\eta' \leq \xi^*$ があって，

$$\begin{aligned} D(\eta, \eta') &= D(\eta, \eta' \mid \Omega')P(\Omega') + D(\eta, \eta' \mid \Omega'')P(\Omega'') \\ &\leq 2P(\Omega'') < 8\varepsilon' \end{aligned}$$

である．したがって (1) により

$$\begin{aligned} h(T) &= h(T, \eta) \\ &< h(T, \eta') + \frac{\delta}{4} \\ &\leq h(T, \xi^*) + \frac{\delta}{4} \\ &= h(T, \tilde{\xi} \vee \{A, A^c\}) + \frac{\delta}{4} \\ &\leq h(T, \tilde{\xi}) + H(\{A, A^c\}) + \frac{\delta}{4} \\ &< h(T, \tilde{\xi}) + \frac{\delta}{2} \end{aligned}$$

が成りたつ．他方 $d(\tilde{\xi}, p') < 9\varepsilon'$ であったから，(2) により

$$|H(\tilde{\xi}) - H(p')| < \frac{\delta}{4}$$

である．ゆえに

$$H(\tilde{\xi}) - h(T, \tilde{\xi}) < H(p') + \frac{\delta}{4} - h(T) + \frac{\delta}{2} < \delta$$

を得る．

(iii) の証明： $B \in \mathcal{B}$ に対しては，その ξ-名称 $s(B)$ と $\psi(B)$ の $\boldsymbol{\xi}$-名称 $\bar{s}(B)$ において，異なる成分の個数が $n\varepsilon$ 以下であることを使う．$\tilde{\xi}$ の定め方を

思い起こすと，各 $1 \leq i \leq m$ に対し，

$$\tilde{A}_i \cap T^{-k}(B \cap F) = \begin{cases} T^{-k}(B \cap F), & \bar{s}_k(B) = i \\ \phi, & \bar{s}_k(B) \neq i \end{cases}$$

である．この事情は $\xi = \{A_i\}$ についても同様で，

$$A_i \cap T^{-k}(B \cap F) = \begin{cases} T^{-k}(B \cap F), & s_k(B) = i \\ \phi, & s_k(B) \neq i \end{cases}$$

であることが容易にわかる．いま

$$\Omega_1 = \Omega \setminus \bigcup_{k=0}^{n-1} T^{-k}(F \cap Z)$$

とおけば，式 (9.7) により

$$P(\Omega_1) < \varepsilon' + 6\varepsilon$$

である．ゆえに

$$\begin{aligned} D(\xi, \tilde{\xi}) &= \sum_i P(A_i \triangle \tilde{A}_i) \\ &= \sum_i \sum_{B \in \mathcal{B}} \sum_{k=0}^{n-1} P((A_i \cap T^{-k}(B \cap F)) \triangle (\tilde{A}_i \cap T^{-k}(B \cap F))) \\ &\quad + D(\xi, \tilde{\xi} \mid \Omega_1) P(\Omega_1) \\ &\leq \sum_{B \in \mathcal{B}} \sum_{k : s_k(B) \neq \bar{s}_k(B)} \{P(T^{-k}(B \cap F)) + P(T^{-k}(B \cap F))\} + 13\varepsilon \\ &\leq 2n\varepsilon \sum_{B \in \mathcal{B}} P(B \cap F) + 13\varepsilon < 15\varepsilon \end{aligned}$$

を得る． *qed*

注意 10° において，もし $\tilde{\xi}$ に対する条件のうち (iii) が不要であれば，仮定の (b) と (c) はいらない．証明を振り返ってみよ．

上の証明の中で用いた marriage lemma を述べておこう．

marriage lemma n 人のボーイの集まり B と m 人のガールの集まり G を考える．ボーイたちはそれぞれなん人かのガールを友だちとしている．いま勝手になん人かのボーイの集まり $B' \subset B$ をとると，B' の中のだれかと友だちであるようなガールの人数は B' の人数よりも決して少なくないものとする．これがどんな B' に対しても成りたつとしよう（したがって特に $n \leq m$ である）．そうすれば，すべてのボーイは彼のガールフレンドの1人とめでたく結婚することができる．もちろん重婚は許されない．

問 3 上の marriage lemma を証明せよ．

9·11° $(\Omega, \mathcal{F}, P)$, T, $\theta(\varepsilon)$, p は 10° に同じとし，条件

（a） $H(p)=h(T)$

がみたされているとしよう．もし Ω の可算分割 ξ があって条件

（b） $d(\xi, p)<\theta(\varepsilon)$

（c） $H(\xi)-h(T,\xi)<\theta(\varepsilon)$

をみたせば，つぎの三条件をみたす可算分割 $\tilde{\xi}$ が存在する:

（i） $d(\tilde{\xi})=p$

（ii） $\tilde{\xi}$ は T に関して B-分割

（iii） $D(\xi,\tilde{\xi})<16\varepsilon$.

証明 $\delta_n \searrow 0$ かつ $15\sum_{n=1}^{\infty}\delta_n=\varepsilon$ なる列をとる．$\xi_0=\xi$, $\delta_0=\varepsilon$ として，分割の列 $\{\xi_n\}$ を帰納的に定義しよう．まず 10° によって ξ_1 があって，

$$d(\xi_1, p)<\theta(\delta_1), \quad H(\xi_1)-h(T,\xi_1)<\theta(\delta_1), \quad D(\xi_0,\xi_1)<15\varepsilon$$

をみたす．つぎに条件

（1） $d(\xi_k, p)<\theta(\delta_k)$

（2） $H(\xi_k)-h(T,\xi_k)<\theta(\delta_k)$

（3） $D(\xi_{k-1},\xi_k)<15\delta_{k-1}$

をみたす $\xi_1,\cdots,\xi_n$ が定まったと仮定しよう．(1) と (2) により 10° が適用できて，$k=n+1$ として (1-3) をみたす ξ_{n+1} が存在する．こうして分割の列 $\{\xi_n\}$ が定まる．$\{\xi_n\}$ は D-基本列だから，6·35° によって

$$\lim_{n\to\infty} D(\xi_n,\tilde{\xi})=0$$

なる可算分割 $\tilde{\xi}$ が存在する．このとき $d(\xi_n,\tilde{\xi})\to 0$ だから $d(\tilde{\xi})=p$ である．また

$$D(\xi,\tilde{\xi})=\sum_{n=1}^{\infty}D(\xi_{n-1},\xi_n)$$

$$<15\varepsilon+15\sum_{n=1}^{\infty}\delta_n=16\varepsilon$$

である．$\{T^n\tilde{\xi}\}$ の独立性を示すために，任意の $n>0$ と任意の $A\in T^n\tilde{\xi}$, $B\in\tilde{\xi}_0^{n-1}$ をとる．各 k に対し A と B に対応する（同じ番号の元）$A_k\in T^n\xi_k$, $B_k\in(\xi_k)_0^{n-1}$ をとれば，

$$|P(A\cap B)-P(A_k\cap B_k)|\le(n+1)D(\tilde{\xi},\xi_k)\to 0, \qquad k\to\infty$$

であり，同様にして

$$\lim_{k\to\infty}|P(A)-P(A_k)|=\lim_{k\to\infty}|P(B)-P(B_k)|=0$$

である．他方 (2) により $T^n\xi_k$ と $(\xi_k)_0^{n-1}$ は $\delta_k^2/2$-独立だから，

$$|P(A_k\cap B_k)-P(A_k)P(B_k)|<\frac{\delta_k^2}{2}\to 0, \qquad k\to\infty$$

である．ゆえにすべての $n>0$ に対し，$T^n\tilde{\xi}$ と $\tilde{\xi}_0^{n-1}$ は独立であることがわかる．このことより $3°(\varepsilon_1=\varepsilon_2=0)$ を用いて $\{T^n\tilde{\xi}\}$ の独立性を示すことは容易である． *qed*

注意 11° において，分割 $\tilde{\xi}$ に対する要請のうち (iii) が不要であれば，仮定の (b) と (c) はいらない．なぜなら，証明の中で出発点の ξ_0 として勝手な有限分割をとって議論すればよいから．

定理 9・3 (Sinai の弱同型定理) $(\Omega, \mathcal{F}, P)$ を点測度を持たない Lebesgue 空間とし，T をその上のエルゴード的な保測変換でエントロピーが有限なものとする．このとき $0<H(p)\leq h(T)$ をみたす任意の確率ベクトル p に対し，T に関する B-分割 ξ で $d(\xi)=p$ なるものが存在する．

証明 6・40° によって，$h(T,\eta)=H(p)$ なる分割 $\eta\in Z_e$ が存在する．$\zeta=\eta_{-\infty}^{\infty}$ とおけば，商変換 T_ζ に対して $h(T_\zeta)=H(p)$ だから，11° とその注意によって求める分割 ξ が存在することがわかる． *qed*

注意 この定理は Sinai [36] の定理のあらい形である．もとの定理では，エルゴード的な T と

$$T\zeta\geq\zeta, \qquad 0<H(T\zeta\,|\,\zeta)<\infty$$

なる可測分割 ζ と

$$0<H(p)\leq H(T\zeta\,|\,\zeta)$$

なる確率ベクトル p に対し，$\xi\leq\zeta$ かつ $d(\xi)=p$ なる B-分割 ξ の存在が主張されている．

一般に T と T' をそれぞれ Lebesgue 空間 Ω と Ω' 上の保測変換とし，可算分割 ξ と ξ' が

$$d(\xi_0^n(T))=d(\xi_0'^n(T')), \qquad n>0 \tag{9.8}$$

をみたしているとしよう．このとき $\xi=\xi_{-\infty}^{\infty}(T)$，$\xi'=\xi'^{\infty}_{-\infty}(T')$ とおけば，商変換 T_ξ と $T_{\xi'}$ は自然な対応

$$\bigcap_{-\infty}^{\infty} T^n A_{i_n} \leftrightarrow \bigcap_{-\infty}^{\infty} T'^n A'_{i_n}, \quad A_{i_n}\in\xi, \quad A'_{i_n}\in\xi'$$

によって同型である．このことを

$$(\xi, T) \sim (\xi', T')$$

で表わす．特に ξ と ξ' がそれぞれ T と T' に関するB-分割であれば，式(9.8)は

$$d(\xi)=d(\xi') \tag{9.9}$$

と同等である．したがって，T のB-生成分割 ξ と，T' のB-生成分割 ξ' に対して式(9.9)が成りたてば，T と T' は同型である．

さて T_1 と T_2 をともにBernoulli変換とし，

$$h(T_1)=h(T_2)<\infty$$

と仮定しよう．T_2 のB-生成分割 ξ_2 をとり，$p=d(\xi_2)$ とおいて，T_1 と p に定理9·3を適用すれば T_1 の商変換 T_1' で T_2 と同型なものが存在することがわかる．同様に T_2 の商変換 T_2' で T_1 と同型なものも存在する．このような時に，T_1 と T_2 は**弱同型**(weakly isomorphic)であるという．そこでつぎには，T_1' で T_1 を近づけることが問題になるが，つぎの補助定理はこれを解決するものである．以下において，可算分割 ξ と可測分割 ζ に対し，

$$D(\xi,\xi')\leq\delta, \qquad \xi'\leq\zeta$$

なる可算分割 ξ' が存在するとき，

$$\xi \overset{\delta}{\leq} \zeta$$

と書く．

9·12° T をLebesgue空間 $(\Omega, \mathcal{F}, P)$ 上のエルゴード的な保測変換とし，ξ と η を Ω のエントロピー有限な可算分割とする．もし条件

(a) ξ は T に関するB-分割

(b) $h(T,\eta)=H(\xi)>0$

(c) $\eta\leq\xi=\xi_{-\infty}^{\infty}(T)$

(d) $\delta>0$ があって $\xi \overset{\delta}{\leq} \bar{\eta}=\eta_{-\infty}^{\infty}(T)$

がみたされるならば，任意の $\gamma>0$ と $\gamma'>0$ に対し，つぎの五条件をみたす可算分割 $\xi_1\leq\bar{\eta}$ と整数 $m>0$ が存在する：

(i) ξ_1 は T に関するB-分割

（ii）　$d(\xi_1)=d(\xi)$

（iii）　$\eta \overset{\gamma}{\leq} (\xi_1)_{-m}^{m}$

（iv）　$D(\xi_1, \xi)<2\delta+\gamma'$

さらに (a), (i), (ii) により $(\xi, T)\sim(\xi_1, T)$ であるが，その自然な同型写像を

$$\psi : \Omega/\xi \to \Omega/(\xi_1)_{-\infty}^{\infty}$$

とすれば，

（v）　$D(\eta, \psi(\eta))<\gamma.$

証明　任意の $0<\delta'<\gamma/7$ を固定する．(c) により

$$\eta \overset{\delta'}{\leq} \xi_{-m'}^{m'}$$

なる $m'>0$ が存在する．任意の $0<\varepsilon<\min(\gamma', \delta'/(2m'+1))/16$ に対し，$\theta(\varepsilon)$ を 10° のものとしよう．$\eta=\{B_i ; i\geq 1\}$ とし

$$\eta(j)=\{B_1, \cdots, B_{j-1}, \bigcup_{i\geq j} B_i\}$$

と定めれば，6・37° と 6・33° により十分大きい j に対し

$$h(T, \eta(j))>h(T, \eta)-\frac{\theta(\varepsilon)}{2}=H(\xi)-\frac{\theta(\varepsilon)}{2}$$

が成りたつ．同じく 6・37° によれば，$\eta(j)$ に対し $0<\delta''<\delta'$ があって，

$$D(\eta', \eta(j))<5\delta'', \qquad N(\eta')\leq j \tag{9.10}$$

をみたす分割 η' に対して

$$|h(T, \eta')-h(T, \eta(j))|<\frac{\theta(\varepsilon)}{2}$$

が成りたつ．ふたたび (c) により

$$\eta \overset{\delta''}{\leq} \xi_{-m''}^{m''}$$

なる $m''>m'$ が存在する．$n\delta''>m''$ なる n を固定する．

さて T がエルゴード的だから商変換 $T_{\bar{\eta}}$ もエルゴード的であり，$h(T_{\bar{\eta}})=h(T, \eta)=H(\xi)>0$ だから，$T_{\bar{\eta}}$ は周期点を持たない．したがって定理 4・3 が $T_{\bar{\eta}}$ に適用できて，集合 $F\in\mathscr{F}(\bar{\eta})$ があって，$T^k F$, $-n<k<n$, は互いに交わらず，

$$P(X)>1-\delta'', \qquad X=\bigcup_{-n}^{n} T^k F$$

をみたす．これを用いて分割

$$\alpha=\{T^{-n}F, \cdots, T^n F, X^c\}$$

を定める．ξ' を (d) で存在が主張されている

$$\xi' \le \bar{\eta}, \qquad D(\xi, \xi')<\delta,$$

なる分割とする．空間 $\Omega/\bar{\eta}$ は点測度を持たないので，分割 $\xi_{-n}^n \vee \xi' \vee \eta_{-n}^n \vee \alpha \le \bar{\xi}$ に対し

$$d(\bigvee_{-n}^{n} \hat{\xi}_k \vee \xi' \vee \eta_{-n}^n \vee \alpha)=d(\xi_{-n}^n \vee \xi' \vee \eta_{-n}^n \vee \alpha) \tag{9.11}$$

なる分割 $\hat{\xi}_k \le \bar{\eta}$，$-n \le k \le n$，であって，$-n \le i \le n$，$-n \le k+i \le n$ に対し

$$T^i \hat{\xi}_0 \cap T^{k+i} F=\hat{\xi}_i \cap T^{k+i} F$$

をみたすものが存在する．したがって，このとき

$$X'=\bigcup_{-n+m''}^{n-m''} T^k F$$

とおけば，

$$\bigvee_{-m''}^{m''} T^k \hat{\xi}_0 \cap X'=\bigvee_{-m''}^{m''} \hat{\xi}_k \cap X', \qquad P(X')>1-2\delta'' \tag{9.12}$$

である．

m'' の選び方によって

$$\eta'' \le \xi_{-m''}^{m''}, \qquad D(\eta'', \eta)<\delta''$$

なる分割 η'' が存在する．分割 $\xi_{-n}^n \vee \xi' \vee \eta_{-n}^n \vee \alpha$ の元を対応する $\bigvee_{-n}^{n} \hat{\xi}_k \vee \xi' \vee \eta_{-n}^n \vee \alpha$ の元にうつす写像を φ とし，$\hat{\eta}''=\varphi(\eta'')$ とおけば，式 (9.11) により，

$$\hat{\eta}'' \le \bigvee_{-m''}^{m''} \hat{\xi}_k, \qquad D(\hat{\eta}'', \eta)<\delta''$$

である．ここでつぎのことに注意せよ．η'' は $\xi_{-m''}^{m''}$ の元を適当に寄せ集めて作られるが，$\hat{\eta}''$ は $\bigvee_{-m''}^{m''} \hat{\xi}_k$ から全く同じ方法で元を寄せ集めて作られている．それが $\hat{\eta}''=\varphi(\eta'')$ の意味である．$(\hat{\xi}_0)_{-m''}^{m''}$ から上の二つと同じ方法で元を寄せ集めて作られる分割を η_2 とすれば，式 (9.12) により

$$\eta_2 \leq (\hat{\xi}_0)_{-m''}^{m''}, \qquad \eta_2 \cap X' = \hat{\eta}'' \cap X'$$

である．そして，式 (9.12) によって，

$$\begin{aligned} D(\eta_2, \eta) &= D(\eta_2, \eta \mid X')P(X') + D(\eta_2, \eta \mid \Omega \setminus X')P(\Omega \setminus X') \\ &< 5\delta'' \end{aligned}$$

である．$\eta(j)$ の定め方と同じ方法で，η_2 から $\eta_2(j)$ を定めれば，$\eta_2(j)$ は式 (9.10) をみたすので，

$$|h(T, \eta_2(j)) - h(T, \eta(j))| < \frac{\theta(\varepsilon)}{2}$$

が成りたつ．したがって

$$\begin{aligned} h(T, \hat{\xi}_0) &\geq h(T, \eta_2) \geq h(T, \eta_2(j)) \\ &\geq h(T, \eta(j)) - \frac{\theta(\varepsilon)}{2} \qquad (9.13) \\ &> H(\xi) - \theta(\varepsilon) \end{aligned}$$

を得る．

分割 $\hat{\xi}_0$ についての以上の考察をまとめてみると，まず式 (9.11) によって $d(\hat{\xi}_0) = d(\xi)$ である．したがって $H(\hat{\xi}_0) = H(\xi)$ だから，式 (9.13) により

$$H(\hat{\xi}_0) - h(T, \hat{\xi}_0) < \theta(\varepsilon)$$

である．そして (b) によって $H(\xi) = h(T_{\bar{\eta}})$ である．すなわち 11° の仮定 (a-c) が，$T_{\bar{\eta}}$，$p = d(\xi)$，$\hat{\xi}_0$ に対して成りたっている．ゆえにつぎのような分割 $\xi_1 \leq \bar{\eta}$ が存在する：

（1） $d(\xi_1) = d(\xi)$

（2） ξ_1 は T に関する B-分割

（3） $D(\hat{\xi}_0, \xi_1) < 16\varepsilon$.

ξ_1 が求める分割であることを示そう．(i) と (ii) はすでに示されている．m' の選び方によって，分割 η' で

$$\eta' \leq \xi_{-m'}^{m'}, \qquad D(\eta', \eta) < \delta'$$

をみたすものがある．前の議論と同様にして，

$$\eta_1 \leq (\hat{\xi}_0)_{-m'}^{m'}, \qquad D(\eta_1, \eta) < \delta' + 4\delta'' < 5\delta'$$

をみたす分割 η_1 が存在する．$\eta_1' = \psi(\eta')$ とおけば，η_1' は $(\hat{\xi}_0)_{-m'}^{m'}$ から η_1 を作るのと同じ方法で $(\xi_1)_{-m'}^{m'}$ から得られるので，

$$D(\eta_1, \eta_1') \leq D((\hat{\xi}_0)_{-m'}^{m'}, (\xi_1)_{-m'}^{m'})$$
$$\leq (2m'+1) D(\hat{\xi}_0, \xi_1)$$
$$< 16\varepsilon(2m'+1) < \delta'$$

が成りたつ．したがって

$$D(\eta, \eta_1') \leq D(\eta, \eta_1) + D(\eta_1, \eta_1') < 6\delta' < \gamma$$

を得る．これは $m=m'$ として (iii) を意味する．さらに

$$D(\eta, \psi(\eta)) \leq D(\eta, \eta_1') + D(\psi(\eta'), \psi(\eta))$$
$$= D(\eta, \eta_1') + D(\eta', \eta) < 7\delta' < \gamma$$

であって (v) が示された．最後に式 (9.11) と (3) により，

$$D(\xi, \xi_1) \leq D(\xi, \xi') + D(\xi', \hat{\xi}_0) + D(\hat{\xi}_0, \xi_1)$$
$$= 2D(\xi, \xi') + D(\hat{\xi}_0, \xi_1)$$
$$< 2\delta + \gamma'$$

が成りたち，(iv) も示された． *qed*

9·13° T を Lebesgue 空間 $(\Omega, \mathcal{F}, P)$ 上の Bernoulli 変換とし $h(T) < \infty$ を仮定する．ξ を T に関する B-生成分割，η を T に関する B-分割で $H(\eta) = H(\xi)$ なるものとする．このとき任意の $\delta > 0$ と $\delta' > 0$ に対し，つぎの三条件をみたす Ω の可算分割 η' と整数 $m > 0$ が存在する:

(i) $(\eta', T) \sim (\eta, T)$

(ii) $\xi \overset{\delta}{\leq} \eta'^{m}_{-m}(T)$

(iii) $D(\eta, \eta') < \delta'$.

証明 まず 12° の仮定 (a-c) がみたされ，(d) も $\delta=2$ としてみたされているから，任意の $\gamma > 0$ に対し，可算分割 $\xi_1 \leq \eta_{-\infty}^{\infty}$ と $m' > 0$ があって，

(a) $(\xi_1, T) \sim (\xi, T)$

(b) $\eta \overset{\gamma}{\leq} (\xi_1)_{-m'}^{m'}$

(c) 同型 $\psi: \Omega/\xi_{-\infty}^{\infty} \to \Omega/(\xi_1)_{-\infty}^{\infty}$ に対し $D(\eta, \psi(\eta)) < \gamma$

が成りたつ．ふたたび 12° が η と ξ_1 に適用できて，上の γ と任意の $\gamma' > 0$ に対しつぎの条件をみたす可算分割 $\eta_1 \leq (\xi_1)_{-\infty}^{\infty}$ と $m > 0$ の存在がわかる:

(i)′ $(\eta_1, T) \sim (\eta, T)$

(ii)′ $\xi_1 \overset{\gamma}{\leq} (\eta_1)_{-m}^{m}$

(iii)′ $D(\eta, \eta_1) < 2\gamma + \gamma'$.

さて $\eta'=\psi^{-1}(\eta_1)$ が求める分割である．実際，(i)$'$ は (i) を意味し，$\xi_1=\psi(\xi)$ だから $\gamma<\delta$ であれば (ii)$'$ は (ii) を意味する．最後に (c) と (iii)$'$ により

$$\begin{aligned} D(\eta,\eta') &= D(\psi(\eta),\psi(\eta')) \\ &\le D(\psi(\eta),\eta)+D(\eta,\eta_1) \\ &< 3\gamma+\gamma' \end{aligned}$$

だから，$3\gamma+\gamma'<\delta'$ であれば (iii) が得られる． *qed*

定理 9・2 の証明 T と T' をともに Bernoulli 変換とし，$h(T)=h(T')<\infty$ を仮定する．ξ と ξ' をそれぞれ T と T' の B-生成分割とせよ．定理 9・3 によって，

$$(\eta,T)\sim(\xi',T')$$

なる Ω の可算分割 η が存在する．したがって $H(\eta)=H(\xi)$ であり 13° が適用できて，任意の $0<\delta_1<2^{-1}$ に対し分割 η_1 と $m_1>0$ があって，

$$(\eta_1,T)\sim(\xi',T'),\quad D(\eta,\eta_1)<\delta_1,\quad \xi\overset{2^{-1}}{\le}(\eta_1)_{-m_1}^{m_1}$$

をみたす．$0<\delta_2<2^{-2}$ を十分小さく選んで

$$D(\eta_1,\eta_2)<\delta_2 \tag{9.14}$$

をみたす η_2 に対して

$$\xi\overset{2^{-1}+2^{-2}}{\le}(\eta_2)_{-m_1}^{m_1}$$

が成りたつようにする．ふたたび 13° により，分割 η_2 と $m_2>0$ があって，式 (9.14) と

$$(\eta_2,T)\sim(\xi',T'),\qquad \xi\overset{2^{-2}}{\le}(\eta_2)_{-m_2}^{m_2}$$

が成りたつ．

さて分割 η_n と正整数 $m_1,\cdots,m_n$ で

$$(\eta_n,T)\sim(\xi',T') \tag{9.15}$$

$$\xi\overset{2^{-k}+\cdots+2^{-n}}{\le}(\eta_n)_{-m_k}^{m_k},\qquad 1\le k\le n \tag{9.16}$$

をみたすものがすでに得られたと仮定しよう．$0<\delta_{n+1}<2^{-n-1}$ を十分小さく選んで，

$$D(\eta_n,\eta_{n+1})<\delta_{n+1} \tag{9.17}$$

をみたす分割 η_{n+1} に対し，式 (9.16) が $n+1$ において成りたつようにする．13° を適用することによって，

$$(\eta_{n+1}, T) \sim (\xi', T'), \qquad \xi \overset{2^{-n-1}}{\leq} (\eta_{n+1})_{-m_{n+1}}^{m_{n+1}}$$

と式 (9.17) をみたす分割 η_{n+1} が得られる．

このようにして，式 (9.15–17) をみたす可算分割の列 $\{\eta_n\}$ が帰納的に定まる．式 (9.17) によって $\{\eta_n\}$ は D-基本列だから，6·35° により D-極限 ζ が存在する:

$$\lim_{n\to\infty} D(\zeta, \eta_n) = 0.$$

式 (9.15) によって明らかに

$$(\zeta, T) \sim (\xi', T')$$

が成りたち，式 (9.16) から

$$\xi \leq \zeta_{-\infty}^{\infty}$$

が得られる．したがって ζ は T の生成分割である．こうして，T と T' は同型であることがわかった． *qed*∎

なお，Ornstein [43] はエントロピーが無限大であるような Bernoulli 変換はすべて同型であることも示している．

第10章 Markov 変 換

この章では，たかだか可算無限集合を状態空間とするような Markov 変換について，Markov 連鎖の理論を援用して，エルゴード性や混合性などを調べる．さらにエントロピーを計算し，最後に同型定理について説明する．

10・1 Markov 変換と Markov 連鎖

Markov 変換は例 1.4 で与えられたが，ここでは見かけ上は例 1.4 と少し異なる定義から出発して Markov 変換を論じる．T を Lebesgue 空間 $(\Omega, \mathcal{F}, P)$ 上の保測変換とせよ．

定義 10・1 Ω の可測分割 ξキレ において，各 $A \in \mathcal{F}(\xi)$ の条件つき測度 (3・3 節参照) に対し

$$P(A \mid \bigvee_{1}^{\infty} T^{-n}\xi;\, \omega) = P(A \mid T^{-1}\xi;\, \omega) \quad \text{a.e.} \quad A \in \mathcal{F}(\xi)$$

が成りたつとき，ξ は T に関する **M-分割** (Markov partition) であるという．もし T が M-生成分割を持てば，T は **Markov 変換** (Markov transformation) と呼ばれる．以後本章を通じて，M-分割 ξ が，たかだか可算無限分割の場合に限る．

$\xi = \{A_i;\, i \geq 1\}$ を T に関する M-生成分割とし，各 $n \in \boldsymbol{Z}^1$ に対し，点 $\omega \in \Omega$ を含む $T^n\xi$ の元の番号を $X_n(\omega)$ で表わせば，$\{X_n(\omega)\}$ は定常 Markov 連鎖 (stationary Markov chain) をなし，

$$X_n(T\omega) = X_{n-1}(\omega), \qquad n \in \boldsymbol{Z}^1$$

をみたす．$\{X_n\}$ を T と ξ に対応する **Markov 連鎖**と呼ぶ．**推移確率** (transition probability) は

$$p_{i,j} = p(i,j) = P_{A_i}(TA_j), \qquad i, j \geq 1 \tag{10.1}$$

によって与えられ，明らかに

$$p_{i,j} \geq 0, \qquad \sum_j p_{i,j} = 1$$

をみたす．つぎに

$$q_i=q(i)=P(A_i), \qquad i\geq 1 \tag{10.2}$$

とおけば，

$$\sum_i q_i p_{i,j}=q_j, \qquad j\geq 1$$

が成りたち，$\{q_i\}$ は $\{p_{i,j}\}$ の**定常確率** (stationary probability) である．

10･1° 可算分割 $\xi=\{A_i;\ i\geq 1\}$ に対して，つぎの三命題は同等である：

（i） ξ は T に関する M-分割である．

（ii） すべての $n>0$ とすべての $A_{i_1},\cdots A_{i_n}\in\xi$ に対し

$$P(\bigcap_{k=1}^{n} T^{k-1}A_{i_k})=q(i_1)p(i_1,i_2)\cdots p(i_{n-1},i_n).$$

（iii） すべての $n>0$ とすべての $B\in\bigvee_1^n T^{-k}\xi$, $C\in\bigvee_1^n T^k\xi$ に対し

$$P(B\cap C\mid\xi;\omega)=P(B\mid\xi;\omega)P(C\mid\xi;\omega) \qquad \text{a.e.}$$

証明 (i)⇒(ii)： ξ が T に関する M-分割であれば，

$$P(\bigcap_{k=1}^{n} T^{k-1}A_{i_k})=P(T^{n-1}A_{i_n}\mid\bigcap_{k=1}^{n-1} T^{k-1}A_{i_k})P(\bigcap_{k=1}^{n-1} T^{k-1}A_{i_k})$$

$$=p(i_{n-1},i_n)P(\bigcap_{k=1}^{n-1} T^{k-1}A_{i_k})$$

が成りたつので，帰納的に (ii) を得る．

(ii)⇒(iii)： $B=\bigcap_1^n T^{-k}A_{i_k}$, $C=\bigcap_1^n T^kA_{j_k}$ としよう．a.e. $\omega\in A_i$ に対し

$$\begin{aligned}P(B\cap C\mid\xi;\omega)&=P_{A_i}(B\cap C)\\&=\frac{1}{q(i)}q(i_n)p(i_n,i_{n-1})\cdots p(i_1,i)p(i,j_1)\cdots p(j_{n-1},j_n)\\&=\frac{1}{q(i)}q(i_n)p(i_n,i_{n-1})\cdots p(i_1,i)\cdot\frac{1}{q(i)}q(i)p(i,j_1)\cdots p(j_{n-1},j_n)\\&=P_{A_i}(B)P_{A_i}(C)=P(B\mid\xi;\omega)P(C\mid\xi;\omega).\end{aligned}$$

(iii)⇒(i)： 任意の n と $A\in\xi$, $B=\bigcap_1^n T^{-k}A_{i_k}\in\bigvee_1^n T^{-k}\xi$ に対し，a.e. $\omega\in B$ において

$$P(A \mid \bigvee_{1}^{n} T^{-k}\xi;\ \omega) = P_B(A)$$
$$= \frac{P(A \cap B \mid T^{-1}A_{i_1})P(T^{-1}A_{i_1})}{P(B \mid T^{-1}A_{i_1})P(T^{-1}A_{i_1})}$$
$$= \frac{P(A \mid T^{-1}A_{i_1})P(B \mid T^{-1}A_{i_1})}{P(B \mid T^{-1}A_{i_1})}$$
$$= P(A \mid T^{-1}A_{i_1}) = P(A \mid T^{-1}\xi;\ \omega)$$

が成りたつ．条件つき確率に関する Doob の収束定理によって，$n \to \infty$ のとき左辺は $P(A \mid \bigvee_{1}^{\infty} T^{-k}\xi;\ \omega)$ に a. e. 収束するので (i) を得る． *qed*

上述のように，Markov 変換に対し推移確率と定常確率が得られるが，それらは Markov 変換を特徴づけるものである．すなわち，同じ推移確率と同じ定常確率を持つ二つの Markov 変換は同型であることが容易にわかる．

問 1 上のことを証明せよ．

さてここで，Markov 連鎖の理論から必要な事項を証明抜きで引用しておく (詳細は [13] や [22] を参照されたい)．

Markov 連鎖 $\{X_n\}$ が取る値を**状態** (state)，その空間を**状態空間** (state space) と呼び E で表わす．上記の Markov 変換 T とその M-生成分割 ξ に対応する Markov 連鎖においては，分割 ξ が有限な m 個の集合への分割であれば $E=\{1, \cdots, m\}$ であり，ξ が可算無限分割であれば $E=\{1, 2, \cdots\}$ である．

n 歩の推移確率を

$$p_{i,j}^{(0)} = \delta_{i,j}, \qquad p_{i,j}^{(n)} = p(n, i, j) = \sum_k p_{i,k} p_{k,j}^{(n-1)}$$

によって帰納的に定める．もし $p(n, i, j) > 0$ なる $n \geq 0$ があれば，j は i から到達可能であるという．状態の集合 C の中のどの状態からも C の外の状態に到達できないとき，C は閉集合であるといわれる．E 以外に閉集合がないとき，Markov 連鎖は**既約**であるといわれる．既約であるための必要十分条件は，すべての状態が互いに到達可能であることである．これはまた，推移確率からできる行列 (p_{ij}) の既約性と同値である．

条件 $X_0(\omega)=j$ のもとで，$\{X_n;\ n>0\}$ が時刻 n で初めて i に帰る確率を $f_j^{(n)}$ で表わすと，

$$f_j^{(1)}=p_{j,j},\qquad f_j^{(n)}=p_{j,j}^{(n)}-\sum_{k=1}^{n-1}f_j^{(k)}p_{j,j}^{(n-k)}$$

が成りたつ．和

$$f_j=\sum_{n=1}^{\infty}f_j^{(n)}$$

は，j から出発していつかは j に帰る確率である．$f_j=1$ のとき状態 j は**再帰的** (recurrent) または**固執的** (persistent)，$f_j<1$ のとき j は**一時的** (transient) であるといわれる．平均再帰時間

$$\mu_j=\sum_{n=1}^{\infty}nf_j^{(n)}$$

が ∞ のとき j は**ゼロ状態** (null state)，$\mu_j<\infty$ のとき j は**正の状態** (positive state) と呼ばれる．整数 $d>1$ で割り切れないすべての $n>0$ に対し $p_{j,j}^{(n)}=0$ であるとき，状態 j は周期的といい，そのような d の最小値を j の周期と呼ぶ．つぎのことが成り立つ．

10・2° 既約な Markov 連鎖においては，すべての状態は同じ型に属する：すなわち，すべて一時的であるか，すべて再帰的ゼロ状態か，すべて再帰的正の状態かである．いずれの場合にも，すべて同じ周期を持つ．すべての Markov 連鎖において，再帰的状態は閉集合 $C_1, C_2, \cdots$ に一意的に分解され，各 C_k の中のすべての状態は互いに到達可能である．

10・3° (i) 状態 j が一時的であるための必要十分条件は，$\sum_{n=1}^{\infty}p_{j,j}^{(n)}<\infty$ である．このとき，すべての i に対し $\sum_{n=1}^{\infty}p_{i,j}^{(n)}<\infty$ が成りたつ．

(ii) 状態 j が再帰的なゼロ状態であるための必要十分条件は，$\sum_{n=1}^{\infty}p_{j,j}^{(n)}=\infty$ かつ $p_{j,j}^{(n)}\to 0$ である．このときすべての i に対し

$$\lim_{n\to\infty}p_{i,j}^{(n)}=0$$

が成りたつ．

(iii) 状態 j が再帰的かつ非周期的であれば，すべての i に対し

$$\lim_{n\to\infty}p_{i,j}^{(n)}=\frac{f_{i,j}}{\mu_j}$$

が成りたつ．ただし i が j と同じ閉集合にはいれば $f_{i,j}=1$ である．

(iv) 状態 j が再帰的かつ周期 d を持てば，

$$\lim_{n\to\infty} p_{i,j}^{(nd)} = \frac{d}{\mu_j}$$

が成りたつ．

10・4° 既約な Markov 連鎖において，すべての状態が再帰的，非周期的かつ正の状態であれば，すべての i, j に対し

$$\lim_{n\to\infty} p_{i,j}^{(n)} = \frac{1}{\mu_j} > 0$$

が成りたち，$\{\mu_j^{-1}\}$ は $\{p_{i,j}\}$ の唯一の定常確率である．

10・5° 既約で周期的な Markov 連鎖において，周期を d とすれば，状態空間 E は巡回部分と呼ばれる d 個の集合 $D_1, \cdots, D_d$ に分割され，D_k にはいる状態からは 1 回の推移でつねに D_{k+1} (D_d からは D_1) の状態へ行く．さらに

$$\lim_{n\to\infty} p_{i,j}^{(nd)} = \begin{cases} d/\mu_j, & \text{ある } k \text{ に対し } i, j \in D_k \\ 0, & \text{それ以外のとき} \end{cases}$$

が成りたつ．

一般の Markov 連鎖において，定常確率は再帰的な正の状態にのみ正の確率を与えることが容易にわかる．実際 $\{x_j\}$ を

$$\sum_i x_i p_{i,j} = x_j, \qquad \sum_i |x_i| < \infty$$

の解としよう．すべての n に対し

$$\sum_i x_i p_{i,j}^{(n)} = x_j$$

が成りたつ．もし j が再帰的な正の状態でなければ，3° により $p_{i,j}^{(n)} \to 0$ だから $x_j = 0$ を得る．

さて Markov 変換に対応する定常 Markov 連鎖を考えよう．式 (10.1) で定まる推移確率 $\{p_{i,j}\}$ は式 (10.2) で定まる定常確率 $\{q_i\}$ を持つ．M-分割 $\xi = \{A_i; i \geq 1\}$ においては，すべての i に対し

$$q_i = P(A_i) > 0$$

を仮定しているので，上のことより Markov 連鎖 $\{X_n\}$ は必然的に再帰的な正の状態のみを持つ．このように Markov 変換に対応する Markov 連鎖は特別なクラスをなす．

10・2　エルゴード性

Lebesgue 空間 $(\Omega, \mathcal{F}, P)$ 上の Markov 変換 T を考える．可算分割 ξ を T の M-生成分割とし，$\{X_n\}$ を T と ξ に対応する Markov 連鎖，E をその状態空間とする．推移確率 $\{p_{i,j}\}$ や定常確率 $\{q_i\}$ なども前節と同じように定められる．

10・6°　Markov 変換 T がエルゴード的であるためには，Markov 連鎖 $\{X_n\}$ が既約であることが必要十分である．

証明　必要性：　もし $\{X_n\}$ が既約でなければ，S の閉じた真部分集合 C がある．$A=\{\omega;\ X_0(\omega)\in C\}$ とおけば，$0<P(A)<1$ かつ $P(A\triangle TA)=0$ であって，T はエルゴード的でない．

十分性：　一般に，保測変換 T がエルゴード的であるための必要十分条件は

$$\lim_{n\to\infty}\frac{1}{n}\sum_{k=0}^{n-1}P(T^kA\cap B)=P(A)P(B) \tag{10.3}$$

がすべての $A,\ B\in\mathcal{F}$ に対して成りたつことである (2・3° 参照)．いまの場合，$\bigvee_{-\infty}^{\infty}T^p\xi=\varepsilon$ すなわち $\bigvee_{-\infty}^{\infty}\mathcal{F}(T^p\xi)=\mathcal{F}$ だから，任意の $A\in\mathcal{F}$ と任意の $\delta>0$ に対し，p と $A'\in\mathcal{F}(\bigvee_{-p}^{p}T^q\xi)$ があって $P(A\triangle A')<\delta$ である．ここで A' は分割 $\bigvee_{-p}^{p}T^q\xi$ の互いに交わらない有限個の元の和集合 A'' によって $P(A'\triangle A'')<\delta$ と近似される．したがって，すべての p と $\bigvee_{-p}^{p}T^q\xi$ のすべての元に対し式 (10.3) が成りたてば，T はエルゴード的である．式 (10.3) の両辺の A と B に T^p をほどこしても変わらないので，結局すべての $p\geq 0$ と $\bigvee_{0}^{p}T^q\xi$ のすべての元に対し式 (10.3) が成りたてば，T はエルゴード的であることがわかる．これを Markov 連鎖 $\{X_n\}$ を用いて書けば，T がエルゴード的であるためには，

$$\begin{aligned}\lim_{n\to\infty}\frac{1}{n}\sum_{k=0}^{n-1}&P(X_0=i_0,\cdots,X_p=i_p,X_k=j_0,\cdots,X_{k+q}=j_q)\\&=P(X_0=i_0,\cdots,X_p=i_p)P(X_0=j_0,\cdots,X_q=j_q)\end{aligned} \tag{10.4}$$

がすべての $p,q,i_0,\cdots,i_p,j_0,\cdots,j_q$ の選び方に対して成りたつことが必要十分

である.

Markov 連鎖 $\{X_n\}$ が既約であれば, 4° と 5° により

$$\lim_{n\to\infty}\frac{1}{n}\sum_{k=0}^{n-1}p_{i,j}^{(k)}=q_j$$

がなりたつ. 一方 $k>p$ に対し

$$P(X_0=i_0,\cdots,X_p=i_p,X_k=j_0,\cdots,X_{k+q}=j_q)$$
$$=q(i_0)p(i_0,i_1)\cdots p(i_{p-1},i_p)p(k-p,i_p,j_0)p(j_0,j_1)\cdots p(j_{q-1},j_q)$$

であるから, 式 (10.4) が成りたち, T はエルゴード的である. qed

上の証明と同様にして, つぎのことがわかる.

10・7° Markov 変換 T が混合的であるためには,

$$\lim_{n\to\infty}p_{i,j}^{(n)}=q_j,\qquad i,j\in E \tag{10.5}$$

が成りたつことが必要かつ十分である. 前節によれば, Markov 連鎖 $\{X_n\}$ が既約で非周期的のとき, そのときに限り, 式 (10.5) が成りたつ.

問 2 10・7° を証明せよ.

10・8° M-生成分割 ξ を持つ Markov 変換 T に対して, つぎの三命題は同等である:

(i) T は混合的である.

(ii) 状態空間 E 上の任意の有界関数 f に対し

$$\lim_{n\to\infty}\sum_i\left|\sum_j f(j)p(n,i,j)-\sum_j f(j)q_j\right|q_i=0 \tag{10.6}$$

が成りたつ.

(iii) $\eta=\bigvee_{-\infty}^{0}T^n\xi$ とおけば

$$\bigwedge_{-\infty}^{\infty}T^n\eta=\nu \tag{10.7}$$

である. すなわち, T は η を K-分割として Kolmogorov 変換である.

証明 (i)⇒(ii): 関数 f が有限集合の外で 0 であれば, 式 (10.5) から式 (10.6)が従う. f が有界関数のときには, 任意の $\delta>0$ に対し, 有限集合の外で 0 であるような関数 f' によって

$$\sum_i|f(i)-f'(i)|q_i<\delta$$

と近似できることに注意すれば，やはり式(10.6)が成りたつことがわかる．

(ii)⇒(iii)： 条件つき平均に関する Doob の収束定理によれば，Ω 上の任意の有界可測な関数 g に対し

$$\lim_{n\to-\infty}\int_{\Omega}|E\{g\mid\mathcal{F}(T^n\eta)\}-E\{g\mid\mathcal{F}(\bigwedge_{-\infty}^{\infty}T^n\eta)\}|\,dP=0$$

が成りたつ．したがって式(10.7)を示すには，

$$\lim_{n\to-\infty}\int_{\Omega}|E\{g\mid\mathcal{F}(T^n\eta)\}-E\{g\}|\,dP=0 \tag{10.8}$$

を示せば十分である．ところが関数 g は $\mathcal{F}(\bigvee_{p}^{q}T^k\xi)$-可測な有界関数で L^1-近似できる（p,q も動かして）から，すべての p,q とすべての $\mathcal{F}(\bigvee_{p}^{q}T^k\xi)$-可測な有界関数 g に対して式(10.8)を示せばよい．その様な関数 g は，容易にわかるように，

$$g(\omega)=f(X_p(\omega),\cdots,X_q(\omega))$$

の形をしている．ここに f は E^{q-p+1} 上の有界関数である．Markov 性により $n<p$ に対し

$$\begin{aligned}&E\{g\mid T^n\eta;\,\omega\}\\&=E\{f(X_p,\cdots,X_q)\mid T^n\xi;\,\omega\}\\&=\sum_{j_p}\cdots\sum_{j_q}f(j_p,\cdots,j_q)p(p-n,X_n(\omega),j_p)p(j_p,j_{p+1})\cdots p(j_{q-1},j_q)\end{aligned}$$

が成りたつから

$$\tilde{f}(j)=\sum_{j_{p+1}}\cdots\sum_{j_q}f(j,j_{p+1},\cdots,j_q)p(j,j_{p+1})\cdots p(j_{q-1},j_q)$$

とおけば，

$$\begin{aligned}&\int_{\Omega}|E\{g\mid\mathcal{F}(T^n\eta)\}-E\{g\}|\,dP\\&=\sum_i|\sum_j\tilde{f}(j)p(p-n,i,j)-\sum_j\tilde{f}(j)q_j|\,q_i\end{aligned}$$

を得る．$n\to-\infty$ として式(10.8)が成りたつ．

(iii)⇒(i)： 一般に Kolmogorov 変換は混合的である（定理8·1）． *qed*

10·3 エントロピー

Markov 変換のエントロピーを計算しよう．記号は前の節と同じとする．

M-生成分割 $\xi=\{A_i; i\geq 1\}$ のエントロピーが有限 $H(\xi)<\infty$ であることを仮定する．定理6・2により

$$h(T)=h(T,\xi)=H(\xi \mid \bigvee_{-\infty}^{-1} T^k\xi)$$

が成りたつ．他方 ξ の Markov 性により

$$H(\xi \mid \bigvee_{-\infty}^{-1} T^k\xi)=H(\xi \mid T^{-1}\xi)=H(T\xi \mid \xi)$$
$$=-\sum_{i,j} P(TA_j\cap A_i)\log P_{A_i}(TA_j)$$

であって，$P_{A_i}(TA_j)=p_{i,j}$ だから

$$h(T)=-\sum_{i,j} q_i p_{i,j}\log p_{i,j} \tag{10.9}$$

を得る．

10・4 弱 Bernoulli 変換に対する同型定理

9・3節で Bernoulli 変換に対する同型定理を証明したが，Friedman-Ornstein[47] は同様の同型定理が，混合的な Markov 変換を含む弱 Bernoulli 変換と呼ばれるクラスに対しても成りたつことを示した．その証明は9・3節の議論をもう少し複雑にして繰り返すことになるので割愛するが，その定理の定式化を与え，混合的な Markov 変換が弱 Bernoulli であることを示そう．

定義 10・2 T を Lebesgue 空間 $(\Omega,\mathcal{F},P)$ 上の保測変換とする．Ω の可算分割 $\xi \neq \nu$ が T に関する**弱 B-分割**とは，任意の $\varepsilon>0$ に対し自然数 $k>0$ があって，すべての $n\geq 0$ に対し $\bigvee_{k}^{k+n} T^i\xi$ と $\bigvee_{-n}^{0} T^i\xi$ が ε-独立であることをいう．もし T が弱 B-生成分割を持てば，T は**弱 Bernoulli 変換** (weak Bernoulli transformation) であるといわれる．

問 3 弱 Bernoulli 変換は Kolmogorov 変換であることを示せ．

弱 Bernoulli 変換に対し，Friedman-Ornstein によるつぎの同型定理が成りたつ．

定理 10・1 保測変換 T と T' がともに有限な弱 B-生成分割を持ち，$h(T)=h(T')$ であれば，T と T' は同型である．したがって，このような変換は Bernoulli 変換である．

この定理は，エントロピーが有限な弱 B-生成分割を持つ保測変換に対しても成りたつ．しかしいずれにせよこの定理の証明は省略する．

さて T を $(\Omega, \mathcal{F}, P)$ 上の Markov 変換とし，ξ をその M-生成分割としよう．ξ が可算分割であることは常に仮定されている．つぎのことが成りたつ．

10·9° ξ が T に関する弱 B-分割であるためには，T が混合的であることが必要かつ十分である．

証明 必要性は明らかであろう．十分性を示そう．T と ξ に対応する Markov 連鎖を $\{X_n\}$ とし，その n 歩の推移確率を $\{p_{i,j}^{(n)}\}$，定常確率を $\{q_i\}$ とする．T が混合的であるから式 (10.5) が成りたつ．ξ は T^{-1} についても M-分割であり，T^{-1} と ξ に対応する Markov 連鎖は $\{X_n\}$ の時間を逆にした $\{X_{-n}\}$ であり，その n 歩の推移確率は

$$\hat{p}_{i,j}^{(n)} = \frac{q_j p_{j,i}^{(n)}}{q_i} \tag{10.10}$$

で与えられることが容易にわかる．したがって 7° と 8° により，ξ は T^{-1} についても K-分割である．ゆえに 8·1° により，

$$\lim_{n\to\infty} \sup_{B \in \bigvee_n^{\infty} T^k \xi} |P(A \cap B) - P(A)P(B)| = 0, \quad A \in \mathcal{F} \tag{10.11}$$

が成りたつ．ここで $A = \{\omega; X_0(\omega) = i\}$ とし，B として $n > 0$ に対し $B = \{\omega; X_n(\omega) \in J\}$，$J \subset E$ (E は $\{X_n\}$ の状態空間)，の形の集合に限れば，式 (10.11) より

$$\lim_{n\to\infty} \sup_{J \subset E} \Big| \sum_{j \in J} q_i p_{i,j}^{(n)} - \sum_{j \in J} q_i q_j \Big| = 0, \qquad i \in E \tag{10.12}$$

を得る．一般に E 上の二つの確率測度 m_1 と m_2 に対し

$$\sum_{j \in E} | m_1(j) - m_2(j) | = 2 \sup_{J \subset E} | m_1(J) - m_2(J) | \tag{10.13}$$

が成りたつので，式 (10.12) は

$$\lim_{n\to\infty} \sum_{j \in E} | p_{i,j}^{(n)} - q_j | = 0, \qquad i \in E$$

を意味する．$\sum_j | p_{i,j}^{(n)} - q_j | \leq 2$ だから，結局

$$\lim_{n\to\infty} \sum_{i,j \in E} q_i | p_{i,j}^{(n)} - q_j | = 0 \tag{10.14}$$

を得る．他方 $k > 0$, $n \geq 0$ として，$A = \{\omega; X_{-n}(\omega) = i_0, X_{-n+1}(\omega) = i_1, \cdots,$

$X_0(\omega)=i_n\} \in \bigvee_{-n}^{0} T^i\xi,\ B=\{\omega;\ X_k(\omega)=j_0, \cdots, X_{k+n}(\omega)=j_n\} \in \bigvee_{k}^{k+n} T^i\xi$ であれば，

$$P(A\cap B)=q_{i_0}p_{i_0,i_1}\cdots p_{i_{n-1},i_n}p_{i_n,j_0}^{(k)}p_{j_0,j_1}\cdots p_{j_{n-1},j_n}$$

$$P(A)=q_{i_0}p_{i_0,i_1}\cdots p_{i_{n-1},i_n}, \qquad P(B)=q_{j_0}p_{j_0,j_1}\cdots p_{j_{n-1},j_n}$$

だから，

$$\sum_{A\in \bigvee_{-n}^{0} T^i\xi,\ B\in \bigvee_{k}^{k+n} T^i\xi} |P(A\cap B)-P(A)P(B)| = \sum_{i,j\in E} q_i|p_{i,j}^{(k)}-q_j|$$

を得る．式 (10.14) により，右辺は $k\to\infty$ のとき 0 に収束するので，ξ は T に関する弱 B-分割である． qed

問 4 上の証明の中でつぎのことを用いた．ξ が T に関する M-分割で，T と ξ に対応する Markov 連鎖 $\{X_n\}$ の n 歩の推移確率が $\{p_{i,j}^{(n)}\}$，定常確率が $\{q_i\}$ であれば，ξ は T^{-1} に関しても M-分割であり，T^{-1} と ξ に対応する Markov 連鎖 $\{X_{-n}\}$ の n 歩の推移確率は式 (10.10) で与えられる．このことを示せ．

問 5 式 (10.13) を示せ．

定理 10・1 と 9° によってつぎのことがわかる．

10・10° エントロピーが有限な M-生成分割を持つ混合的な Markov 変換は Bernoulli 変換である．

第11章　二次元トーラスの群同型

二次元トーラスの群としての自己同型は，Lebesgue 測度について保測変換である（例1.6）．この章ではまずこの群同型がエルゴード的であるための条件を求め（11·1 節），つぎにエルゴード的であれば Kolmogorov 変換でありエントロピーが $\log|\lambda|$ である（λ は群同型を与える行列の $|\lambda|>1$ なる固有値）という Sinai [34], [37] の定理を示す（11·2 節）．さらに 11·3 節で二次元トーラスのエルゴード的な群同型に対しては，エントロピーが同型問題における完全な不変量であるという Adler-Weiss [2] の定理を示す．その中でそのような変換に対して有限な M-生成分割が存在することが示される．したがって，同型定理そのものは前章の定理 10·1 に特別な場合として含まれる．しかしながら，二次元トーラスのエルゴード的な群同型は Anosov 変換（[5], [6] など参照）の典型的な例であり，Anosov や Sinai による Anosov 変換の研究や M-分割についての一般的な研究 [38]，[39] に動機を与えたものであるという点で重要であろう．本書ではこれらの一般論にふれる余裕はないが，11·2 節や 11·3 節の議論の中に，それらの考え方が素朴な形で見出されるであろう．

11·1　コンパクト可換群の自己同型

まず一般にコンパクト可換群の自己同型について考える．Ω を可分なコンパクト可換群とし，T を Ω の連続な自己同型としよう．Ω 上の Haar 測度を P で表わし，$P(\Omega)=1$ と正規化しておく（5·2 節参照）．$\mathcal{F}$ は P-可測な部分集合全体のなす σ-集合体である．

$$\tilde{P}(A)=P(TA), \qquad A\in\mathcal{F}$$

とおけば，$\tilde{P}$ も Haar 測度になることが容易にわかり，Haar 測度の一意性により $\tilde{P}=P$ である．すなわち，T は $(\Omega, \mathcal{F}, P)$ 上の保測変換である．

さて X を Ω の指標群とすれば，X は離散群である（5·2 節参照）．T に双対的な X の変換 T^* を

$$T^*\chi(\omega)=\chi(T^{-1}\omega), \qquad \chi\in X$$

で定める．X は $L^2(\Omega)$ の正規直交基底をなすので，T^* はユニタリ作用素 U_T の X への制限にほかならない．$\chi\in X$ に対し $\{T^{*n}\chi;\ n\in \boldsymbol{Z}^1\}$ を χ の軌道（orbit) と呼ぶ.

定理 11・1 可分なコンパクト可換群 Ω の連続な自己同型 T に対し，つぎの三条件は同等である:

(i) T はエルゴード的である.

(ii) T^* は 1 を除いて有限な軌道を持たない.

(iii) T は一様 Lebesgue スペクトルを持つ.

証明 T^* が 1 以外に有限な軌道 $\{\chi, T^*\chi, \cdots, T^{*n-1}\chi\}$, $T^{*n}\chi=\chi$, を持つとしよう. $\psi=\chi+T^*\chi+\cdots+T^{*n-1}\chi$ とおけば, $T^*\psi=\psi$ である. $\chi, T^*\chi, \cdots, T^{*n-1}\chi$ は直交系だから一次独立であり，ψ は定数ではない. ゆえに T はエルゴード的ではない. T^* が 1 を除いて有限な軌道を持たないとすれば, $X\setminus\{1\}$ が丁度一様 Lebesgue スペクトルのための必要十分条件における $\{h_{n,k}\}$ の役割を果たすことがわかる (1・4° 参照). U_T が一様 Lebesgue スペクトルを持てば, T は混合的である (2・9°) からエルゴード的である. *qed*

問 1 (ii) から (i) を直接に示せ.

Ω を二次元トーラス $\boldsymbol{R}^2/\boldsymbol{Z}^2$ とし, T を例 1.6 で与えられた群同型とする. つまり $\tilde{T}$ を行列式が ±1 の整数行列

$$\tilde{T}=\begin{pmatrix} a & b \\ c & d \end{pmatrix}, \quad a, b, c, d\in\boldsymbol{Z}^1, \quad |\det\tilde{T}|=1$$

とし, T は

$$T(x, y)=(ax+by, cx+dy), \qquad \mathrm{mod}\ 1 \tag{11.1}$$

で与えられる. この T に定理 11・1 を適用すれば, つぎのことが得られる.

11・1° 式 (11.1) で与えられる二次元トーラスの群同型 T がエルゴード的であるためには, 行列 $\tilde{T}$ の固有値が 1 の根でないことが必要かつ十分である.

証明 今の場合, Ω の指標群は

$$X=\{\chi_{n,m}(x, y)=e^{2\pi i(nx+my)};\ (n, m)\in\boldsymbol{Z}^2\}$$

である. そして

$$T^*\chi_{n,m}(x, y)=e^{2\pi i\{(an+cm)x+(bn+dm)y\}}$$

だから, $\chi_{n,m}$ と (n, m) を同一視すれば,

$$T^*(n, m)=(n, m)^t\tilde{T}$$

である.

さて T がエルゴード的でないと仮定しよう．定理11·1によって $(n,m)\neq(0,0)$ と $k>0$ があって，

$$(n,m)^t\tilde{T}^k=(n,m)$$

をみたす．q を1の k 乗根の一つとし，

$$(\alpha,\beta)=q^{k-1}(n,m)+q^{k-2}(n,m)^t\tilde{T}+\cdots+(n,m)^t\tilde{T}^{k-1}$$

とおけば，容易にわかるように

$$T^*(\alpha,\beta)=(\alpha,\beta)^t\tilde{T}=q(\alpha,\beta)$$

が成りたつ．すなわち$(\alpha,\beta)\neq(0,0)$であれば，q は $\tilde{T}$ の固有値である．ところが q に関する k-1次方程式$(\alpha,\beta)=(0,0)$の根 q はたかだか k-1個であり，1の k 乗根は k 個あるので，$(\alpha,\beta)\neq(0,0)$ となるような1の k 乗根 q が存在する．

逆に1の k 乗根 q が $\tilde{T}$ の固有値であるとしよう．q に属する固有ベクトルを (α,β) とすれば，

$$(\alpha,\beta)^t\tilde{T}=q(\alpha,\beta)$$

だから

$$(\alpha,\beta)(^t\tilde{T}^k-I)=0$$

を得る．$(\alpha,\beta)\neq(0,0)$ だから $^t\tilde{T}^k-I$ の行列式は0である．ゆえに $(n,m)\neq(0,0)$ があって，

$$(n,m)(^t\tilde{T}^k-I)=0$$

すなわち

$$T^{*k}(n,m)=(n,m)$$

をみたす．こうして T^* の有限軌道が存在するから，定理11·1により T はエルゴード的でない． *qed*

11·2 エントロピーと正則性

行列 $\tilde{T}$ によって式(11.1)で与えられる，二次元トーラスの群同型 T を考え，T はエルゴード的であると仮定する．したがって，$\tilde{T}$ の固有値は1の根ではない．このとき容易にわかるように，$\tilde{T}$ の固有値 λ_1 と λ_2 は実数で $|\lambda_1\lambda_2|=1$ である．絶対値が1より大きい方を λ_1 とする．

定理 11·2 二次元トーラスのエルゴード的な群同型 T は Kolmogorov 変換であり，エントロピー

$$h(T)=\log|\lambda_1|$$

を持つ.

証明　$\tilde{T}$ の固有値 λ_1 と λ_2 に対応する固有方向を X と Y とし，$\omega\in\Omega$ を X と Y 方向の成分で (ω_1,ω_2) と表わせば，

$$T\omega=(\lambda_1\omega_1,\lambda_2\omega_2)$$

であることが，以下の議論で本質的である．Ω を図 4 のように，互いに交わら

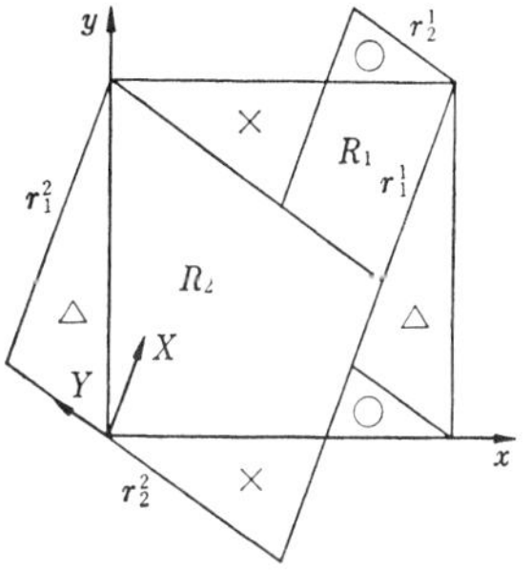

図 4

ない二つの平行四辺形 R_1 と R_2 に分割する．R_1 と R_2 の辺は原点を通る固有方向の線分である．R_i の X 方向の辺の長さを r_1^i，Y 方向の辺の長さを r_2^i とする $(i=1,2)$．Ω の R_1 と R_2 への分割を $\xi=\{R_1,R_2\}$ で表わし，

$$\zeta=\bigvee_0^\infty T^{-n}\xi$$

とおく．ζ が T に関する K-分割であることを示そう．そのためにまずつぎのことを示す．

11・2°　ζ は R_1 と R_2 を Y 方向に平行な線分に分割するような Ω の可測分割である．

証明　任意の n に対し，$T^nR_i\ (i=1,2)$ は X と Y 方向に平行な辺を持つ平行四辺形で，その辺の長さはそれぞれ $|\lambda_1|^n r_1^i$ と $|\lambda_2|^n r_2^i$ である．したがって，$n>0$ に対し $\xi\vee T^{-1}\xi\vee\cdots\vee T^{-n}\xi$ の元は X と Y 方向に平行な辺を持つ平行四辺形で，その辺の長さは X 方向が

$$|\lambda_1|^{-n}\max(r_1^1,r_1^2)$$

以下であり，Y 方向は r_2^1 (R_1 に含まれるとき) または r_2^2 (R_2 に含まれるとき)

である．$|\lambda_1|>1$ だから，$n\to\infty$ として 2° が示された． *qed*

定理の証明の続き $T\zeta\geq\zeta$ は明らかである．$T^n\zeta$ の元は Y 方向に平行な線分で長さが $|\lambda_2|^n \max(r_2^1, r_2^2)$ 以下である．$|\lambda_2|<1$ だから $n\to\infty$ として，$\bigvee_{-\infty}^{\infty} T^n\zeta=\varepsilon$ を得る．つぎに

$$\bigwedge_{-\infty}^{\infty} T^n\zeta=\nu$$

を示すために，任意の $A\in\mathscr{F}(\bigwedge_{-\infty}^{\infty} T^n\zeta)$, $P(A)>0$, をとる．各 n に対し，A は $T^n\zeta$ の元の和集合 (a. e.) である．ところが $T^n\zeta$ の元は Y 方向に平行な線分で長さが $|\lambda_2|^n \min(r_2^1, r_2^2)$ 以上である．$|\lambda_2|<1$ だから $n\to-\infty$ とすることによって，A は無限に長い Y と平行な直線の和集合 (a. e.) であることがわかる．Y 方向の勾配を σ として，Ω 上の流れ

$$T_t(x,y)=(x+t, y+\sigma t), \qquad \text{mod } 1$$

を考えれば，上のことは A が $\{T_t\}$-不変であることを意味する．今の場合 σ は無理数であることが容易にわかるので，$\{T_t\}$ はエルゴード的であり，したがって $P(A)=1$ である．こうして T は ζ をK-分割として Kolmogorov 変換であることが示された．

問 2 σ が無理数であることを示せ．

つぎにエントロピーを計算しよう．上に示したように分割 ξ は T の生成分割である．したがって定理6·2により

$$h(T)=h(T,\xi)=H(T\xi\mid\zeta)=H(\xi\vee T\xi\mid\zeta) \tag{11.2}$$

である．分割 $\xi\vee T\xi$ の元を調べよう．$R_1\cap TR_1$ は X と Y 方向に平行な長さ r_1^1 と $|\lambda_2|r_2^1$ の辺を持つ平行四辺形の和集合である．その個数を p とし，それらの小平行四辺形を $A_1^1, \cdots, A_p^1$ で表わそう．

$$R_1\cap TR_1=A_1^1\cup A_2^1\cup\cdots\cup A_p^1$$

である．同様に $R_1\cap TR_2$ は辺の長さが r_1^1 と $|\lambda_2|r_2^2$ の小平行四辺形 $A_1^2, \cdots, A_q^2$ の和

$$R_1\cap TR_2=A_1^2\cup\cdots\cup A_q^2$$

であり，$R_2\cap TR_1$ は辺の長さが r_1^2 と $|\lambda_2|r_2^1$ の小平行四辺形 $B_1^1, \cdots, B_s^1$ の和

$$R_2\cap TR_1=B_1^1\cup\cdots\cup B_s^1$$

$R_2 \cap TR_2$ は辺の長さが r_1^2 と $|\lambda_2| r_2^2$ の小平行四辺形 $B_1^2, \cdots, B_t^2$ の和

$$R_2 \cap TR_2 = B_1^2 \cup \cdots \cup B_t^2$$

である．これらの小平行四辺形の個数について，関係

$$\left.\begin{aligned} |\lambda_1| r_1^1 &= p r_1^1 + s r_1^2 \\ |\lambda_1| r_1^2 &= q r_1^1 + t r_1^2 \end{aligned}\right\} \tag{11.3}$$

$$\left.\begin{aligned} |\lambda_1| r_2^1 &= p r_2^1 + q r_2^2 \\ |\lambda_1| r_2^2 &= s r_2^1 + t r_2^2 \end{aligned}\right\} \tag{11.4}$$

が成りたつ．

小さい平行四辺形への Ω の分割を $\eta = \{A_1^1, \cdots, A_p^1, A_1^2, \cdots, A_q^2, B_1^1, \cdots, B_s^1, B_1^2, \cdots, B_t^2\}$ で表わす．2° に注意すれば，式 (11.2) により

$$\begin{aligned} h(T) &= H(\xi \vee T\xi \mid \zeta) = H(\eta \mid \zeta) \\ &= -\sum_{B \in \eta} \int_{\Omega/\zeta} P_C(B) \log P_C(B) dP_\zeta(C) \end{aligned} \tag{11.5}$$

を得る．$C \in \zeta$ に対し，条件つき測度 P_C は線分 C 上の正規化 $(P_C(C)=1)$ された Lebesgue 測度だから，

$$\left.\begin{aligned} P_C(A_i^1) &= |\lambda_2|, & 1 \leq i \leq p \\ P_C(A_i^2) &= \frac{|\lambda_2| r_2^2}{r_2^1}, & 1 \leq i \leq q \end{aligned}\right\} \quad C \subset R_1$$

$$\left.\begin{aligned} P_C(B_i^1) &= \frac{|\lambda_2| r_2^1}{r_2^2}, & 1 \leq i \leq s \\ P_C(B_i^2) &= |\lambda_2|, & 1 \leq i \leq t \end{aligned}\right\} \quad C \subset R_2$$

である．X と Y のなす角を θ とすれば，

$$P(R_1) = r_1^1 r_2^1 \sin\theta, \qquad P(R_2) = r_1^2 r_2^2 \sin\theta$$

である．以上を式 (11.5) に代入すれば，

$$\begin{aligned} h(T) = &-r_1^1 r_2^1 (\sin\theta) \left(p|\lambda_2| \log |\lambda_2| + \frac{q|\lambda_2| r_2^2}{r_2^1} \log \frac{|\lambda_2| r_2^2}{r_2^1} \right) \\ &- r_1^2 r_2^2 (\sin\theta) \left(\frac{s|\lambda_1| r_2^1}{r_2^2} \log \frac{|\lambda_2| r_2^1}{r_2^2} + t|\lambda_2| \log |\lambda_2| \right) \end{aligned}$$

を得る．式 (11.3) と式 (11.4) を用いて整理すれば，

$$\begin{aligned} h(T) &= -|\lambda_1 \lambda_2| \log |\lambda_2| (r_1^1 r_2^1 + r_1^2 r_2^2) \sin\theta \\ &= -\log |\lambda_2| = \log |\lambda_1| \end{aligned}$$

が得られる. *qed*

11・3 Markov 変換による表現と同型定理

この節の目的は Adler-Weiss [2] によるつぎの同型定理を証明することである.

定理 11・3 二次元トーラスのエルゴード的な群同型は，エントロピーが等しければ同型である.

この定理の証明の方法は，二次元トーラスのエルゴード的な群同型を Markov 変換で表現しておいて，Markov 変換の間の同型を示すのである．まず一般の保測変換に対し，有限な生成分割があれば，記号力学系と呼ばれるもので表現できることを述べよう.

T を Lebesgue 空間 $(\Omega, \mathcal{F}, P)$ 上の保測変換とし，有限な生成分割 $\xi=\{A_1, \cdots, A_N\}$

$$\bigvee_{-\infty}^{\infty} T^n\xi=\varepsilon$$

を持つと仮定しよう．$N\times N$ 行列 $M=(m(i,j))$ を

$$m_{i,j}=m(i,j)=\begin{cases}1, & P(TA_i\cap A_j)>0\\ 0, & P(TA_i\cap A_j)=0\end{cases}$$

によって定める．$X_0=\{1,\cdots,N\}$ とし，その両側無限直積

$$\hat{X}=\prod_{-\infty}^{\infty} X_n, \qquad X_n=X_0$$

を定め，その点を $x=(x_n;\, n\in \boldsymbol{Z}^1)\in\hat{X}$ で表わす．$\hat{X}$ のずらし S を

$$(Sx)_n=x_{n-1}, \quad n\in\boldsymbol{Z}^1, \quad x\in\hat{X}$$

で定める．$\hat{X}$ の部分集合

$$X=\{x=(x_n)\in\hat{X};\, m(x_n, x_{n+1})=1,\ n\in\boldsymbol{Z}^1\}$$

は明らかに $SX=X$ をみたす．S の X への制限をふたたび S と書くことにする.

さて Ω から X への写像 φ を

$$\chi:\ \Omega\to X_0, \quad \chi(\omega)=i, \quad \omega\in A_i$$

$$\varphi:\ \Omega\to X, \quad (\varphi\omega)_n=\chi(T^{-n}\omega), \quad n\in\boldsymbol{Z}^1$$

で定める．Ω から測度0の集合を適当に除けば，φ は X の上への1対1写像であることが容易にわかる．さらに

$$(S\varphi\omega)_n=(\varphi\omega)_{n-1}=\chi(T^{-n+1}\omega)=(\varphi T\omega)_n, \qquad n\in\boldsymbol{Z}^1$$

だから，$S\varphi=\varphi T$ である．したがって X に測度 φP を定めれば，S は $(X, \mathcal{G}, \varphi P)$ 上の保測変換であり（$\mathcal{G}$ は X の筒集合から生成される σ-集合体の φP による完備化），さらにつぎのことが成りたつ．

11·3° $(\Omega, \mathcal{F}, P)$ 上の T は $(X, \mathcal{G}, \varphi P)$ 上の S に同型である．

一般に有限個（N 個）の記号の集合 X_0 と，0と1を要素とする $N\times N$ 行列 M が与えられ，さらに上のように定まる X に S-不変な確率測度 m が与えられ，S を (X, m) 上の保測変換とするとき，これを**記号力学系** (symbolic dynamical system) と呼ぶ．有限な生成分割を持つ保測変換は記号力学系によって表現できることを上に示したわけである．記号力学系について調べよう．与えられた行列 M は既約であると仮定する．すなわち，任意の $i, j\in X_0$ に対し，$i=i_0, i_1, \cdots, i_n=j$ なる列で

$$m(i_k, i_{k+1})=1, \qquad 0\le k\le n-1$$

をみたすものが存在する．行列に関する Perron-Frobenius の定理（たとえば [14] 参照）によれば，M の要素はすべて非負で M は既約だから，M の単純な固有値 $\lambda>0$ が存在して，他の固有値 λ' はすべて $|\lambda'|\le\lambda$ をみたし，λ に属する固有ベクトルの成分はすべて正である．このような λ を M の最大固有値と呼ぶ．

11·4° $X_0=\{1, \cdots, N\}$ とし，$N\times N$ 行列 M は既約と仮定する．λ を M の最大固有値とし，$(x_1, \cdots, x_N)$ と $(y_1, \cdots, y_N)$ を λ に属する固有ベクトルで，つぎのようなものとする:

$$M\,{}^t(x_1, \cdots, x_N)=\lambda\,{}^t(x_1, \cdots, x_N)$$
$$(y_1, \cdots, y_N)M=\lambda(y_1, \cdots, y_N)$$
$$(y_1, \cdots, y_N)\,{}^t(x_1, \cdots, x_N)=1.$$

このとき

（i） $i, j\in X_0$ に対し

$$p_{i,j}=\frac{m(i,j)x_j}{\lambda x_i}, \qquad q_i=x_iy_i$$

とおけば,

$$\sum_j p_{i,j}=1,\quad \sum_i q_i=1,\quad \sum_i q_i p_{i,j}=q_j$$

が成りたつ．したがって X に S-不変な Markov 測度 m で

$$p_{i,j}=m(x_n=j\mid x_{n-1}=i),\quad q_i=m(x_n=i),\quad n\in \boldsymbol{Z}^1$$

なるものが定まり，Markov 変換 S はエルゴード的である．このとき行列 M は Markov 変換 S の**構造行列** (structure matrix) と呼ばれる．

(ii)　X 上の S-不変な任意の確率測度 m' に対し，S の m' によるエントロピーを $h(S;m')$ と書けば，(i) の m に対し

$$h(S;m)=\log\lambda$$

であり，$m'\neq m$ であれば

$$h(S;m')<\log\lambda$$

が成りたつ．

証明　(i) はほとんど明らかである．S のエルゴード性は M の既約性による (10·1 節参照)．(ii) を証明しよう．10·3 節により

$$\begin{aligned}h(S;m)&=-\sum_{i,j}q_i p_{i,j}\log p_{i,j}\\&=-\sum_{i,j}q_i p_{i,j}(\log x_j-\log x_i-\log\lambda)\\&=\log\lambda\end{aligned}$$

である．つぎに $m'\neq m$ に対し $h(S;m')\geq\log\lambda$ と仮定して矛盾を導こう．m' を m に関して絶対連続な部分 m_1' と特異な部分 m_2' にわける．それらの台は S-不変になり，したがって m_1' も m_2' も S-不変である．S が m に関してエルゴード的であったから，$m_1'=cm,\ c=m_1'(X)$ である．このとき 6·27° によって

$$\begin{aligned}\log\lambda\leq h(S;m')&=ch\left(S;\frac{m_1'}{c}\right)+(1-c)h\left(S;\frac{m_2'}{1-c}\right)\\&=c\log\lambda+(1-c)h\left(S;\frac{m_2'}{1-c}\right)\end{aligned}$$

が成りたち

$$h\left(S;\frac{m_2'}{1-c}\right)\geq\log\lambda$$

を得る．したがって，m' は m に関し特異であると仮定してよい．

さて X の x_0 による分割（集合 $\{x;\ x_0=i\}$, $1\leq i\leq N$, への分割）を ξ とし, $\xi_0^n=\xi\vee S\xi\vee\cdots\vee S^n\xi$ とおく．測度 m と m' は互いに特異だから，数列 $k_n\nearrow\infty$ と集合列 $E_n\in\mathcal{F}(\xi_0^{k_n-1})$ があって，$m(E_n)$, $m'(E_n^c)\to 0$ である．一般に $E\in\mathcal{F}(\xi_0^{n-1})$ に対し，E に含まれる ξ_0^{n-1} の元の個数を $N(E)$ で表わし，

$$\delta=\lambda\min_{i,j}x_iy_j$$

とおけば，

$$\begin{aligned}\lambda^n m(E)&=\lambda^n\sum_{(i_0,\cdots,i_{n-1})\in E}q_{i_0}p_{i_0,i_1}\cdots p_{i_{n-2},i_{n-1}}\\&=\lambda\sum q_{i_0}x_{i_{n-1}}\geq\delta N(E)\end{aligned}\tag{11.6}$$

が成りたつ．6・18° と定理 6・2 により，$H(\xi_0^{n-1};\ m')/n\searrow h(S;\ m')\geq\log\lambda$ だから，

$$\begin{aligned}\log\lambda^{k_n}\leq H(\xi_0^{k_n-1};\ m')&=-\sum_{A\in\xi_0^{k_n-1}}m'(A)\log m'(A)\\&=-m'(E_n)\sum_{A\subset E_n}\frac{m'(A)}{m'(E_n)}\left\{\log\frac{m'(A)}{m'(E_n)}+\log m'(E_n)\right\}\\&\quad-m'(E_n^c)\sum_{A\subset E_n^c}\frac{m'(A)}{m'(E_n^c)}\left\{\log\frac{m'(A)}{m'(E_n^c)}+\log m'(E_n^c)\right\}\\&\leq m'(E_n)\log N(E_n)-m'(E_n)\log m'(E_n)\\&\quad+m'(E_n^c)\log N(E_n^c)-m'(E_n^c)\log m'(E_n^c)\end{aligned}$$

を得る．これに式 (11.6) を代入して

$$\begin{aligned}0&\leq m'(E_n)\log\frac{m(E_n)}{\delta}-m'(E_n)\log m'(E_n)\\&\quad+m'(E_n^c)\log\frac{m(E_n^c)}{\delta}-m'(E_n^c)\log m'(E_n^c)\\&=m'(E_n)\log\frac{m(E_n)}{\delta}+o(1)\end{aligned}$$

が成りたつ．右辺は $n\to\infty$ のとき $-\infty$ に発散するので矛盾である． *qed*

問 3 上の証明の中でつぎのことを用いた，これを証明せよ．Ω 上の変換 T を保測にする二つの互いに絶対連続な確率測度 m と m' があり，T が m についてエルゴード的であれば $m=m'$ である．

T を Lebesgue 空間 $(\Omega,\mathcal{F},P)$ 上の保測変換とし，有限なエントロピー $h(T)<\infty$ を持つとしよう．さらに有限な生成分割 ξ を持てば，3° により T

は $(X, \mathcal{G}, \varphi P)$ 上の S と同型である．このとき 4° の系として，つぎのことが成りたつ．

11·5°　T と ξ より定まる行列 M が既約でありかつ最大固有値 $2^{h(T)}$ を持てば，4° の (i) で定まる確率測度を m として，$\varphi P=m$ である．したがって T は $(X, \mathcal{G}, m)$ 上の Markov 変換 S に φ によって同型である．

証明　エントロピーについて

$$h(S;\varphi P)=h(T)=\log 2^{h(T)}=h(S;m)$$

が成りたつので，4° によって $\varphi P=m$ である．　qed

さて上記の一般論を二次元トーラスの群同型 T に適用しよう．記号は前節と同じとする．定理11·2の証明に用いた，二次元トーラス Ω の平行四辺形 R_1, R_2 への分割 ξ をとり，さらに小さい平行四辺形への Ω の分割 η をとる．η は T の生成分割である．η を用いて T を記号力学系で表現しよう．行列 M は

$$M=\left(\begin{array}{cccc} \overbrace{1\cdots1}^{p} & \overbrace{0\cdots0}^{q} & \overbrace{1\cdots1}^{s} & \overbrace{0\cdots0}^{t} \\ \vdots & \vdots & \vdots & \vdots \\ 1\cdots1 & 0\cdots0 & 1\cdots1 & 0\cdots0 \\ 0\cdots0 & 1\cdots1 & 0\cdots0 & 1\cdots1 \\ \vdots & \vdots & \vdots & \vdots \\ 0\cdots0 & 1\cdots1 & 0\cdots0 & 1\cdots1 \end{array}\right)\begin{array}{l} \left.\vphantom{\begin{array}{c}1\\ \vdots\\ 1\end{array}}\right\}p+q \\ \left.\vphantom{\begin{array}{c}1\\ \vdots\\ 1\end{array}}\right\}s+t \end{array} \tag{11.7}$$

となることが容易にわかる．したがって M は既約である．M の固有方程式は，$N=p+q+s+t$ とおいて

$$\det(M\text{-}\lambda I)=(-1)^{N-2}\lambda^{N-2}(\lambda^2-(p+t)\lambda+pt-qs)=0$$

である．他方行列 $\tilde{T}$ の固有値 $\lambda_1(|\lambda_1|>1)$ に対し，式 (11.3) により

$$(|\lambda_1|-p)r_1^1=sr_1^2, \qquad (|\lambda_1|-t)r_1^2=qr_1^1$$

が成りたつ．したがって

$$|\lambda_1|^2-(p+t)|\lambda_1|+pt-qs=0 \tag{11.8}$$

を得る．ゆえに M の固有値は $|\lambda_1|$, $|\lambda_2|$, 0 である．定理11·2により

$$h(T)=\log|\lambda_1|$$

だから，5° によってつぎのことがわかる．

11・6° 二次元トーラスのエルゴード的な群同型 T は，式 (11.7) によって定まる既約な行列 M を構造行列とする Markov 変換 S に同型である．

さて定理 11・3 を証明しよう．T と T' をともに二次元トーラスのエルゴード的な群同型とし，それらを定める行列を

$$\tilde{T}=\begin{pmatrix} a & b \\ c & d \end{pmatrix}, \qquad \tilde{T}'=\begin{pmatrix} a' & b' \\ c' & d' \end{pmatrix}$$

としよう．$\tilde{T}$ と $\tilde{T}'$ の固有値をそれぞれ λ_1, λ_2 と λ_1', λ_2' とし，$|\lambda_1|>1$, $|\lambda_1'|>1$ とする．$h(T)=h(T')$ すなわち

$$|\lambda_1|=|\lambda_1'|$$

を仮定する．容易にわかるように，このとき $|a+d|=|a'+d'|$, $ad-bc=a'd'-b'c'$ である．T と T' をそれぞれ Markov 変換 S と S' で表現し，S と S' が同型であることを示せばよい．S と S' の構造行列 M と M' は式 (11.7) とそれに対応する行列として定まる．$|\lambda_1|$ と $|\lambda_1'|$ は式 (11.8) とそれに対応する式

$$|\lambda_1'|^2-(p'+t')|\lambda_1'|+p't'-q's'=0$$

をみたす無理数で，$|\lambda_1|=|\lambda_1'|$ だから，$p+t=p'+t'$ かつ $pt-qs=p't'-q's'$ であることを注意しよう．

S と S' が同型であることを示すには，それらがともに第三の Markov 変換に同型であることを示せば十分である．まず

$$ad-bc=a'd'-b'c'=1$$

の場合を考える．$\hat{N}=p+t=p'+t'$ とおき，$\hat{N}\times\hat{N}$ 行列 $\hat{M}=(\hat{m}_{i,j})$ を

$$\hat{m}_{i,j}=\begin{cases} 0, & i=\hat{N}, \quad j=1 \\ 1, & \text{それ以外のとき} \end{cases}$$

で定める．$\hat{M}$ の固有方程式は

$$\lambda^{\hat{N}-2}(\lambda^2-\hat{N}\lambda+1)=0$$

であり，容易にわかるように $pt-qs=ad-bc=1$ (λ_1 のみたす方程式と式 (11.8) を比べよ) だから，$\hat{M}$ の固有値は $|\lambda_1|$, $|\lambda_2|$, 0 である．したがって，$\hat{M}$ を構造行列とする Morkov 変換 $\hat{S}$ はエントロピー

$$h(\hat{S})=\log|\lambda_1|$$

を持つ．$\hat{S}$ が定義されている空間を $(\hat{X}, \hat{\mathcal{G}}, \hat{m})$ で表わすことにしよう．

11・7°　Markov 変換 S と S' はともに，$\hat{M}$ を構造行列とする Markov 変換 $\hat{S}$ に同型である．したがって T と T' は同型である．

証明　$\hat{S}$ は S と S' に共通な値 $p+t=p'+t'$ のみを用いて定まっているので，S が $\hat{S}$ に同型であることを示せばよい．便宜上，S の状態空間 $X_0=\{1,\cdots,N\}$ を $X_0=\{A_1^1,\cdots,A_p^1,A_1^2,\cdots,A_q^2,B_1^1,\cdots,B_s^1,B_1^2,\cdots,B_t^2\}$ と表わし，$\hat{S}$ の方を $\hat{X}_0=\{a_1,\cdots,a_p,b_1,\cdots,b_t\}$ と表わす．X_0 において，$m_{i,j}=1$ のとき $i\to j$ で表わせば，$A_i^1\to A_j^1$，$A_i^1\to B_j^1$，$A_i^2\to A_j^1$，$A_i^2\to B_j^1$，$B_i^1\to A_j^2$，$B_i^1\to B_j^2$，$B_i^2\to A_j^2$，$B_i^2\to B_j^2$ だから，$x\in X$ の成分において，A^1 と B^2 のみがいくつか続きうる．そしてその前後では

$$x=(\cdots,A^2,A_{i_1}^1,\cdots,A_{i_k}^1,B^1,\cdots)$$

の形（A^1 の部分がないこともある）か

$$x=(\cdots,A,B^1,B_{j_1}^2,\cdots,B_{j_n}^2,A^2,\cdots)$$

の形（B^2 の部分がないこともある）である．そこで $[A_{i_1}^1,\cdots,A_{i_k}^1]$ を1つのブロックとし，ブロック $[a_{i_1},\cdots,a_{i_k}]$ に対応させ，ブロック $[B^1,B_{j_1}^2,\cdots,B_{j_n}^2,A^2]$ をブロック $[b_{j_1},\cdots,b_{j_n},b,a]$ に対応させる．後者において，B^1 と A^2 のとり得る組合せの数は sq 通りであり，b と a のとり得る組合せの数は $tp-1=sq$ 通りであるから，ブロック同志の1対1対応が得られる．$x\in X$ と $\hat{x}\in\hat{X}$ において，同じ座標に対応するブロックがあるとき $\psi x=\hat{x}$ とおけば，ψ は X から $\hat{X}$ の上への1対1の写像であり，$\psi S=\hat{S}\psi$ をみたす．さらに

$$h(\hat{S};\psi m)=h(S;m)=\log|\lambda_1|$$

だから，4° により $\psi m=\hat{m}$ である．すなわち，S は $\hat{S}$ に同型である．

$ad-bc=a'd'-b'c'=-1$ のときは，$\hat{X}_0=\{1,\cdots,\hat{N}+1\}$ $(\hat{N}=p+t)$ とおき，

$$\hat{M}=\begin{pmatrix} 1 & \cdots\cdots & 1 \\ & \vdots & \\ 1 & \cdots\cdots & 1 \\ 1 & 0\cdots & 0 \end{pmatrix}$$

とおけば，$\hat{M}$ の固有方程式は $\lambda^{N-1}(\lambda^2-N\lambda-1)=0$ で，固有値はやはり $|\lambda_1|$，$|\lambda_2|$，0 となり，上と同様のことが成りたつ．こうして定理 11・3 が証明された．

qed

なお上の証明において，二次元トーラスのエルゴード的な群同型 T は

Markov 変換であることを示したが，一方前節において T は Kolmogorov 変換であることが示された．したがって 10・4 節によれば，T は実は Bernoulli 変換であることがわかる．

文　献

まず本文に引用した文献をあげる.

[1] R. L. Adler : On a conjecture of Fomin, *Proc. Amer. Math. Soc.* 13 (1962), 433–436.

[2] —— and B. Weiss : Entropy, a complete metric invariant for automorphisms of the torus, *Proc. Nat. Acad. U.S.A.* 57 (1967), 1573–1576.

[3] W. Ambrose : Representation of ergodic flows, *Ann. Math.* 42 (1941), 723–739.

[4] —— and S. Kakutani : Structure and continuity of measurable flow, *Duke Math. J.* 9 (1942), 25–47.

[5] D. V. Anosov : Geodesic flows on closed Riemannian manifolds of negative curvature, *Trudy Mat. Inst. Steklova* 90 (1967).

[6] —— and Ya. G. Sinai : Certain smooth ergodic systems, *Uspehi Mat. Nauk* 22, no. 5 (1967), 107–172.

[7] H. Anzai : Ergodic skew product transformations on the torus, *Osaka Math. J.* 3 (1951), 83–99.

[8] P. Billingsley : Ergodic theory and information, John Wiley and Sons (1965). (訳書：渡辺　毅, 十時東生：確率論とエントロピー, 吉岡書店 (1968).)

[9] J. R. Blum and D. L. Hanson : On the isomorphism problem for Bernoulli schemes, *Bull. Amer. Math. Soc.* 69 (1963), 221–223.

[10] P. Cartier : Processus aleatoires généralisés, *Sem. Bourbaki* (1963/64), no. 272.

[11] J. L. Doob : Stochastic processes, John Wiley and Sons (1953).

[12] N. Dunford and J. T. Schwartz : Linear operators, II. Interscience (1963).

[13] W. Feller : An introduction to probability theory and its applications, John Wiley and Sons (1957). (訳書：河田竜夫ほか：確率論とその応用, 上・下, 紀伊国屋書店 (1960).)

[14] F. R. Gantmacher : The theory of matrices, Vol. 2, Chelsea (1959).

[15] A. M. Garsia : A simple proof of E. Hopf's maximal ergodic theorem, *J. Math. Mech.* 14 (1965), 381–382.

[16] 伊藤　清: 確率論の基礎, 岩波書店 (1959).

[17] S. Kakutani: Induced measure preserving transformations, *Proc. Imp. Acad. Tokyo* 19 (1943), 635–641.

[18] A. N. Kolmogorov: Foundations of probability theory, Chelsea (1956). (訳書：根本伸司，一条　洋：確率論の基礎概念，東京図書 (1969).)

[19] A. N. Kolmogorov: a) A new invariant for transitive dynamical systems, *Dokl. Akad. Nauk SSSR* 119 (1958), 861–864. b) Entropy per unit time as a metric invariant of automorphism, *ibid.* 124 (1959), 754–755.

[20] W. Krieger: On entropy and generators of measure-preserving transformations, *Trans. Amer. Math. Soc.* 149 (1970), 453–464.

[21] N. Kryloff and N. Bogoliouboff: La théorie générale de la measure dans son application à l'étude des systèmes dynamiques de la mécanique non linéaire, *Ann. Math.* 38 (1937), 65–113.

[22] 丸山儀四郎: 確率論，共立出版 (1957).

[23] L. D. Meshalkin: A case of isomorphism of Bernoulli schemes, *Dokl. Akad. Nauk SSSR* 128 (1959), 41–44.

[24] J. von Neumann: Zur operatoren Methode in der klassischen Mechanik, *Ann. Math.* 33 (1932), 587–642.

[25] J. Neveu: Mathematical foundations of the calculus of probability, Holden-Day (1965).

[26] M. S. Pinsker: Dynamical systems with completely positive or zero entropy, *Dokl. Akad. Nauk SSSR* 133 (1960), 1025–1026.

[27] L. Pontryagin: Topological groups, Gordon and Breach (1966). (訳書: 柴岡泰光，杉浦光夫，宮崎　功: 連続群論，上・下，岩波書店 (1957).)

[28] V. A. Rohlin: On the fundamental ideas of measure theory, *Mat. Sbornik* 25 (1949), 107–150. (英訳：Amer. Math. Soc. Translations, Series 1, 10 (1952), 1–54.)

[29] ——: Selected topics from the metric theory of dynamical systems, *Uspehi Mat. Nauk* 4, no. 2 (1949), 57–128. (英訳：Amer. Math. Soc. Translations, Series 2, 49 (1966), 171–240.)

[30] ——: Lectures on the entropy theory of measure-preserving transformations, *Uspehi Mat. Nauk* 22, no. 5 (1967), 3–56.

[31] —— and Ya. G. Sinai: Construction and properties of invariant measurable partitions, *Dokl. Akad. Nauk SSSR* 141 (1962), 1038–1041.

[32] 斎藤利弥: 解析力学入門，至文堂 (1964).

[33] C. Shannon: A mathematical theory of communication, *Bell System Tech. J.* 27 (1948), 379–423, 623–656. (訳書：長谷川淳，井上光洋：コミュ

ニケーションの数学的理論，明治図書 (1969).)

[34] Ya. G. Sinai : On the notion of the entropy of a dynamical systems, *Dokl. Akad. Nauk SSSR* **124** (1959), 768–771.

[35] ——: Dynamical systems with countably-multiple Lebesgue spectrum, I, *Izv. Akad. Nauk SSSR* **25** (1961), 899–924. (英訳 : Amer. Math. Soc. Translations, Series 2, **39** (1961), 83–110.)

[36] ——: a) A weak isomorphism of transformations having an invariant measure, *Dokl. Akad. Nauk SSSR* **147** (1962), 797–800. b) Weak isomorphism of transformations with invariant measure, *Mat. Sbornik* **63** (1964), 23–42. (英訳 : Amer. Math. Soc. Translations, Series 2, **57** (1966), 123–143.)

[37] ——: Classical dynamical systems with countable Lebesgue spectrum, II, *Izv. Akad. Nauk SSSR* **30** (1966), 15–68. (英訳 : Amer. Math. Soc. Translations, Series 2, **68** (1968), 34–88.)

[38] ——: Markov partitions and C-diffeomorphisms, *Funk. Anal. Pril.* **2**, no. 1 (1968), 64–89.

[39] ——: Construction of Markov partitions, *Funk. Anal. Pril.* **2**, no. 3 (1968), 70–80.

[40] M. H. Stone : Linear transformations in Hilbert space and their applications to analysis, Amer. Math. Soc. Colloq. Publ. **15** (1932).

[41] 吉田耕作: ヒルベルト空間論，共立出版 (1953).

Bernoulli 変換などの同型問題については，つぎの諸論文がある.

[42] D. S. Ornstein: Bernoulli shifts with the same entropy are isomorphic, *Adv. in Math.* **4** (1970), 337–352.

[43] ——: Two Bernoulli shifts with infinite entropy are isomorphic, *ibid.* **5** (1970), 339–348.

[44] ——: Factors of Bernoulli shifts are Bernoulli shifts, *ibid.* **5** (1970), 349–364.

[45] ——: Imbedding Bernoulli shifts in flows (L. Sucheston (editor) : Contributions to ergodic theory and probability, Lecture notes in Math. **160**, Springer-Verlag (1970), 178–218).

[46] ——: A Kolmogorov automorphism that is not a Bernoulli shift (preprint).

[47] N. A. Friedman and D. S. Ornstein : An isomorphism of weak Bernoulli transformations, *Adv. in Math.* **5** (1970), 365–394.

[48] M. Smorodinsky: An exposition of Ornstein's isomorphism theorem (pre-print).

確率論の基礎的な教科書としては，上記の中の [11], [13], [16], [18], [22], [25] のほかに，

伊藤　清: 確率論，岩波書店 (1953).

も良い書物である.

本書でふれ得なかったエルゴード理論の話題はもちろんたくさんある．それらについては，上記の文献のほかに下記の教科書や綜合報告，講義録などを見ていただきたい.

(1) V. I. Arnold et A. Avez: Problèmes ergodiques de la mécanique classique, Gauthier-Villars (1967). (英訳: Ergodic problems of classical mechanics, Benjamin (1968).)

(2) L. Auslander, L. Green and F. Hahn: Flows on homogeneous spaces, Annales Math. Studies, 53, Princeton (1963).

(3) A. Avez: Ergodic theory of dynamical systems, I, II, Lecture note, Univ. Minnesota (1966).

(4) G. Birkhoff: Dynamical systems, Amer. Math. Soc. Colloq. Publ. 9 (1927).

(5) S. R. Foguel: The ergodic theory of Markov processes, Van Nostrand (1969).

(6) S. V. Fomin and V. A. Rohlin: The spectral theory of dynamical systems, *Trudy* III *Vsesoyozn. Mat. Sbezda* 3 (1958), 284-292.

(7) N. A. Friedman: Introduction to ergodic theory, Van Nostrand (1970).

(8) W. H. Gottschalk and G. A. Hedlund: Topological dynamics, Amer. Math. Soc. Colloq. Publ. 83 (1961).

(9) P. R. Halmos: Lectures on ergodic theory, Math. Soc. Japan (1956).

(10) ——: Entropy in ergodic theory, mimeographed notes, Univ. Chicago (1959).

(11) ——: Recent progress in ergodic theory, *Bull. Amer. Math. Soc.* 67 (1961), 70-80.

(12) E. Hopf: Ergodentheorie, Springer-Verlag (1937).

(13) 池田信行，飛田武幸，吉沢尚明: Flow の理論(上), Seminar on Probability 12, 確率論セミナー (1962).

(14) K. Jacobs: Neuere Methoden und Ergebnisse der Ergodentheorie, Springer Verlag (1960).

(15) ——: Lecture notes on ergodic theory, Aarhus Univ. (1962-1963).

(16) M. Kac : Statistical independence in probability, analysis and number theory, John Wiley and Sons (1959).

(17) S. Kakutani : On ergodic theorem, *Proc. International Congress Math.* **2** (1950), 128-142.

(18) A. B. Katok and A. M. Stepin : Approximations in ergodic theory, *Uspehi Mat. Nauk* **22**, no. 5 (1967), 81-106.

(19) A. N. Kolmogorov : General theory of dynamical systems and classical mechanics, *Proc. International Congress Math. in Amsterdam*, VI (1954), 315-333, (英訳 : R. Abraham : Foundations of mechanics, Appendix D, Benjamin (1967).)

(20) G. W. Mackey : Ergodic theory and virtual groups, *Math. Ann.* **166** (1966), 187-207.

(21) V. V. Nemytskii and V. V. Stepanov : Qualitative theory of differential equations, Princeton Univ. Press (1960).

(22) 丹羽敏雄, 大槻舒一, 宮原孝夫: 古典力学のエルゴード問題, Seminar on Probability **30**, 確率論セミナー (1969).

(23) W. Parry : Entropy and generators in ergodic theory, Benjamin (1969).

(24) M. S. Pinsker : Information and informational stability of random variables and processes, Holden-Day (1964).

(25) V. A. Rohlin : New progress in the theory of measure-preserving transformations, *Uspehi Mat. Nauk* **15** (1960), 3-26.

(26) Ya. G. Sinai : Probabilistic ideas in ergodic theory, *Proc. International Congress Math. in Stockholm* (1962), 540-559. (英訳 : Amer. Math. Soc. Translations, Series 2, **31** (1962), 62-84.)

(27) S. Smale : Differentiable dynamical systems, *Bull. Amer. Math. Soc.* **73** (1967), 747-817.

(28) 十時東生: flow とエントロピー, Seminar on Probability **20**, 確率論セミナー (1964).

(29) H. Totoki : Ergodic theory, Lecture Notes Ser. 14, Aarhus Univ. (1969).

(30) F. B. Wright (editor): Ergodic theory, Academic Press (1963).

序文で述べた撞球問題についての Sinai の仕事は, 下記の文献に発表されている.

(1) Ya. G. Sinai : An example of a 《physical》 system with positive entropy, *Vestnik Moskow Univ.* **5** (1963), 6-12.

(2) ——: On the foundations of the ergodic hypothesis for a dynamical system of statistical mechanics, *Dokl. Akad. Nauk SSSR* **153** (1963), 1261-

1264.

(3) ——: Ergodicity of Boltzmann's gas model (T. A. Bak (editor): Statistical mechanics, foundation and applications, Proc. I. U. P. A. P. Meeting, Copenhagen, 1966, Benjamin (1967), 559-573).

(4) ——: Dynamical systems with elastic reflections, The ergodic property of dispersing billiard, *Uspehi Mat. Nauk* 25, no. 5 (1970), 141-192.

なおこれについては文献 [37] も参照されたい. これらの紹介記事が

(5) 久保　泉: エルゴード理論の Review, 数理解析研究所講究録 56, 統計力学とエルゴード理論研究会報告集 (1968), 6-29.

(6) 十時東生: エルゴード理論, 日本物理学会誌, 25 (1970), 13-17.

にある.

問題略解

── 第 1 章 ──

1. ρ が距離であることは明らかであろう．三角不等式は $A\triangle B\subset(A\triangle C)\cup(B\triangle C)$ から得られる．$\{A_n\}$ を ρ-基本列とせよ．$E\{|1_{A_n}-1_{A_m}|\}=P(A_n\triangle A_m)$ だから $\{1_{A_n}\}$ は L^1 の基本列をなす．したがって極限 $f\in L^1$ を持つが，部分列があって $1_{A_{n'}}\to f$ a.e. だから，$f=1_A$，$A\in\mathcal{F}$，である．$0<\varepsilon\leq 1$ に対し，$P(A\triangle A_n)=P(|1_A-1_{A_n}|\geq\varepsilon)\leq\varepsilon^{-1}E\{|1_A-1_{A_n}|\}\to 0$．$\mathcal{F}$ が可分であれば，その定義における可算族を $\mathcal{B}$ とし，$\mathcal{B}$ を含む最小の集合体 $\mathcal{K}(\mathcal{B})$ をとればやはり可算であって $\mathcal{F}$ で稠密である．

2. 条件 (S) により筒集合 A に対しては $P(T^{-1}A)=P(A)$ が成りたつ．$\mathcal{F}'=\{A\in\mathcal{F};P(T^{-1}A)=P(A)\}$ とおけば，$\mathcal{F}'$ は σ-集合体になる．そして筒集合を含むので $\mathcal{F}'=\mathcal{F}$．

3. 反射的および対称的であることは明らか．T が $\tilde{T}$ に $(\Omega_0,\tilde{\Omega}_0,\varphi)$ のもとで同型であり，$\tilde{T}$ が T' に $(\tilde{\Omega}_1,\Omega'_1,\psi)$ のもとで同型であれば，T は T' に $(\varphi^{-1}(\tilde{\Omega}_0\cap\tilde{\Omega}_1),\psi(\tilde{\Omega}_0\cap\tilde{\Omega}_1),\psi\circ\varphi)$ のもとで同型であるので，推移的である．

── 第 2 章 ──

1. $$\iint_{\Omega\times[0,t]}|f(T_s\omega)|dPds=t\int_\Omega|f|dP<\infty$$

だから，Fubini の定理によって a.e. ω に対し積分

$$\int_0^t f(T_s\omega)ds$$

が存在し ω の可積分関数になる．

2. 1)⇒2) f が不変であれば，$A_{a,b}=\{\omega;a<f(\omega)\leq b\}$ は不変集合だから $P(A_{a,b})=0$ または 1．これから $f=$定数 a.e. が出る．2)⇒3) はエルゴード定理より明らか．3)⇒1) A を不変として，1_A を式 (2.10) に代入すれば，左辺は a.e. ω に対し $1_A(\omega)$ に等しい．ゆえに $P(A)=0$ または 1．

3. A を不変集合として，式 (2.11) で $B=A$ とおけば，$P(A)=P(A)^2$ を得る．

4. 式 (2.11) が矩形集合に対して成りたつので，それは矩形集合の互いに交わらない有限和に対しても成りたつ．このような集合の全体 $\mathcal{K}$ は $\tilde{\mathcal{F}}$ を生成する集合体をなす．任意の $A,B\in\tilde{\mathcal{F}}$ と任意の $\varepsilon>0$ に対し，$A',B'\in\mathcal{K}$ で $\tilde{P}(A\triangle A')<\varepsilon$，$\tilde{P}(B\triangle B')<\varepsilon$ なるものがある．このとき

$$\left|\frac{1}{t}\int_0^t \tilde{P}(\tilde{T}_s A\cap B)\,ds-\tilde{P}(A)\tilde{P}(B)\right|$$
$$\leq\left|\frac{1}{t}\int_0^t \tilde{P}(\tilde{T}_s A'\cap B')-\tilde{P}(A')\tilde{P}(B')\right|+4\varepsilon$$

が成りたつので，A, B に対しても式 (2.11) が成りたつ．

—— 第 3 章 ——

1．Ω_1 のコンパクト集合の列 $\{K_n\}$ で $P(\bigcup_n K_n)=1$ なるものがある．$\Omega_0=\bigcup_n K_n$ とおけば $f(\Omega_0)\in\mathcal{F}(\tau_2)$ かつ $fP(f(\Omega_0))=1$．したがって f は Ω_0 から $f(\Omega_0)$ の上への 1 対 1 の準同型である．同型であることをいうには，任意の $A\in\mathcal{F}(\tau_1)$ に対し $f(A\cap\Omega_0)\in\mathcal{F}(\tau_2)$ を示せばよい．A が閉集合であれば，$f(A\cap\Omega_0)=\bigcup_n f(A\cap K_n)\in\mathcal{F}(\tau_2)$．$\mathcal{F}_0=\{A\in\mathcal{F}(\tau_1);\, f(A\cap\Omega_0)\in\mathcal{F}(\tau_2)\}$ とおけば，$\mathcal{F}_0$ は σ-集合体であることがわかり，閉集合をすべて含むから $\mathcal{F}_0=\mathcal{F}(\tau_1)$ である．

2．$\mathcal{B}$ を $(\Omega,\mathcal{F},P)$ の基底とすれば，3·1 節の最後に述べたように，P は $(\Omega,\tau(\mathcal{B}))$ 上の Radon 測度である．Ω' 上の相対位相 τ' は $\tau'=\tau(\mathcal{B}\cap\Omega')$ であり，$(\Omega',\mathcal{F}_{\Omega'},P_{\Omega'})$ は $\mathcal{B}\cap\Omega'$ を基底として真に可分であるから，7° と 4° により 9° を得る．

3．$\mathcal{B}_1$ と $\mathcal{B}_2$ をそれぞれ Ω_1 と Ω_2 の基底で $\mathcal{B}_1\supset f^{-1}(\mathcal{B}_2)$ なるものとせよ．f は準同型だから $P_2=fP_1$ であり，P_1 は $(\Omega_1,\ \tau(\mathcal{B}_1))$ 上で Radon 測度である．f は $(\Omega_1,\ \tau(\mathcal{B}_1))$ から $(\Omega_2,\ \tau(\mathcal{B}_2))$ への連続写像であるから，2° により P_2 は Radon 測度である．ゆえに $(\Omega_2,\mathcal{F}_2,P_2)$ は Lebesgue 空間である．f が 1 対 1 であれば，3° により同型である．

4．Ω の開集合の基底を $\mathcal{B}$（可算系）とし，7° のように位相 $\tau(\mathcal{B})$ を考える．$(\Omega,\overline{\mathcal{F}(\tau)},P)$ は $\mathcal{B}$ を基底として真に可分な確率空間であるから，それが Lebesgue 空間であれば 7° により P は $(\Omega,\tau(\mathcal{B}))$ 上の Radon 測度である．ところが $\tau(\mathcal{B})$ はもとの位相 τ より強いので，P は (Ω,τ) 上の Radon 測度でもある．十分性：$(\Omega,\overline{\mathcal{F}(\tau)},P)$ の $\mathcal{B}$-完全拡大 $(\tilde{\Omega},\widetilde{\mathcal{F}(\tau)},\tilde{P})$ を考える．$\tilde{\Omega}$ には $\tilde{\mathcal{B}}$ を開集合の基底とする位相 $\tilde{\tau}$ と，それよりも強い 7° のような位相 $\tau(\tilde{\mathcal{B}})$ がはいる．7° により $\tilde{P}$ は $\tau(\tilde{\mathcal{B}})$ について Radon 測度であり，したがって $\tilde{\tau}$ についてもそうである．ゆえに P が τ について Radon 測度であれば，4° によって $\Omega\in\widetilde{\mathcal{F}(\tau)}$ である．つまり $(\Omega,\overline{\mathcal{F}(\tau)},P)$ は Lebesgue 空間である．

5．$\mathcal{F}$ に距離 $\rho(A,B)=P(A\triangle B)$ を入れると，$\mathcal{F}$ は可分である．可測な ζ_λ-集合（$\lambda\in\Lambda$ も動かして）の全体で ρ-稠密な可算系 $\mathcal{S}$ をとれば，$\mathcal{S}$ を基底とする可測分割が上限である．下限はすべての ζ_λ よりもあらい可測分割全体の上限として得られる．

6．(ii) 以外は明らかであろう．(ii) を示すには，$\mathcal{F}_0$ で ρ-稠密な可算系 $\mathcal{S}$ をとれば，$\mathcal{S}$ を基底とする可測分割 ζ が求めるものである．

── 第 4 章 ──

1. $$\Omega_0=\bigcup_{n=1}^{\infty}\bigcup_{k=0}^{n-1}T^kA_n=\bigcup_{n=0}^{\infty}T^nA$$

だから

$$P^*(\Omega^*)=\sum_{n=1}^{\infty}\sum_{k=0}^{n-1}P^*(A_n,k)=\sum_{n=1}^{\infty}nP(A_n)=1.$$

S が保測変換であることは明らか．任意の $\omega\in\Omega_0$ に対し，$\omega\in T^kA_n$ なる n と k が一意に存在する．$T^{-k}\omega\in A_n\subset A$ だから，$\varphi(\omega)=(T^{-k}\omega,k)$ とおけば，φ は Ω_0 から Ω^* の上への 1 対 1 写像で測度を保つ．つまり同型である．明らかに $\varphi^{-1}S\varphi=T$ である．

2. (i) $\Rightarrow$ (ii)： T の S-表現の空間 Ω^* において，$C_k=\{(\omega,k)\,;\,\omega\in A\}$，$0\leq k<n$，とすれば，分割 $\zeta=\{C_0,C_1,\cdots,C_{n-1}\}$ が求めるものである． (ii) $\Rightarrow$ (iii)： $f(\omega)=\exp(2\pi ik/n)$，$\omega\in C_k$，$0\leq k<n$，が $1/n$ に属する固有関数である．(iii) $\Rightarrow$ (i)： $1/n$ に属する固有関数を f とすれば，$|f|\equiv a$（定数）である．$A=\{\omega;f(\omega)=a\}$ とおけば，$\tau_A(\omega)=n$ a.e. $T_A=T^n$ と τ_A から作られる S-変換が求めるものである．

3. 狭義の S 型の流れについて示す．狭義でない場合は少し複雑になるが同じ様にできる．$f\in L^1(\Omega^*)$ と $0<t<\inf\theta(\omega)$ に対し

$$\begin{aligned}
&\frac{1}{E(\theta)}\int_\Omega\int_0^{\theta(\omega)}f(S_t(\omega,u))\,du\,dP(\omega)\\
&=\frac{1}{E(\theta)}\left\{\int_\Omega\int_0^{\theta(\omega)-t}f(\omega,u+t)\,du\,dP(\omega)+\int_\Omega\int_{\theta(\omega)-t}^{\theta(\omega)}f(S\omega,u+t-\theta(\omega))\,du\,dP(\omega)\right\}\\
&=\frac{1}{E(\theta)}\left\{\int_\Omega\int_t^{\theta(\omega)}f(\omega,u)\,du\,dP(\omega)+\int_\Omega\int_0^t f(T\omega,u)\,du\,dP(\omega)\right\}\\
&=\frac{1}{E(\theta)}\int_\Omega\int_0^{\theta(\omega)}f(\omega,u)\,du\,dP(\omega).
\end{aligned}$$

4. 問 2 と同様である．必要性： $f(\omega,u)=\exp\{2\pi iu/\theta\}$ が $1/\theta$ に属する固有関数である．十分性： $1/\theta$ に属する固有関数 f に対し，$|f|\equiv a$．$\{\omega;f(\omega)=a\}$ を基本空間とし，T_f を基本変換，θ を天井関数とする S 型の流れが求めるものである．自然な対応

$$(\omega,u)\to T_u\omega$$

によって同型が与えられる．

5. $\mathcal{D}_p$ に "$\subset$ (a.e.)" で順序を入れると，任意の全順序部分集合 $\mathcal{E}\subset\mathcal{D}_p$ は上界を持つ．実際

$$\alpha=\sup_{A\in\mathcal{E}}P(A)$$

とおけば，$\lim P(A_n)=\alpha$ なる $\{A_n\}\subset\mathcal{E}$ がある．$A_0=\cup A_n$ が $\mathcal{E}$ の上界である．ゆえに Zorn の補題によって $\mathcal{D}_p$ に極大元がある．

第 6 章

1. 8° には $\xi \le \zeta$ は a.e. $C \in \zeta$ に対し $\xi_C = \nu_C$ であることに同値なことを用いよ．9° には $\xi \vee \zeta = \eta \vee \zeta$ は a.e. $C \in \zeta$ に対し $\xi_C = \eta_C$ であることに同値なことを用いよ．10° は $P(\omega; \xi_n | \zeta)$ が $P(\omega; \xi | \zeta)$ に a.e. で単調に収束することによる．11° は 10° と 9° による．

2. $C \in \zeta$ と $A \in \mathfrak{F}$ に対し，$P_C^*(A) = P_{TC}(TA)$ と定めれば，$\{P_C^*; C \in \zeta\}$ は ζ に関する条件つき測度の条件をみたす．したがって一意性より式 (6.8) が得られる．

3. 有限分割の増大列 $\{\xi_n\}$ で $\xi_n \le \zeta_n$ かつ $\xi_n \nearrow \varepsilon$ なるものがあることに注意せよ．

4. (a) $A \triangle B \subset (A \triangle C) \cup (B \triangle C)$ から D の三角不等式が従う．他は明らか．(b) $d(\xi, \eta) \le D(\xi, \eta)$ は明らか．$P(A \triangle B) \le P(A) + P(B)$ より $D(\xi, \eta) \le 2$．(c) 第 1 の式には $(A_1 \cap A_2) \triangle (B_1 \cap B_2) \subset ((A_1 \triangle B_1) \cap A_2) \cup ((A_2 \triangle B_2) \cap B_1)$ を用いよ．第 2 の式には，$\{A_n\}$ と $\{B_n\}$ が分割であれば，任意の A と B に対し $A \triangle B \subset \bigcup_n \{(A \cap A_n) \triangle (B \cap B_n)\}$ であることを用いよ．d については明らかであろう．

5. $\{p_k\}$ を $-\sum p_k \log p_k = \infty$ なる確率ベクトルとし，$a_n = \sum_1^n p_k$，$b_n = -\sum_1^n p_k \log p_k$ とおく．$\Omega = [0, 1]$ 上の Lebesgue 測度を P とする．$0 < p < 1$ とし，$\xi = \{[p, 1], [0, p)\}$，$\xi_n = \{[p, 1], [1/b_n, p), [0, p_1/a_n b_n), [p_1/a_n b_n, (p_1 + p_2)/a_n b_n), \cdots, [(p_1 + \cdots + p_{n-1})/a_n b_n, 1/b_n)\}$，$n \ge 1$，とおけば，$D(\xi, \xi_n) = d(\xi, \xi_n) = 2/b_n \to 0$ であるが，$H(\xi_n) - H(\xi) = -(p - 1/b_n)\log(p - 1/b_n) + p \log p + 1/a_n + (\log a_n b_n)/b_n \to 1$．上記の $\{p_k\}$ の存在については，問 9.1 の解答を参照せよ．

6. 8° により $\rho(\xi, \eta) = 0$ と $\xi = \eta$ は同値である．三角不等式は $H(\xi | \zeta) \le H(\xi \vee \eta | \zeta) = H(\eta | \zeta) + H(\xi | \eta \vee \zeta) \le H(\eta | \zeta) + H(\xi | \eta)$ による．

$$
\begin{aligned}
H\left(\bigvee_1^n \xi_k\right) &\le H\left(\bigvee_1^n \xi_k \vee \bigvee_1^n \eta_k\right) \\
&= H\left(\bigvee_1^n \eta_k\right) + H\left(\bigvee_1^n \xi_k \,\middle|\, \bigvee_1^n \eta_k\right) \\
&\le H\left(\bigvee_1^n \eta_k\right) + \sum_1^n H(\xi_k | \eta_k).
\end{aligned}
$$

8. $A \in \mathfrak{F}$ に対し，1·1° により

$$P(T_t A \triangle A) = \int_\Omega |U_t 1_A - 1_A|^2 dP$$

は t-連続であることと，関係 $H(T_t\xi | \xi) = H(T_t\xi \vee \xi) - H(\xi)$ を用いよ．

第 8 章

1. まず任意の $\hat{\chi} \in L^2(T\xi) \ominus L^2(\xi)$，$\hat{\chi} \neq 0$，をとれば，$E\{E\{|\hat{\chi}|^2 | \xi; \omega\}\} = E\{|\hat{\chi}|^2\} > 0$

だから $P(E\{|\hat{\chi}|^2 \mid \xi;\omega\}>\delta)>0$ なる $\delta>0$ がある．$K=\{\omega;\hat{E}\{|\chi|^2\mid\xi;\omega\}>\delta\}\in\mathcal{F}(\xi)$ とおき

$$\chi(\omega)=\begin{cases}\dfrac{\hat{\chi}(\omega)}{\sqrt{E\{|\hat{\chi}|^2|\xi;\omega\}}}, & \omega\in K\\ \hat{\chi}(\omega), & \omega\notin K\end{cases}$$

と定めればよい．

2．もし $\xi<T\xi$ なる可測分割 ξ があれば，$A\in\mathcal{F}(\xi)\setminus\mathcal{F}(T^{-1}\xi)$ があり，$0<P(A)<1$ である．分割 $\eta=\{A,A^c\}$ は $\eta_{-\infty}^{-1}\leq T^{-1}\xi$ をみたすから，$A\notin\mathcal{F}(\eta_{-\infty}^{-1})$ である．したがって

$$h(T)\geq H(\eta\mid\eta_{-\infty}^{-1})>0.$$

3．(K.1) をみたす分割 ξ が存在すれば，問2と同様にして $t\neq0$ に対し $h(T_t)>0$ が成りたつ．

4．
$$g(x)=\frac{1}{\sqrt{2\pi}}e^{-\frac{x^2}{2}},\qquad m(A)=\int_A g(x)dx$$

とおけば，

$$\int g(\theta)d\theta\int f(x+\theta)\mu(dx)=\int f(x)\int g(\theta)\mu_\theta(dx)d\theta$$

である．仮定より

$$m*\mu(dx)=\int g(\theta)\mu_\theta(dx)d\theta\sim\mu(dx)$$

であり，一方明らかに $m*\mu(dx)\sim dx$ だから証明された．

── 第 9 章 ──

1．つぎのことに注意せよ．

$$\sum_{n=1}^{\infty}\frac{1}{n\log n}=\infty,\qquad \sum_{n=1}^{\infty}\frac{1}{n(\log n)^2}<\infty.$$

2．Bernoulli 変換 $B(p_i;i\geq1)$ を1·2節の方法で構成したものを $(\Omega',\mathcal{F}',P',T')$ とし，その B-生成分割 ξ' で $d(\xi')=p$ なるものをとれば，任意の $n>0$ に対し，$(\Omega/\bigvee_1^n\xi_k,P)$ は $(\Omega'/\bigvee_1^n T'^k\xi',P')$ と同型である．8° と 9° で問題の $N_i(n,\omega)/n$ と $-\log P(\omega;\bigvee_1^n\xi_k)/n$ を Ω' の方にうつせば，いずれもある $f\in L^1(\xi')$ に対して $\sum_1^n f(T'^{-k}\omega')/n$ の形である．これはエルゴード定理により，$E\{f\}$ に a.e. 収束する．したがって確率収束する：任意の $\varepsilon>0$ と $\delta>0$ に対し n が十分大きいとき

$$P'\left\{\left|\frac{1}{n}\sum_1^n f(T'^{-k}\omega')-E\{f\}\right|<\delta\right\}>1-\varepsilon$$

が成りたつ．この関係を Ω の方にもどせばよい．

3. B の人数についての帰納法で証明する．1人であれば明らか．$n-1$ 人以下のとき成りたつとして，n 人のときを示そう．$B'\subset B$ に対し B' の中のだれかと友だちであるガールの集合を $\psi(B')$ で表わす．二つの場合にわけよう．a) B の真部分集合 B_0 があって，B_0 の人数と $\psi(B_0)$ の人数が等しい場合には，B_0 と $\psi(B_0)$，残りと残りに分けて考えることにより，$n-1$ 人以下の場合に帰着される．b) 任意の $B'\subset B$ に対し B' の人数が $\psi(B')$ の人数よりも少ない場合．もし2人のボーイ b_1 と b_2 がいて共通な友だち g を持つときは，g がたとえば b_2 と絶交したとして，新しい友だち関係 ψ_1 を考えれば，ψ_1 も lemma の条件をみたす．この操作を繰り返すことによって，有限回の後には a) の場合か b) で共通の友だちがないという場合かになって証明は終わる．

―― 第10章 ――

1. $\xi=\{A_i;\,i\geq 1\}$ と $\tilde{\xi}=\{\tilde{A}_i;\,i\geq 1\}$ をそれぞれ M-生成分割とする．a.e. $\omega\in\Omega$ は $\bigcap_{-\infty}^{\infty} T^n A_{i_n}$ の形をしていることに注意し，$\omega=\bigcap_{-\infty}^{\infty} T^n A_{i_n}$ と $\tilde{\omega}=\bigcap_{-\infty}^{\infty} \tilde{T}^n \tilde{A}_{i_n}$ を対応させればよい．

2. 6° の証明と同様にして，T が混合的であるためには，すべての $p, q, i_0, \cdots, i_p, j_0, \cdots, j_q$ に対し

$$\lim_{n\to\infty} P(X_0=i_0, \cdots, X_p=i_p, X_n=j_0, \cdots, X_{n+q}=j_q)$$
$$=P(X_0=i_0, \cdots, X_p=i_p)P(X_0=j_0, \cdots, X_q=j_q) \qquad (*)$$

が成りたつことが必要十分である．T を混合的として，$p=q=0$ とおけば

$$\lim_{n\to\infty} q_i p_{i,j}^{(n)}=q_i q_j$$

が得られ，$q_i\neq 0$ だから式 (10.5) を得る．式 (10.5) が成りたてば上式 (*) が成りたつことは 6° の証明と同様に示される．

3. ξ を T に関する弱 B-生成分割とする．$\zeta=\bigvee_{-\infty}^{0} T^n\xi$ に対し $\bigwedge_{-\infty}^{\infty} T^n\zeta=\nu$ を示せばよい．任意の $A\in\mathfrak{F}(\bigwedge_{-\infty}^{\infty} T^n\zeta)$ をとる．任意の $\delta>0$ に対し，$n>0$ と $A'\in\mathfrak{F}(\xi_{-n}^{n})$ があって $P(A\triangle A')<\delta$．弱 B-分割の定義における δ に対する $k>0$ をとれば，$A\in\mathfrak{F}(T^{-n-k}\zeta)$ でもあるから，$m>n-k$ と $A''\in\mathfrak{F}(\xi_{-m}^{-n-k})$ があって，$P(A\triangle A'')<\delta$．ξ_{-n}^{n} と ξ_{-m}^{-n-k} は δ-独立だから

$$|P(A'\cap A'')-P(A')P(A'')|<\delta.$$

これより $0\leq P(A)-P(A)^2\leq 5\delta$ が成りたつことが，定理9·1の証明と同様にしてわかる．δ は任意だから，$P(A)=0$ または1である．

4. 10·1節の 1° の条件 (iii) は T と T^{-1} について対称的だから，ξ は T^{-1} についても M-分割である．T^{-1} と ξ に対応する Markov 連鎖は明らかに $\{X_{-n}\}$ であり，その推移確率は

$$\hat{p}_{i,j}^{(n)}=P_{A_i}(T^{-n}A_j)=\frac{P(A_i\cap T^{-n}A_j)}{P(A_i)}$$

$$= \frac{q_j p_{j,i}^{(n)}}{q_i}$$

である．

5. $E_1 = \{j;\, m_1(j) \geq m_2(j)\}$，$E_2 = E \setminus E_1$ とおけば，任意の $J \subset E$ に対し

$$\begin{aligned} &|m_1(J) - m_2(J)| \\ &\leq \max\{m_1(J\cap E_1) - m_2(J\cap E_1),\, m_2(J\cap E_2) - m_1(J\cap E_2)\} \\ &\leq \max\{m_1(E_1) - m_2(E_1),\, m_2(E_2) - m_1(E_2)\}. \end{aligned}$$

一方

$$\begin{aligned} &\sum_{j\in E} |m_1(j) - m_2(j)| \\ &= m_1(E_1) - m_2(E_1) + m_2(E_2) - m_1(E_2) \\ &= 2\{m_1(E_1) - m_2(E_1)\} = 2\{m_2(E_2) - m_1(E_2)\}. \end{aligned}$$

—— 第 11 章 ——

1. $f \in L^2$ を T の固有関数 $U_T f = f \exp(2\pi i\lambda)$ とする．$f = \sum_{\chi} a(\chi)\chi$ と展開すれば，$U_T f = \sum a(\chi)\, T^*\chi = \sum a(T^{*-1}\chi)\chi$，$f(\exp 2\pi i) = \sum \exp(2\pi i\lambda) a(\chi)\chi$．したがって

$$\exp(2\pi i\lambda) a(\chi) = a(T^{*-1}\chi)$$

となり，$|a(\chi)| = |a(T^{*-1}\chi)|$ を得る．つまり一つの軌道上では $|a(\chi)|$ は一定である．$\sum |a(\chi)|^2 < \infty$ だから，無限軌道上では $a(\chi) = 0$ となり，(ii) により f＝定数．

2. 行列 $\tilde{T}$ の固有値が 1 の根でなければ無理数であることによる．

3. 個別エルゴード定理（定理 2·6）による．

索　　引

―ア　行―

―カ　行―

―サ　行―

―タ　行―

―ナ　行―

―ハ　行―

―マ　行―

―ヤ　行―

―ラ　行―

——著者紹介——

と　とき　はる　お
十 時 東 生

1959 年　九州大学理学部修士課程卒業
元 広島大学理学部教授・理博（九州大学）
専　攻　確率論

検印廃止

復刊　エルゴード理論入門

1971 年 7 月 10 日　初版 1 刷発行
1986 年 9 月 15 日　初版 3 刷発行
2009 年 11 月 10 日　復刊 1 刷発行

著　者　十 時 東 生
発行者　南 條 光 章
東京都文京区小日向 4 丁目 6 番 19 号

NDC 415.5

発行所　東京都文京区小日向 4 丁目 6 番 19 号
電話　東京（03）3947-2511 番（代表）
郵便番号 112-8700
振替口座 00110-2-57035 番
URL　http://www.kyoritsu-pub.co.jp/

共立出版株式会社

印刷・藤原印刷株式会社　　製本・ブロケード

Printed in Japan

社団法人
自然科学書協会
会員

ISBN 978-4-320-01903-4